● 夏书章著作选辑

知识管理导论
ZHISHI GUANLI DAOLUN

夏书章 ◎ 著

·广州·

版权所有　翻印必究

图书在版编目（CIP）数据

知识管理导论/夏书章著. —广州：中山大学出版社，2017.11
（夏书章著作选辑）
ISBN 978-7-306-06179-9

Ⅰ.①知…　Ⅱ.①夏…　Ⅲ.①知识管理—研究　Ⅳ.①G302

中国版本图书馆 CIP 数据核字（2017）第 222624 号

| 出 版 人：徐　劲
| 策划编辑：嵇春霞
| 责任编辑：王　睿
| 封面设计：曾　斌
| 版式设计：曾　斌
| 责任校对：陈　霞
| 责任技编：何雅涛
| 出版发行：中山大学出版社
| 电　　话：编辑部 020 - 84110283，84111996，84111997，84113349
| 　　　　　发行部 020 - 84111998，84111981，84111160
| 地　　址：广州市新港西路 135 号
| 邮　　编：510275　　传真：020 - 84036565
| 网　　址：http：//www.zsup.com.cn　E-mail：zdcbs@mail.sysu.edu.cn
| 印 刷 者：佛山市浩文彩色印刷有限公司
| 规　　格：787mm×1092mm　1/16　20.25 印张　329 千字
| 版次印次：2017 年 11 月第 1 版　2017 年 11 月第 1 次印刷
| 定　　价：60.00 元

如发现本书因印装质量影响阅读，请与出版社发行部联系调换。

学术人生学科情　家国天下中国梦

马　骏

（中山大学党委副书记、副校长，教育部人文社会科学
重点研究基地中山大学中国公共管理研究中心主任）

今天是个普天同庆的日子，中国共产党第十九次全国代表大会在北京盛大召开，全国各族人民欢欣鼓舞，热情关注着以习近平同志为核心的党中央如何为党和国家的未来发展谋篇布局、凝心聚力实现中华民族伟大复兴的中国梦。在这个特殊的日子里，《夏书章著作选辑》即将面世，我受学校委托为之作序，深感荣幸。这是因为夏老先生是我校的功勋教授，是中国行政管理学科的奠基人；而更重要的则是因为夏老先生在他的百年学术人生中所体现出来的家国情怀，以及为中华民族伟大复兴而奉献一生的高尚品格。概而言之：学术人生学科情，家国天下中国梦！

一、辉煌的学术人生

夏书章先生于1919年1月20日出生于江苏省高邮县（现高邮市）。1939年考入中央大学政治学系。1944年进入美国哈佛大学立陶尔公共管理研究生院（肯尼迪政治学院的前身），攻读公共行政学硕士学位。自1947年起在中山大学任教至今。1956年4月加入中国共产党。曾任中山大学港澳研究所所长，中山大学副校长，中国政治学会副会长，中国行政管理学会副会长，全国行政学教学研究会理事长，全国高等教育自学考试指导委员会政治管理类专业委员会主任，中国法学会行政法学研究会、中国城市科学研究会等学术团体顾问，美国哈佛大学、内布拉斯加大学客座教授，联合国文官制度改革国际研讨会顾问，等等。

夏书章教授著作等身、成果卓著，至今出版著作、译作和教材约40种，发表专题文章500多篇。夏书章教授获奖众多：1991年获（世界）东部地区公共行政组织（EROPA）颁发的"卓越贡献奖"；1995年主编

的《行政管理学》(中山大学出版社出版)获国家教育委员会第三届全国普通高等学校优秀教材一等奖；2000年获中国老教授协会颁发的中国老教授"科教兴国贡献奖"；2006年4月获美国公共行政学会颁发的2006年度"国际公共管理杰出贡献奖"，同年12月获中国政治学会颁发的"政治学发展特殊贡献奖"；2007年9月被人事部、教育部授予"全国模范教师"称号；2009年获第六届广东省高等教育省级教学成果一等奖；2016年获复旦管理学奖励基金会颁发的"复旦管理学终身成就奖"；享受国务院政府特殊津贴。尽管拥有众多桂冠，但夏书章教授始终用淡然、谦和的态度对待这些成果和荣誉，他把这些成就归功于改革开放后"时代需要、社会进步和有关各方面的日益重视"。用他自己的话来说，就是"生不逢时老逢时，耄耋欣幸历盛世""只要一息尚存，仍当努力耕耘"。

作为中华人民共和国成立后的公共行政学的奠基人和领军者，夏书章教授给人印象最深的是他的学术精神与品格。在近一个世纪的岁月里，夏书章教授始终把个人的前途与国家民族的命运联系在一起，把个人的追求与自己钟爱的学术事业结合在一起。他的学术活动和生活实践不仅向后学者垂范了一个中国知识分子应有的学术精神与品格，也向世人展示了他一贯倡导并且身体力行的公共行政精神。

二、振聋发聩学科情

夏书章教授是我国公共管理学、政治学界的泰斗和领军人物，为中国公共管理学、政治学的创立和发展奉献了一生的智慧与心血，被誉为"新中国公共管理学科奠基人""中国MPA之父""新时期中国政治学重建首倡者之一"。夏书章教授是改革开放后第一个发表论文呼吁重建行政学科的人，是行政学恢复过程中编写出第一部《行政管理学》教科书的人，也是第一位撰写出版行政管理学专著的人，他在祖国行政管理学重建的过程中做出了重大贡献。

(一) 重构中国行政管理学知识体系

改革开放以后，邓小平同志在1979年的一次重要讲话中指出："政治学、法学、社会学以及世界政治的研究，我们过去多年忽视了，现在也需要赶快补课。"夏书章教授率先响应，在1982年1月29日的《人民日报》上发出第一声呼吁："把行政学的研究提上日程是时候了。"这一声呼吁，打破了 30 年中国行政学的沉寂局面，恢复了中国行政管理学作为独立学科在学术界的地位，拉开了中国行政管理学重建和复兴的序幕。随后，夏书章教授趁热打铁，在《文汇报》《光明日报》等报纸上频频撰文，强调必须在行政管理领域进行"拨乱反正"。1984 年 8 月，在国务院办公厅和劳动人事部主持召开的全国首次行政管理学科研讨会上，夏书章教授积极建言，反复申述我国的行政管理和行政学应当有中国特色。为了申明宗旨、揭示精髓，夏书章教授不辞辛劳地四处奔波，讲学授课、做学术报告、开学术会议，他的足迹几乎遍布了祖国的大江南北。1988 年，鉴于学科发展势头比较顺利，夏书章教授抓住时机，继续撰文呼吁推进学科建设和学术研究。其中，《把行政管理学的研究引向深入是时候了》与 1982 年在《人民日报》上发表的文章《把行政学的研究提上日程是时候了》遥相呼应，在全国范围内产生了更大的共鸣。他还连续向有关部门建议，提出要设置行政学专业，讲授行政学课程，开展行政学研究，成立行政学院，等等。

中国行政管理学的重建，一切都是从头开始。首先需要确定的是教学内容和学科体系。夏书章教授以 1982 年在全国政治学讲习班所讲的行政管理课程的讲稿为基础，协同黑龙江、吉林、山西、湖南四省社会科学院的部分科研人员和骨干，集思广益，于 1985 年出版了改革开放后的第一部教科书《行政管理学》（山西人民出版社出版），为这门学科提供了理论框架和知识要核，确定和阐述了我国行政学研究的主要内容。为求在原有基础上有所提高和创新，本着"为创建有中国特色社会主义行政学及其普及和提高而继续努力"的宗旨，夏书章教授邀集其所在的中山大学政治学与行政学系老、中、青三代教师，同心同德，群策群力，于 1991 年 6 月主编出版新教材《行政管理学》（中山大学出版社出版），使之体例更完整、观念更新颖、内容更充实。之后，此书不断更新再版，至今已经推出第五版。

（二）重建中国行政管理学队伍

中国行政学科重建之初，由于该学科停办了 30 年，面临学科断层、人才断代、师资短缺的现状。为此，夏书章教授不仅在《文汇报》《光明日报》等报纸上连续呼吁，"必须发扬全国一盘棋的社会主义制度优越性，把有限而分散的人力、物力集中使用，尽快做出成绩，建立具有中国特色的学科"，而且身体力行，率先开课授徒。1982年4月，中国政治学会委托复旦大学举办起到"亮相、启蒙、播种"作用的全国政治学第一期短训班，夏书章教授亲临讲授行政学课程，吸引了大量学员，奠定了坚实的人才基础。如今活跃在全国政治学和行政学领域的中坚力量，其中有不少人就是当年从该班学习后成长起来的学科骨干。因此，这期短训班被同行亲切地比作政治学和行政学界的"黄埔一期"。

1980年，夏书章教授在北京参加中国政治学会筹备会期间，会同到会的10位老先生一起，上书中央有关领导同志，建议在高校设置政治学系，系统地培养政治学、行政学人才。他们建议，要培养专业管理人才，要在普通高校内设置行政学院（系）、专业讲授行政学课程，要开展行政学研究，要出版行政学图书与刊物，等等。在他们的呼吁与奔走下，政治学专业和政治学系开始复建。1986年，国家教育委员会首先在普通高等学校中批准了兴办行政管理专业四年制本科；同年，武汉大学开始在已有的政治学硕士点开招行政管理方向硕士研究生。南京大学、厦门大学两校的政治学系得以恢复，中国人民大学的行政管理研究所也得以创建。1987年，南京大学开招政治学与行政学专业学生，中山大学恢复行政管理专业的招生。1990年后，一些学校的政治学系学习北京大学和中山大学的模式，纷纷改名为政治学与行政学（或政治与行政管理）系。中山大学在夏书章教授的倡导下于1987年恢复建立政治学与行政学专业，1988年成立政治学与行政学系，后发展成为政治与公共事务管理学院，并于1994年起招收硕士研究生。1998年，经国务院学位委员会批准，中山大学成为我国第一批行政管理学三个博士点之一。

（三）引进MPA专业学位教育

1998年，夏书章教授在国务院学位办主办的《学位与研究生教育》杂志上发表了《设置公共行政硕士专业学位的建议》一文，倡议引进MPA（公共管理硕士）专业学位教育。经过他和全国同行的呼吁与努力，1999年5月，国务院学位委员会第17次会议审议通过了《公共管理硕士（MPA）专业设置方案》，并组建了全国公共管理硕士（MPA）专业教育指导委员会。夏书章教授担任教育指导委员会的唯一顾问，全程指导并亲自参与了中国MPA教育的论证、筹备、试点等工作。作为中国第一个取得哈佛大学MPA学位的学子、中国第一个提出引进MPA学位的学者，以及全国公共管理硕士（MPA）专业教育指导委员会唯一顾问，夏书章教授为中国 MPA 教育发挥了卓越的学术领导作用，也由此被誉为"中国 MPA 之父"。

夏书章教授主张中国 MPA 教育要放开视野，要有国际眼光，要借鉴西方公共管理中新的东西；提出要挖掘中国古代治国理念与传统经验，始终强调要立足本国实践和中国国情，走中国特色社会主义的 MPA 教育发展道路。夏书章教授对 MPA 教育正确方向的坚持，出自他政治学、行政学学者的睿智与政治立场，更是出自他经历不同社会、不同国度的丰富的人生阅历与内心体验。此外，夏书章教授强调，MPA 教育必须把握自己特有的资质，界定自己的培养对象、课程设置和学位论文选题，不要混同于其他专业学位教育。夏书章教授大会小会、各种场合，多次从公共管理的缘起、从中英文的译法，说明什么是公共管理，什么是 MPA，界定学科的内涵与外延，划清同其他专业学位教育的界限，以把握 MPA 教育的特质。这体现了夏书章教授严谨的治学态度，值得我们学习。夏书章教授有一本专著《现代公共管理概论》（长春出版社 2000 年出版），是他这方面研究的代表作，也堪称公共管理教育的奠基之作。再者，夏书章教授十分注重 MPA 教育的培养质量。"MPA 的培养质量是 MPA 教育的生命线。"为了提高 MPA 教育的培养质量，他强调以案例来进行教学，这对于提高管理者的实际管理能力是必要和有效的；而且案例不能完全靠引进，外国的很多案例并不适用，要建立我们自己的案例库。此外，夏书章教授还围绕提高 MPA 教育培养质量这个中心，从师资队伍建设、教学管理等方面进行阐述，提出了合理化的建议。这些都已经落实在 MPA 教育实践之中了。夏书章教授对 MPA 教育培养质量的关注，既出自其对 MPA 教育事业的挚爱，也出自一位老教育工作者的使命感与责任感。

三、师表华章启学人

从 1947 年受聘进入中山大学开始，夏书章教授为人师表，以独立、严谨的学术精神引导着一辈又一辈的学人。在具体的学术问题上，夏书章教授坚持独立、严谨的学术精神；在日常行为中，他同样保持了严谨的生活态度。无论上课还是参加学术活动，衣履端正、准时守时是夏书章教授的一贯风格和良好习惯。夏书章教授授课时一直非常准时，而且数十年如一日地坚持下来；每次会议也必定提前到场。这一点在中山大学校园里一直传为美谈。夏老以近百岁之高龄，仍坚持尽可能参加政治与公共事务管理学院的开学师生见面会，参与中山大学的毕业典礼。我有幸和他一起参与了两次中山大学的毕业典礼，当他双手高擎 5 千克重的权杖庄严入场时，全体师生恭然肃立，掌声雷动，场景令人动容。怀着对行政学、政治学的热爱，夏书章教授从未放下过教鞭。如今的他即便不再承担给本科生、硕士研究生上课的教学任务，但仍坚持在家中给博士研究生开题、授课。时至今日，夏书章先生已耕耘教坛 70 余载，育天下英才，桃李盈门，培养了一批又一批行政管理人才。在他的弟子中，许多人走上了党政部门的重要领导岗位，许多人成为高等院校的学术带头人和专家教授。

夏书章先生没有大学者高高在上的架子。他平易近人，给学生授课毫无保留。只要对方热爱行政学，他在身体条件允许的情况下都会尽心竭力去引导。他不仅将关爱给予自己的学生，也尽可能地帮助中国行政学界的后辈。每当有青年学者拿来作品请他审读、作序，他从不推辞，总是一字一句在格子纸上写下寄语。此外，他还身体力行地匡助青年才俊，努力为后学者提供发展的机会和空间。他多次表示"乐于向中青年学者学习。如蒙不弃，还争取同他们合作、共勉"。在他的引领下，中山大学形成了结构合理、老中青结合、高水平的政治学和公共管理学科梯队，逐渐凝聚了一大批专业过硬、经验丰富的中青年科研骨干，形成了从博士、硕士研究生到本科生的完善的人才培养体系，建成了包括教育部人文社会科学重点研究基地中山大学中国公共管理研究中心在内的一批实力雄厚的科研基地和研究中心，也形成了独具特色的办学风格。

夏书章教授谦和宽厚的学术态度还表现在，他不仅为自己所在学校中青年学者的成长提供机会和空间，而且无论哪个院校在学科建设中遇到困难时，只要找到他，他总是热情接待、不吝赐教；他还不辞辛劳、四处奔走，哪里需要帮助，哪里就有他的身影，为多所学校的学科建设出谋划策、站台造势。他在各地所做的学术演讲反响强烈。他以独到的见解和生动的论述充实着中国行政管理的理论领域，启迪并培育了一批又一批的学子。

四、学子百年报国心

一个真正的学者，首先要具有独立的学术精神和民族使命感，其次才是对于自己所隶属和所从事的学科的建设与研究。夏书章教授的学术活动和生活实践就是这个观点的真实写照。

夏书章先生出生在五四运动前夕，少年丧父。因家境贫寒，中学期间，他曾两度辍学，饱受贫穷、战争、离乱之苦。但是，他依然坚持读书、发奋自修，从14岁开始就在小学、中学、夜校任代课老师以支撑自己的学业。高中毕业后，为继续自己的学业，他冒险穿过沦陷区，赶赴上海参加高考，终于如愿考上当时已迁往重庆的中央大学。然而，时值战乱，战火纷飞，山河破碎，他也买不起哪怕是最低价的船票。为了到重庆上学，夏书章走上了一条"九死一生，七十二拐"的求学路。他曾乔装为"打工仔"登上轮船，当过给烧木炭的运输车加水的小工，一路拿着录取通知书不停乞求路费。头顶是呼啸而至的炸弹，脚下是不知何时能抵达"象牙塔"的漫漫长路。花了整整两个多月的时间，他才抵达学期早已过了一半的学校，开始求知之旅。在选择专业时，当时大部分学子投向数理化，而他却坚定不移地选择政治学，就是基于一个信念——"上医医国，其次医人"，他决心学习医国之术。抱定了这个信念后，无论生活如何艰辛、政治学术环境怎样变化，他都痴心不改。大学毕业后研修政治学、行政学的夏书章先生和许多爱国学子一样，对国民党的腐败政治深恶痛绝，毅然决定负笈千里、远渡重洋，到哈佛大学成立多年的行政学研究生院学习。在美国期间，夏书章先生也时刻关注着祖国和民族的命运与发展。例如，有一次他在一本周刊的新闻地图中看到我国东北三省被无端印上"满洲国"字样时，立即致函予以谴责，表现了一个中国留学生炽热的爱国精神。1946年，夏书章先生以毕业论文《中国战时地方政府》通过答辩，成为最早在国外获得公共管理硕士（MPA）专业学位的中国留学生。其时，日本已于5个月前宣布无条件投降，苦难的中国迎来了短暂的和平，满怀报国之心的夏书章先生迫切希望把所学理论付诸实践，重建满目疮痍的祖国，从而放弃了继续留校深造的机会，决意归国。1947年，时任中山大学校长王星拱力邀夏书章前往任教。最终，夏书章先生成为中山大学当时最年轻的教授。同时，他时刻关注着祖国的前途和民族命运，关注着中国共产党所指出的道路和方向。在中华人民共和国成立的前夜，他和进步学生一起参加反内战、反饥饿、反迫害大游行；在反动势力企图将中山大学迁往海南之时，他又和广大师生一道义无反顾地投身于护校运动之中。中华人民共和国成立后，夏书章先生以饱满的热情投身于轰轰烈烈的国家建设事业，参加广东省土地改革运动，受当时广州市市长叶剑英之聘担任广州市人民政府市政建设计划委员会委员,并在其后光荣地加入了中国共产党。多年过去了,在公开发言时,尤其是在开学或毕业典礼上,夏书章先生回顾自己所目睹的国家苦难和所经历的坎坷往事,总是发自肺腑地感叹祖国在这几十年来所取得的伟大成就,衷心地颂扬中国共产党的英明领导。

五、学术演绎中国梦

2016年,有感于党的十八大以来党和国家的发展新思路,有感于习近平总书记系列讲话中所体现的新精神,97岁高龄的夏书章教授写作出版了《论实干兴邦》一书。该书系统阐述了"实干兴邦"所必需的前提与基础条件、相关的理论与制度支撑,以及中国在"实干兴邦"进程中的成功案例及其方法措施;最后提出"实干兴邦"要突出社会主义核心价值观,"实干兴邦"就是要实现中国梦。夏老先生曾说:"如今的中国日新月异、渐入佳境,且常有跨越式进展,则足以令老人愈老愈开心和更加有信心。面对国内、国际两个大局,我们'实干兴邦'大业绩效卓著。建设中国特色社会主义,培育和践行社会主义核心价值观,努力争取实现国家富强、民族振兴、人民幸福的'中国梦'已成为全民的自觉行动。一点也没有夸张,真是形势大好,不是小好!"这再次体现了夏书章教授始终把自己钟爱的学术事业和国家民族的命运结合在一起。他的著作和发表的数以百计的论文始终不离的中心就是"治国理政"。而今,呈现在读者面前的十卷本选辑更是他对中华民族伟大复兴这一伟大梦想的思考的精华所在。在《行政学新论》里,夏书章先生讨论行政文化、行政道德与行政精神,指出领导干部必须具备"战略眼光、系统观念和综合能力";同时提供方法论上的指导,强调要为实践而学,讲求点动成线、线动成面、面动成体。在《管理·伦理·法理》中,他对政治、行政、管理三者中的共同道理进行了深入阐述,"政"离不开"治","行政"是"政治"的中心,"行政"则与"管理"相通,要"坐而言""起而行""三理相通,其理一也"。《市政学引论》则代表了夏书章先生对中国的城市管理高屋建瓴、领先群伦的洞见。先生在多年之前就预见中国城市的巨大发展,为当前中山大学乃至全国的城市治理研究打下了厚重的基础。夏书章先生通过文字、通过学术研究所体现出来的家国情怀,在本选辑中俯拾皆是,我在此不一一列举。当读者们抚卷览阅之时,相信会与我有同样的发现。

我相信,作为我国公共管理学界和政治学界的一件盛事,十卷本《夏书章著作选辑》的出版,既是对夏老学术人生和家国情怀的致敬,也是对学界同仁和后学诸君励学敦行的鞭策。今天,年近百岁的夏书章教授仍在不遗余力地积极推动着中国公共管理学和政治学的繁荣与发展,坚定地为治国理政的学问竭力奋斗。夏书章教授这种"老骥伏枥,志在千里"的风范必将激励学界后进的学术责任和信心,使中国公共管理学和政治学科薪火相传、日益繁荣,为国家治理体系和治理能力现代化做出更大的贡献!

2017 年 10 月 18 日

目 录

引 论

第一章 社会发展已经或开始进入知识经济的新时代 …… 3
 第一节 知识与经济的关系及经济知识与知识经济 …… 3
  一、知识与经济关系的历史回顾 …… 3
  二、关于经济知识 …… 5
  三、关于知识经济 …… 8
 第二节 知识经济是社会历史发展的必然 …… 11
  一、知识经济是工业经济高度发展的产物 …… 11
  二、知识的分类及其扩增、提高与加深 …… 14
  三、加强以知识为基础的基础设施建设 …… 16
 第三节 关于后工业经济、信息经济、网络经济、数字经济、高技术经济和新经济与知识经济 …… 19
  一、关于后工业经济、信息经济与知识经济 …… 19
  二、关于网络经济、数字经济与知识经济 …… 22
  三、关于高技术经济、新经济与知识经济 …… 24

第二章 知识经济与经济发展的全球化趋势 …… 30
 第一节 对于经济全球化的一般理解 …… 30
  一、关于经济全球化的定义和开端 …… 30
  二、关于经济全球化的动力和内容 …… 33
  三、关于经济全球化的实质和特征 …… 35
 第二节 经济全球化的理论分析 …… 38
  一、马克思与全球化理论 …… 38

二、全球化与资本主义特别是美国新经济 …………………… 41
　　三、经济全球化与社会主义 ………………………………… 44
第三节　经济全球化面面观 ……………………………………… 46
　　一、关于全球化的神话和现实 ……………………………… 46
　　二、经济全球化的利与弊 …………………………………… 49
　　三、经济全球化应造福于全人类 …………………………… 51

总　论

第三章　发展知识经济必须实施知识管理 …………………… 59
第一节　知识管理是一种新型的管理 …………………………… 59
　　一、从管理的发展趋势看知识管理 ………………………… 59
　　二、对知识管理的一般认识或理解 ………………………… 63
　　三、知识管理的基本内容及其核心 ………………………… 65
第二节　知识管理有助于促进人类实现第二次现代化 ………… 68
　　一、从"第二次现代化丛书"第一辑出版说起 …………… 68
　　二、现代化进程中的两个阶段 ……………………………… 71
　　三、人类第二次现代化在逐步实现中 ……………………… 73
第三节　非知识经济应为实施知识管理做准备 ………………… 75
　　一、经济形态的转变不是一个整齐划一的过程 …………… 76
　　二、在知识经济的影响和带动下非知识经济有可能加快发展
　　　　……………………………………………………………… 78
　　三、择善而从和选优先用 …………………………………… 80

第四章　知识管理是以人为本的管理 ………………………… 85
第一节　知识管理中的管理者和管理对象 ……………………… 85
　　一、时代要求高素质的管理者 ……………………………… 85
　　二、管理对象是知识型员工 ………………………………… 88
　　三、人本、能本、智本及其他 ……………………………… 90
第二节　人力资源的开发与管理 ………………………………… 92
　　一、人力资源开发与管理同传统人事管理的区别 ………… 92

二、分配、职称、退休等制度的改革……………………… 95
　第三节　人才的需求与争夺…………………………………… 98
　　一、因为缺乏才有竞争………………………………………… 98
　　二、国际人才争夺概况………………………………………… 100
　　三、美国对国际人才的争夺…………………………………… 103

第五章　知识管理中的中心岗位——知识主管（CKO）…… 108
　第一节　知识主管岗位的设置和对任职者的要求…………… 108
　　一、知识管理需要设置知识主管……………………………… 108
　　二、知识主管的任务…………………………………………… 111
　　三、知识主管的任职条件……………………………………… 113
　第二节　知识主管的重点工作………………………………… 116
　　一、人力资源能力的培养与开发……………………………… 116
　　二、人力资源能力的转换与挖掘……………………………… 118
　　三、永远创新…………………………………………………… 121
　第三节　知识主管与知识员工的关系………………………… 123
　　一、平等友好相处……………………………………………… 123
　　二、经常沟通、深入了解……………………………………… 126
　　三、激励为主…………………………………………………… 128

第六章　知识管理与信息管理的联系和区别………………… 133
　第一节　信息时代的到来……………………………………… 133
　　一、信息技术的兴起…………………………………………… 133
　　二、信息技术与信息经济……………………………………… 136
　　三、信息经济与信息管理……………………………………… 138
　第二节　知识管理与信息管理的联系………………………… 140
　　一、信息管理的延伸与发展…………………………………… 141
　　二、时代呼唤知识管理………………………………………… 143
　　三、知识管理曾得益于信息技术和经过改善的信息管理方法
　　　　……………………………………………………………… 145
　第三节　知识管理与信息管理的区别………………………… 148

一、知识管理不限于信息管理……………………………………148
　　二、知识与信息之间的不断转变和相辅相成……………………150
　　三、知识管理与信息管理的发展前景……………………………152

第七章　知识管理与按生产要素分配和保障知识产权……………157
第一节　按生产要素分配是知识管理的根本原则…………………157
　　一、知识经济的本质………………………………………………157
　　二、知识经济成功的原则要求……………………………………160
　　三、按生产要素分配的理论和实践………………………………162
第二节　经济增长的法制基础………………………………………164
　　一、市场经济的法律保障…………………………………………165
　　二、司法必须公正…………………………………………………166
　　三、健全有关制度…………………………………………………168
第三节　保障知识产权………………………………………………171
　　一、知识产权问题概述……………………………………………171
　　二、有关保障知识产权的法律、法规……………………………173
　　三、知识产权法与竞争法等的冲突和协调………………………176

分　　论

第八章　知识管理与知识创新工程和价值转化工程…………………183
第一节　知识管理要求全面创新……………………………………183
　　一、思维、理论创新和创新精神…………………………………183
　　二、市场、企业和管理创新………………………………………185
　　三、体制、制度和其他方面的创新………………………………187
第二节　知识创新工程………………………………………………189
　　一、知识创新与知识致富…………………………………………189
　　二、国家知识创新工程……………………………………………191
　　三、知识创新中的一些问题………………………………………193
第三节　价值转化工程………………………………………………196
　　一、知识创新与成果转化…………………………………………196

二、价值构成与价值转化……………………………………… 198
　　三、价值转化工程…………………………………………… 200

第九章　知识经济与科教兴国和智力投资……………………… 206
第一节　知识经济与科学技术…………………………………… 206
　　一、科技进步和创新是增强综合国力的决定性因素………… 206
　　二、技术将成为世界发展的主导因素………………………… 209
　　三、高科技发展的障碍………………………………………… 211
第二节　知识经济与教育事业…………………………………… 213
　　一、科技人才的来源…………………………………………… 213
　　二、基础教育…………………………………………………… 215
　　三、高等教育、继续教育及其他……………………………… 217
第三节　知识经济与智力投资…………………………………… 219
　　一、智力投资的动力和宗旨…………………………………… 219
　　二、智力投资的来源和渠道…………………………………… 221
　　三、智力投资的管理和运用…………………………………… 222

第十章　知识管理与咨询业等的发展……………………………… 227
第一节　咨询服务是社会经济发展的必然要求………………… 227
　　一、咨询服务的萌芽…………………………………………… 227
　　二、咨询服务的发展…………………………………………… 230
　　三、咨询服务是经济发达的标志之一………………………… 232
第二节　咨询服务的实质是智力服务…………………………… 234
　　一、咨询服务旨在发挥集体智慧的作用……………………… 234
　　二、咨询服务的形式和内容…………………………………… 237
　　三、接受咨询服务需要相当水平……………………………… 239
第三节　知识管理需要咨询服务………………………………… 241
　　一、知识共享的范围不断扩大和加深………………………… 241
　　二、集体创新的突破性延伸…………………………………… 244
　　三、经济全球化与跨国经营更需要跨国咨询………………… 246

专　　论

第十一章　企业实施知识管理必须有公共管理的配合和支持 … 253
第一节　人类管理活动的开始和管理领域的扩展…………… 253
　　一、早期管理的自发性和管理领域的分类……………… 253
　　二、近现代对管理的专门研究在经济领域已肇其端…… 256
　　三、各种管理中的共性原则和要求及其个性特点……… 258
第二节　公共管理与非公共管理之间的联系………………… 261
　　一、不同历史时期的公共管理与非公共管理…………… 261
　　二、公共管理与非公共管理之间的相互影响…………… 264
　　三、公共管理与非公共管理必须相辅相成……………… 266
第三节　知识管理对公共管理的依赖或需求………………… 269
　　一、知识管理发展战略与公共管理……………………… 269
　　二、知识管理发展环境与公共管理……………………… 271
　　三、知识管理中的人力资源开发和供应与公共管理…… 274

第十二章　知识管理在中国……………………………………… 278
第一节　中国经济的快速增长势头…………………………… 278
　　一、改革开放带来的发展速度…………………………… 278
　　二、经济特区等在以经济建设为中心中的作用………… 281
　　三、建设有中国特色社会主义现代化…………………… 283
第二节　经济发展和管理改革中的后发优势………………… 286
　　一、实现跨越式发展的可能性…………………………… 287
　　二、坚持中国特色和积极与国际接轨…………………… 289
　　三、对知识经济和知识管理不能视而不见……………… 291
第三节　知识经济与知识管理已初见端倪…………………… 293
　　一、知识经济萌芽与知识管理跟进……………………… 293
　　二、几个地区和企业实例………………………………… 296
　　三、加入WTO后的前景展望和必须正视与克服的困难 … 298

《夏书章著作选辑》编辑说明……………………………………… 304

引论

第一章 社会发展已经或开始进入知识经济的新时代

内容提要 本章从关于知识与经济关系的历史回顾，说到知识经济是历史发展的必然。在关于后工业经济、信息经济、网络经济、数字经济、高技术经济和新经济与知识经济的论述之后，明确了各种提法之间的区别和联系，集中到"知识经济"这一比较广泛流行和被接受的概念上来。

知识管理因发展知识经济的需要而兴起，所以在探讨知识管理之前，首先对知识经济的有关基本情况做一简略的介绍，应该认为完全有此必要。

说起知识经济，它也有一个历史发展过程，而不是突如其来出现的。与之相联系的事实和问题是，人们对知识和经济这两个名词概念并不陌生，二者有机结合成为具有划时代意义的崭新经济形态，绝非偶然。

因此，本章在介绍知识经济的前面，还将就历来知识和经济之间的关系有所说明，然后从经济知识谈到知识经济。

第一节 知识与经济的关系及经济知识与知识经济

知识与经济是人类社会早已发生的两种重要历史现象。社会的文明进步，同它们的不断发展直接相关，它们实际上已成为社会文明进步的水平或程度的决定性的标志。两者之间的关系，经历了一个从有一定联系到比较密切和紧密结合的漫长过程。可以肯定地说，在知识领域中，无疑会包括关于经济的知识；在经济活动中，也从来离不开各种知识因素。

一、知识与经济关系的历史回顾

在历史上，知识与经济不是没有关系，已略如以上所述。但是，它们之间的关系不是那么密切、显著，也没有受到社会的普遍、高度重视，则是明摆着的事实。试以中国的历史情况为例。在原始社会中，知识与经济也处于原始状态。在奴隶社会，二者均有所提高，但发展缓慢。在漫长的封建统治时期，我们可以看得比较清楚。

综括和相对来说，许多长期流传的有关说法，在这方面提供了具体有力的佐证。诸如读书、求知所为何来？提倡、鼓励读什么书？对读书人或知识分子怎样看待？以及类似的一些问题，答案往往是非常直白和发人深思的。

典型的论调常见于启蒙读物和社会流行的通俗读物之中。如《增广昔时贤文》（即《增广贤文》）《千家诗》《千字文》《三字经》《朱子治家格言》等，就有不少涉及读书、教、学的内容，更不用说那些"经典"巨著了。以下让我们来看：

"天子重英豪，文章教尔曹，万般皆下品，唯有读书高。"（或作"世上万般皆下品，思量惟有读书高"）"养不教，父之过；教不严，师之惰。""养子不教如养驴，养女不教如养猪。"（这里的"教"是广义的，并不专指读书。另有一说为"养儿不读书，不如养头猪"）为什么"唯有读书高"呢？养之教之和严教都可能与此有关。

一般来说，读书可能明理。而"唯有读书高"则主要是因为能够做官。"十年窗下无人问，一举成名天下知。""一举首登龙虎榜，十年身到凤凰池。""学优登仕，摄职从政。""满朝朱紫贵，尽是读书人。""家中无才子，官从何处来？""读书志在圣贤，为官心存君国。"与此相联系的，便是"书中自有千钟粟，书中自有黄金屋，书中自有颜如玉。"戏文里更赤裸裸地表白："千里来做官，为了吃和穿。""千里为官只为财。"还有："三年清知府，十万雪花银。"在得到物质享受的同时，还借以"光宗耀祖"。可是，作为升官发财（实质上常是掠夺、抢取）敲门砖的知识，却与发展生产、繁荣经济无关。

正是因为如此，所以读书求学的内容就有所侧重："积金千两，不如明解经书。子孙虽愚，经书不可不读。"显然，读经为了应试，然后有希望做官。从以下几句话里，也可以看出读书和生产是不相干的："有田不耕仓廪虚，有书不读子孙愚；仓廪虚兮岁月乏，子孙愚兮礼义疏。"可见，过去普遍重视的知识有极大的局限性。"秀才不出门，能知天下事。""一物不知，儒者之耻。"实在是夸张之词。即使在今天的网络时代，还是谁也不能夸下这样的海口。

不过，在旧社会，读书人即知识分子，并非一直和一概受到尊重。"焚书坑儒"的事发生过，"九儒十丐"的排列（有点像"臭老九"的味道）也确有其事，"文字狱"很多是够冤、够惨的。还有认为"百无一用是书生"的，若非所读的书没有用，便是学到的知识不用，因兴"儒冠误人"之叹，或被蔑称为"腐儒""竖儒"。对于读书虽多但不善运用者，还被唤为"书簏""书痴""书橱"或"两脚书橱"。

尽管知识并非完全没有用于其他方面，但在当时其主流所展示的道路却非常狭窄，即视为读书人心目中的"康庄"，实乃千军万马过独木桥的读书——做官的"捷径"。生产力水平得不到较大的提高、社会发展迟缓，这应该是重要原因之一。

很值得一提的是大家都知道的"知识就是力量"，这句话是17世纪英国哲学家弗兰西斯·培根提出的。但是，其实早于他1500多年以前，我国东汉唯物主义思想家王充（公元27年—约公元97年）在他的名著《论衡》一书中就已经指出："人有知学，则有力矣。"他把知识的作用视同"如日之照幽"。可惜受历史条件的限制，未能引起世人的注意而已。

无可否认，自培根做出"知识就是力量"的论断以后，人们对知识的认识开始有所转变，知识对经济的发展逐渐靠近。后来，马克思明确肯定科学技术是生产力，知识与经济的关系更加密切。经过一百多年的实践证明，这种密切的关系愈来愈明显并日益强化和提高。伟大的马克思主义者邓小平，终于在晚年提出"科学技术是第一生产力"。这比联合国经济合作和发展组织（OECD，Organization for Economic Co-operation Development）正式提出"知识经济"的名称要早两年（即一为1988年，一为1990年）。众所周知，"科学技术是第一生产力"正是知识经济的核心关键所在。

以上是对知识与经济关系的简单历史回顾。当然，不是说任何知识都与经济有关，而是指直接或间接影响经济运行和发展的知识。在下一个专题将要集中讨论的，便是关于经济知识的问题，也可以视为知识与经济关系问题的引申或同一类问题的另一个方面。

二、关于经济知识

人们惯以海洋来形容知识，称作"知识海洋"。知识的涵盖面确实极广,内容极其丰富。如果进行分门别类,也可以称得上是千头万绪而不为过。其中与经济有关的知识,就非常可观。这里暂且不谈经济知识的如何产生、如何应用及其所创造的价值等等,只是就关于经济知识的一般情况,略述梗概。

实践出真知,创新了的真知灼见又推进了实践的发展。历史的辩证法从来如此,也永远如此。经济知识同其他知识一样,伴随着社会发展和科技进步,经历了一个从无到有、从少到多、从简单到复杂、从肤浅到高深、从对经济活动的作用不太明显到日益重要甚至非常突出的过程。

时无论古今,地不分中外,人要生存就离不开物质条件;任何国家、民族,也不管是什么性质的社会,总少不了赖以维持或支撑的各种经济活动。没有或缺乏相应的经济知识,或迟或早必将使个人或集体面临危机和陷入困境。在不同时期和不同情况下的实力竞争、较量,当然包括并常常首先是经济实力。在一定的意义上来说,经济实力如何,正是经济知识及其应用能力水平的反映。

汉高祖刘邦把他能够得天下的原因归结为:"夫运筹帷幄之中,决胜千里之外,吾不如子房。镇国家,抚百姓,给馈饷,不绝粮道,吾不如萧何。连百万之军,战必胜,攻必取,吾不如韩信。此三者,皆人杰也,吾能用之,此吾所以取天下也。"①其中被称为"汉初三杰"之一的萧何,就显然富有经济知识,并懂得运用、善于理财;否则,即使决策高明、能征善战,也难以保证获得胜利。尤其是古代战争,基本上常是打后勤仗的,粮草一断,便打不成了。

历史上的改朝换代,"中兴""盛世"一定有经济因素;濒临灭亡的王朝末日,"照例"会出现吏治腐败、国库空虚、民不聊生等景象。后者不按经济规律办事,鼠窃狗偷、巧取豪夺,无所不用其极,结果只能是一败涂地。

在正常情况下,政府结构中莫不设置与经济发展有直接联系的财政部,如我国古代中央政府所设的"六官"或"六部"(吏、户、礼、兵、刑、工)中的户部,主管的是土地、户籍、赋税、财政收支等事务。其余各部的日常有效运作,都需要户部予以保证;否则,官吏的俸禄无着,文化教育事业难以开展,国防、武器装备不足,司法等工作遇到经济困难,也不能大兴土木搞什么建设。那将会导致什么局面,便可想而知。因此,当政、从政者必须具有经济头脑和经济知识,这可是自古已然于今为甚的事。现在，政府经济学已作为经济学的一门重要分支学科列入高等院校课程，这不是偶然的。类似的情况还有如教育经济学、军事经济学等。

说到这里，我们应当明确，经济知识不是仅指一般的经济常识，而是包括理论和实践两方面，特别是理论密切联系实际的知识。广义的经济科学以经济学为基础，已经派生了许许多多的学科领域。其中有的相对独立，自成体系；有的互相关联，紧密配合。真是枝繁叶茂，欣欣向荣。

具体来看，除了标明冠以什么经济学（如农业经济学等和前已提及的教育经济学之类）者外，还有如财政、金融、银行、货币、工商、贸易（又分国内、国际）、会计、管理、生产、营销、广告、运输等等，均属于广义的经济范畴。不仅如此，与经济活动有关的知识更多得不胜枚举。例如，决策科学、领导科学、经济法学、企业文化、职业道德、公共关系等，以及心理科学、预测科学等在经济领域的运用，都是发展现代经济所必须研究的重要课题。

若按经济发展的层次和规模来划分，有国际经济或世界经济与国内经济或区域经济、中央经济与地方经济、总体经济与部门经济、宏观经济与微观经济（还有主张在二者之间列入中观经济的）等。它们有的是从属关系，但都存在相互影响。

在社会性质上，国有经济或公有经济与私有经济、集体经济与个体经济、资本主义经济与社会主义经济等，在不同的国家和不同的历史阶段有不同的法律地位。还有一种称为"民营""民办"的，原是与"官营""官办"相对而言，虽然具体情况要做具体分析，但常是"私营""私办"的换个说法。

根据或针对行业和工种来说的经济知识，那就更多了。如工业、农业、商业、服务业、交通运输业……还可以细分。不仅如此，某类较带普遍性的经济行为，也因分别集中研究而已出现如消费经济学、旅游经济学、信息经济学等。

各个经济实体为内部管理活动的全过程和诸环节，无不具有丰富的理论和实际知识，以及改革和发展中需要认真研究的许多问题。如何管理好人、财、物？怎样安排好产、供、销？真可以说是"世事洞明皆学问，人情练达即文章"。"书到用时方恨少"，有关的知识多多益善。

必须指出的是，内部管理固然非常重要，但是外部环境和对外联系也丝毫不容忽视。如政府的方针路线、政策法令、规章制度、市场动态、社会状况，直到国际风云和自然环境，等等，无不对经济的发展有直接或间接、近期或长远、明显或潜在的影响。所谓有关的知识，当然也包括这些方面的知识在内。

在建设有中国特色社会主义、实现社会主义现代化和以经济建设为中心的历史条件下，我们必须旗帜鲜明，以马克思主义、毛泽东思想、邓小平理论为指导。辩证唯物主义和历史唯物主义的世界观、方法论，对于实行改革开放政策、建设和发展极其重要；科学社会主义理论必须学深学透，他们的经济学说更需要认真领会。

总之，在具体的经济活动中，指导思想十分明确，头脑保持清醒，又能具备和运用经济知识和有关知识，则在复杂的环境中和前进的道路上，才会少走或不走弯路，少犯或不犯重大原则性错误，从而避免或减少共同事业可能受到的损失。

三、关于知识经济

经济知识与知识经济是两个不同的概念。它们虽然也有内在联系，但其地位和性质则大不一样。前者是指发展某种经济所需要的有关知识，而且该种经济另有主体，如农业经济、工业经济。后者则是以知识为基础，即知识处于主导地位的经济，不同于一般的物质资源经济。

"知识经济"这个名称，是由联合国的研究机构于1990年第一次正式提出的。到了1996年，经济合作与发展组织（OECD）在《以知识为基础的经济》这份报告中，对知识经济做出了比较全面的阐释。它给知识经济所下的定义是："知识经济是建立在知识和信息的生产、分配和应用之上的新型经济。"它表明，一个区别于农业经济、工业经济的新的经济形态正开始兴起，也就是一个"以知识为基础的经济"（简称"知识经济"）的时代已经到来。

上述专题报告中还指出，知识经济的核心在于创新："当今世界知识以各种形式在经济发展过程中起着关键的作用。那些有效地开发和管理他们知识资产的国家发展得更好，拥有更多知识的企业比知识较少的企业在整体上运行得更好，具备更多知识的个人得到收入比较丰厚的工作。知识的战略地位强调要增加研究和发展、教育和培训的投资，也强调其他无形的投资。几十年来，大多数国家的无形投资比有形投资增长得更快。因此，政策的框架应该主要侧重于国家的创新能力和知识的创造、应用能力。政府的一项主要任务就是创造条件，引导企业进行投资和创新活动，以促进技术变革。"明确了核心所在，工作重点也就大体可知。

将知识经济与农业经济、工业经济加以对比，就可以达到如下的共识：农业经济基本上是劳动密集型的经济，工业经济主要是资源和资本密集型的经济，而知识经济则是知识或智力、技术密集型的经济。

这里可以清楚地看出，作为经济资源的知识，与一般的物质资源是大不相同的。其最显著的特点如下：

（1）知识经过使用并没有消耗掉，不仅依然保存，而且可以积累，会越用越多，成本也随之下降。一般的物质资源则越消耗越少，消耗越多，成本越高。

（2）知识可以共享，你可以用，别人也可以用，不像物质资源那样既经占有，便同时具有排他性，而且知识在使用上不受时间和空间的限制。

（3）由于知识在使用过程中毫无损耗，且会不断增加，所以不像一般物质资源有发生稀少、短缺情况的可能性。

（4）知识的使用较为方便，易于操作，在传播和处理方面，都没有一般物质资源运输、处理等那么大的难度。

（5）知识的涵盖面较广，真可谓包罗万象。它不仅仅是通常所指的狭义的科技知识，而且包括人文社会科学、管理科学等对经济发展和生产力的转化起积极作用的知识。

（6）知识、智力的载体是人，知识经济中由知识、智力唱"主角"，就必须尊重知识、尊重人才，尽最大可能提高、调动、发挥人的积极性和创新能力。

与知识作为经济资源的上述特点相联系，作为一种新型经济形态的知识经济与过去的经济形态相比较，也有如下的一些特点：

（1）成为关键资产的知识资产，比固定物质资产、金融资产等在市场上更具有强大的竞争力，如信誉、服务、专利、商标、版权等体现智力劳动的资产。

（2）在企业内部，知识资产具有更强的发展动力和潜力。它经常表现于管理能力、经营技巧、企业文化（含职业道德）、团队精神、人际关系和良好的规章制度等方面。

（3）知识资源重视环境保护和生态平衡，不仅要尽可能减少对自然资源的破坏，而且注意开发利用新的资源来代替或弥补已经枯竭和日趋短缺的资源，从而确保经济可持续发展。

（4）以知识、信息、文化、智力、高科技等无形资产为主的知识经济所获得的经济效益和社会效益，是过去任何经济形态无可比拟的。发达国家的现实已充分证明了这一点。

（5）在知识经济时代，创造社会物质财富的主要形式是知识密集型的产业。其产品的知识含量和附加值必将大大提高，消费者也会从而得到较大的满足和乐趣。

（6）知识的创新没有止境，知识经济赖以发展的知识资源也就取之不尽、用之不竭。前已述及的知识经济的核心在于创新，即指知识的创新。新资源、新产品都来自知识创新。

（7）由此而联系到发展知识经济需要有较强创新能力的人。缺乏这个条件，说什么都是空话。高智力、高素质的人才，于是成为知识经济时代的"骄子"和人们注意力集中的焦点。

（8）一方面市场之大是全球性的，另一方面知识创新在无论哪一个国家或地区，也不可能在所有学科领域或技术门类中均永远处于领先地位。因而经济发展使世界经济趋于一体化或全球化，知识经济也赖以继续存在和发展。

可以认为和已经看到，知识经济和经济发展全球化既是大势所趋，又有其消极影响。但不能因噎废食，而应在抓住机遇的同时迎接挑战，也就是要抱积极的态度。我们随后还将继续讨论。

诚然，关于知识经济及与之有紧密联系的经济发展全球化问题的方方面面，现在正议论纷纷，不乏不同的见解和估量。例如，知识经济是尚未建立、开始萌芽、刚刚起步、已见端倪，还是正在转型或发展，就有不少比较接近或相去甚远的说法。这是可以理解和不足为奇的事，因为各个国家、地区各有其具体情况，看问题的角度、标准也会有差异，难以强求一律。不过，论发展趋势还是有种种迹象和事实根据的。

先看看发达国家。知识经济框架和发展势头已日益明显，可以视为知识经济发展规律的现象正不断出现并发挥着作用。实际上，传统工业向知识型工业转变的力度加大且速度加快；在劳动力结构方面，"蓝领"工人减少，"白领"人员数目也在下降，而"灰领"（知识型）人员迅速增长。人们的工作方式、生活方式和消费方式等都在发生变化，电子计算机和因特网的使用者增加尤快,"知识化"的要求趋于强烈,人才争夺战也随之炽热起来。

再看看发展中国家。面临挑战已经是严峻的现实问题,东南亚金融危机便与此有联系。由于其知识经济远远落后于发达国家,又对国际市场有很大的依赖性,不免在竞争中败下阵来。事实证明,机遇与挑战并存的局面意味着二者是紧密相关的,没有只利用机遇而摆脱挑战那样的"好事"。发展中国家或地区虽然有某些可能进行跨越式或跳跃式的发展,但必须正确制定自己的发展战略,不能全面和单纯指望靠对发达国家的关键、先进、尖端技术的引进来坐享其成,自己也要创新。

第二节 知识经济是社会历史发展的必然

知识经济并非出于什么人的构思和设计,而是在实际经济活动中一步一个脚印达到的境界。它虽然看上去似乎有点像是突然发生的奇迹,但若从历史的发展过程来考察,其来龙去脉便非常清楚。正如在农业经济发展之后有工业经济一样,在工业经济高度发达以后出现了知识经济。在20世纪70年代初,就曾经有人提出过"后工业经济",亦即现在我们所说的知识经济。

一、知识经济是工业经济高度发展的产物

关于知识经济的说法很多,除"后工业经济"外,还有如"信息经济""高技术经济""网络经济""数字经济""新经济"等(随后还将另做专题讨论)。无论看问题的角度和出发点如何,离不开的一个共同事实是,原来的工业经济形态面临变革。

面临变革意味着在继续发展的进程中,遭遇到迫切需要解决的严重问题,同时在客观上又具备了可能解决问题的条件。那么,问题何在?是些什么条件呢?

就生产力发展水平来说,从农业经济进入工业经济以后,得到空前巨大的提高是无可否认的。其历时两个世纪,对全世界的影响普遍而且深刻。本来应该为人类造福的先进生产力,却给人类社会造成一次又一次的重大灾难。仅是20世纪的上半个世纪内,就发生了两次世界大战。"二战"结束已经50多年,有的地方的战争创伤至今尚未恢复正常,或者还

有不少战争遗留问题有待妥善解决。现在，局部战争和战争威胁没有停止，引人注目的是所使用的武器不断更新。这当然与社会制度和政府政策有关，而不能直接和简单地算在生产力发展的账上。知识经济也未必能够解决这方面的问题。

除了军火工业"繁荣"、战争的破坏性和杀伤力更大以外，一般工业经济发展的结果，亦有很多随之而来的制约本身发展或使自身发展难以为继的不利因素。这就是当前全世界都十分关注的一个热门话题：经济可持续发展的问题。

与这个问题相关的问题很多，人们的议论比较集中的如人口问题、粮食问题、资源（包括能源）问题、环境问题等。这些问题之间，又互相联系和互相影响，已经构成人类社会继续前进道路上的现实障碍。以下分别简述一些有关情况。

人口问题与粮食问题关系密切，自不待言。对全世界来说，人口激增不仅是数量问题，也有素质问题；不仅有粮食问题，也有教育、就业、居住等一系列的问题。就具体国家或地区而论，有的发达国家人口增长不会影响其发展（如美国）[2]，有的国家对人口大幅减少则"引起当局的警惕"[3]。人口老龄化问题现在正议论纷纷，已有人视之为笼罩全球的"阴影"[4]。有的国家开始考虑推迟退休年龄等措施，以减轻人口老化对经济发展带来的负面影响。不过，对人口问题究竟应当采取什么对策，还得从实际出发，针对不同的实际情况去做出适宜的决定。我国宪法规定："国家推行计划生育，使人口的增长同经济和社会发展计划相适应。"[5]实践证明，这是对我国经济和社会的发展颇为有利的。

资源短缺的现象已经出现，并且正日趋严重。这是经济可持续发展中的重大问题，理所当然地应受到高度重视。试以与人类生活和生产有直接关系的淡水资源为例，我们可能充分看出问题的紧迫性。水被称为"神秘的生命物质"，实际上如果没有水，地球上就不会有生命。"全球各地的水分布得并不均匀"，在地球上，一半以上的人口发现寻找洁净的饮用水是他们日常生活面临的一大挑战。"据预计，水战争正在酝酿，亚洲发展银行已确定了全世界有 70 多个会因水而引发冲突的热点地区。"[6]我国缺水成为阻碍经济发展的大问题，已经是世所周知的事实。特别是北方严重干旱缺水，不能不采取有效措施。庞大的南水北调水利工程的启动，就是为了应对北方许多城市居民生活、工农业的生命力和生态环境在这方面所受到的极大威胁。

环境问题更加突出，全世界普遍存在，严重程度也与日俱增。环境的污染，不断恶化，与人口激增、生态失衡、资源枯竭和被破坏有关。尤其是各种污染，主要是人为的原因。其有形和无形的损失，目前和长远的影响，无法做出精确的估计。有识之士早已大声疾呼：地球只有一个，要保护好我们共同的家园！应该对子孙后代负责！这个"地球村"还很不太平，很不安全。据瑞士再保险有限公司传出的信息，仅2000年，全球灾难所造成的后果就相当严重。死于灾难者1.74万人，半数以上是由所谓技术性灾难所致，其中有2/3为公路交通事故、海难和空难。理赔损失中有近3/4由自然灾害造成，如日本和英国的洪水损失最大。其他事故还有如炼油厂爆炸等[7]。

社会经济发展到这样的历史阶段，为了人类社会的继续生存和经济的可持续发展，转变生产方式和经济形态不仅很有必要，而且大有可能，那就是发展知识经济。关于知识经济，前已大体述及。这里要着重说明的，在于伴随工业经济高度发展而来的是科学技术的长足进步。在知识激增的同时，知识和信息的生产、分配和应用的手段也日益先进和不断创新。新技术在许多领域是日新月异、层出不穷，真可以说是不胜枚举。如果信息技术没有出现和发展，或有关知识水平不高，运用能力不强，也就不可能发展知识经济。电子计算机（电脑）在全世界从5万台增长到1.4亿台（将近3000倍），仅经历了25年，是一个很能说明问题的事实。使用因特网的人数以亿计，预计20世纪末将增至5亿人。

知识经济离不开高科技，但是，"高科技会带来灾难吗？"美国计算机网络专家比尔·乔伊（世界最成功的软件制造商之一的太阳微系统公司的联合创始人）的回答是肯定的："21世纪的技术（遗传学、纳米技术和机器人）将如此之强大，乃至会造成各种新式的灾难和弊端。而更危险的是，这些灾难将在历史上第一次由很容易得到这些技术的个人或小组织来制造。他们不需要大型设施，也不需要稀有原材料。因此，不仅存在着使用大规模毁灭性武器的可能性，也存在着使用能够制造大规模灾难的知识的可能性。这种能力正由于自动复制力而逐步加强。"[8]虽然很多同行不同意他的说法，但却引起非技术界知识分子和各国公众的极大关注。问题在于高科技为谁服务，应有技术、法律和伦理等方面的强制性规定，"必须限制那些过分危险的技术的发展、限制对某些知识的追求"[9]。

应当认为，这绝非杞人忧天之谈，而是很有实际意义的事。因而对知识经济中的知识，不可忽视人文社会科学方面的内容，要使科技进步服务于人类的文化进步。

二、知识的分类及其扩增、提高与加深

知识包罗万象，浩如海洋，从古到今，门类也不断增加。除数量明显激增之外，知识的质量，即反映人类认识世界和改造世界的程度和能力的知识已大大提高与加深。正是由于具备了这样的条件和趋势，才使发展知识经济如水到渠成般的有现实可能。

在发展知识经济的过程中，我们对知识不可做片面的狭义理解。即使在实际上或难免有所侧重，仍必须全面掌握和运用广义的知识。为此，这里谈谈有关知识分类的问题。

按照一般的或传统的分类，知识大致分为两类：一是自然科学知识（惯称为理科），二是人文社会科学知识（惯称为文科）。前者如数学、物理、化学、天文学、地理学、生物学等及其分支学科；后者如文学、史学、哲学、政治学、经济学、法学等及其分支学科。亦即人们常简称的数、理、化、天、地、生和文、史、哲、政、经、法。这些都是概括而言，还有很多学科不一一列举。在具体工作中，有时还有各种分类，如将政治学、社会学等列入法学类，等等。

随着学科的发展，原来的文、理两科有所突破，出现了工、农、医等科学，也成为一大学科门类，教育学、商学等逐渐自成体系。于是在旧的综合性大学里，设文、理、法、商、工、农、医、师（师范、教育）等学院，以培养各科专业人才。

在学科分类中，除在门类上加以区别外，还有按知识的性质分为基础学科和应用学科的。前者着重理论、原则、规律方面的探讨；后者强调理论密切联系实际，务求实用。但二者不可偏废，清醒的、科学的应用需要基础理论的指导，而仅停留于空谈理论，则丝毫于实际无补。

另一种分类，是把各学科群分为"硬科学"和"软科学"。自然科学、工程技术等归类于前者，人文社会科学归类于后者。不过，由于新兴学科的大量涌现，学科之间互相交叉、渗透的情况加剧，出现许多边缘学科和"你中有我，我中有你"的现象，所以"软""硬"也不是绝对的。关于"显科学"和"潜科学"的说法，那是指某些学科已经正式确立得到公认，或尚在探索、酝酿之中，有可能由"潜"而"显"。在科学研究中，后者具有极其强大的生命力。自古迄今和今后的已知和未知的发明创造，莫不由此而来。我们随后将在知识管理中专门讨论的"显性知识"和"隐性知识"虽非与此完全相同，但也与此有关。所谓"知识创新"，在很大程度上有赖于挖"潜"。

知识经济的最大优势，在于知识创新。它不仅表现于作为第一生产力的科技水平，而且对经济发展有直接、间接、显著、微妙、或大或小影响的人文社会科学因素，也不能掉以轻心。管理学、法学、伦理学等与经济发展的关系不用说了。仅以经济学知识为例，内容就大有可观。如在前面提到过的各种经济学中，有一门叫"行为经济学"的，已被认为是新学科、新理论。行为经济学终于到来了。半个世纪以来，经济学这一学科一直将理论建立在死板的假设基础上，即人们的行为准则是理性的、不动感情的自我利益；而现在，它正式承认，人也有生性活泼的另一面。[⑩]这是一个研究关于心理现象在经济学领域的重要性如何评定的问题。虽然研究者的数量还不多，但已有分别为34岁和27岁的两颗新一代经济学家中冉冉上升的明星，并受到哈佛大学、麻省理工学院等名校的重视。[⑪]

值得注意的是，在前述经济合作与发展组织（OECD）的《以知识为基础的经济》的报告中，也提出了知识分类的问题。这就表明，发展知识经济不能不对知识分类有所了解。报告把人类社会所创造的知识共分为以下四类。

（1）"知道是什么"的知识（know-what），即关于具体事实方面的知识，也可以说是知识的最原始、最起码的要求。正因为是这样，所以这种知识非常重要。凡事要确有其事，而不是子虚乌有。人们常说知其然，是知道究竟是怎么一回事。所谓从实际出发，首先便应以事实为根据。"事实胜于雄辩"是尊重和相信事实的结果。"名不副实"是徒有虚名，有实践经验者莫不懂得去循名责实，以免欺世盗名者得逞。"挂羊头，卖狗肉"是对弄虚作假的讽刺。研究知识经济一开头就有一个"什么是知识经济"的问题。不是先有定义，而是先看事实，定义是以事实为依据做出来的。关于"是什么"的知识，当然越真实越好。我们进行调查研究，总要先弄清事实真相。

（2）"知道为什么"的知识（know-why），即关于自然原理和规律方面的科学理论知识。这是从表面现象到具体事实知识的深化，体现了知水平的提高和进步。如果说"知道是什么"的知识是知其然的话,"知道为什么"的知识便是知其所以然。亦即由"是这样"进而"了解到为什么会是这样"或何以致之的理论,对人类社会经济的发展有重要的积极促进作用,可以在发展中大大增强主动性和自觉性。不过,此种知识过去多在科学研究机构和高等院校中产生和不断提供。一方面,这反映了高等教育和专业训练的重要;另一方面,也表明仅停留于就事论事,便不可能有发展。倘若从业人员都有研究的兴趣、精神和能力,则共同事业一定会发展得更好、更快。这正是知识经济特别重视学习的主要原因。

(3)"知道怎样去做"的知识(know-how),即关于办事、处理问题的能力、方法、技巧之类的付诸实践和取得成效的知识。没有这种知识,即使具备"是什么"和"为什么"的知识,也不可能进行实际运用,更谈不上如何创新,知识的力量便无从发挥。人们常说学以致用、学而能用、学贵能用,要学用一致,等等,无非是说真知灼见须落实到行动,方能得到验证;否则,徒托空言,也不足以令人信服。在知识经济时代,这可是个非常突出的关键性的问题。事实上,凑巧是三个"A"的雄心(ambition)、能力(ability)和行动(action)在剧烈的竞争中是缺一不可的取胜的决定性要素。该出手时不出手,固然会坐失良机,不是足智多谋,甚至只是盲动、蠢动,则必败无疑。

(4)"知道谁是知识拥有者"的知识(know-who),即关于知识何在的知识,涉及对人力或人才资源状况的全面和深刻了解。人是知识的载体,所有知识的创造、更新、运用、发展,都离不开人的思维活动。倘若对什么人掌握什么知识及其所达到的广度和深度茫然无知,那么,用什么人去办好什么事就失去依据,更不用说集中优秀人才的出色智慧从而开拓、进取以创造新的业绩了。"尊重知识"与"尊重人才"不可分,不是为尊重而尊重,而是要真正充分调动、发挥人才的积极性和潜力来为共同事业的兴旺发达服务。说知识经济是以人为本的经济,正是由此而发。"得人才者昌,失人才者亡"的古语,看来更具有现实意义,所不同的是古代的人才观要狭窄得多。

三、加强以知识为基础的基础设施建设

加强以知识为基础的基础设施建设,是发展知识经济的必要条件。虽然各有关方面都应当关心此事,并密切配合和共同努力,但是从全局和根

本着眼，这是国家必须承担的重要任务。因为其中不少问题非政府力量不能妥善解决，知识经济的发展也关系到国家是否能繁荣昌盛。

从国家的角度和高度来考察，加强知识基础设施的建设有许多值得注意之点。

第一，在经济和科技发达程度与发达国家相比尚有差距的发展中国家，发展知识经济并非是轻而易举、一蹴而就的事。尤其是知识基础设施的建设是一项庞大、复杂和艰难的系统工程，需要社会和政府各方面的组织和力量结合在一起，才能共襄其成。这一点至关重要，必须达到共识。至少在政府各有关部门之间，步调应尽可能协同一致，使此项建设进度加快和早见功效。其中包括一系列有鲜明针对性的调整、改革等措施。那种对知识经济的发展趋势和随之而来的挑战抱熟视无睹、不闻不问，或听之任之的态度，对知识基础设施建设掉以轻心的态度，以及认为发展知识经济只是企业界的事情的思想，都应该及时予以纠正，并经常保持警惕。

第二，知识经济的核心是创新，在知识基础设施的建设中必须与国家创新体系紧密联系。后者在知识经济中也与过去通常的学术研究创新和在工业经济条件下的技术革新有很大区别。其出发点在于将教学、科研和产业等机构（即"产、学、研"）结合在一起，在互相促进、推动的过程中，进行新知识的创造、传播和运用。我们现在所讲的国家创新体系，正是要联系、团结各个系统和各个方面的力量，在改革和发展的道路上实现共同创新。实践已经证明，这样做的成效显著。虽然工作还是刚刚开始，但是通过为数不多的试点，可以清楚地看出足以增强信心的一些苗头。应当坚定不移地认为，国家创新体系是知识基础设施建设的"靠山"或"主心骨"。

第三，必须明确和摆正科学技术和教育与经济发展之间的关系。本来，"以经济建设为中心"已经表明其他工作（包括科技和教育）要为这个中心服务和环绕它来运作。但是，要发展知识经济，还要进一步深入理解科技和教育与经济关系的重新定位。不能再像长期以来的传统观念那样，把科技和教育视为经济外部的体系，只是为经济服务的"客体"，而应当将它们看成一体，即前者是后者内部的极端重要的组成部分，亦即"主体"。这是由知识经济的根本性质所决定。既然它是以知识为基础的经济，那么，离开了知识基础设施的建设，离开了科技和教育的改革、适应和发展，知识不能不断创新，知识经济便将失去其生存和发展的依据。

第四，与此相联系的是，既然科技和教育与经济已形成一体或打成一片，尽管分工还是有的，但不宜过分强调，更不是单纯依赖。说的是应注意到在经济建设实践中，人们也有创新知识的能力和潜力。把他们在这方面的力量调动起来和发挥出来，其作用是不可低估的。研究本职工作的极大优势或有利条件是驾轻就熟，不致隔靴搔痒。只要具有研究兴趣和提高研究能力，一定会出较好的研究成果。在知识经济对从业人员素质的要求中，就包括这些内容。知识经济需要企业成为学习型的组织，原因正在于此。这也就是为什么发展知识经济使终身教育、继续教育特别受到重视，并特别重视创造优良的学习、研究环境和提供各种便利条件的主要原因。

第五，发展知识经济的关键，在于从总体上提高人员的素质。"科教兴国"的战略方针是完全正确和十分必要的。在扫除文盲、普及教育的基础上，全民的科技和教育水平才有可能稳步提高。因为科技和教育都有个自下而上的问题，一般是没有初等和中等的比较扎实的基础，高等的质量便难以保证。"水涨船高"有其必然性，同样的情况也表现于研究生教育。大学本科如果普遍较差，择优选拔的余地也就受到局限。随着知识更新的频率空前加快，即使原来的教育体系已相当健全、完善，受教育者仍无可避免要面临知识、观念、方法等陈旧不能适应新的发展形势的问题。于是上述终身教育、继续教育等，便成为知识经济时代所不可少的热门事业。

第六，知识的创造或生产、传播或扩散、运作或应用，离不开所有的有关机构或组织。它们是各级尤其是高等学校、科研院所，各类特别是大型企业，以及承担中介服务的各种机构。一方面，它们不是各自孤立的，要比过去任何时候更要加强联系，以求充分发挥互相配合、互相支持、互相推动的作用；另一方面，它们在瞄准集中目标、齐头并进、共同发展的同时，对自身内部进行调整改革，以期尽可能适应知识经济发展形势的需要，与其他组织机构保持协同一致，做出自己应有的积极贡献，避免各自为政。这种各自的调整改革之所以重要，是因为某些传统影响和习惯势力必须及早和彻底摆脱，才能符合新形势的要求。教育改革成为当务之急便是一例。

第七，知识的传播、扩散、交流需要有方便、迅速、有效的通道。利用现代信息技术，可以建立知识网络来满足这方面的要求。这种网络不限于正式的或非正式的，也不限于政府的或非政府的，所有专业性的学术团体和社会群众性组织的知识网络都包括在内。它们之间实行联网,使教育和知识的交流发生了很大的变化。由于其可能联系和覆盖的面广,几乎可以说是真正的无远弗届,对于穷乡僻壤地区的人民,在实际生活和科学文化等方面,将会有深远的影响。一个显而易见的事实是,知识网络大大便利和吸引了许多有强烈求知愿望的人参加学习。网上交流的不仅是各种信息,它还必将有助于促进各有关方面的变化和改革。

第八,一定要加强和改善广播、电视、通信等电信基础设施,才能使广大城乡人民群众便于参与信息和知识的交流和共享。其中既有普及的需要,也有及时提高技术水平、更新设备、让价格承受能力趋于合理等要求。自实行改革开放政策以来,我国在这方面的改变很大。服务多年的电报已成为明日黄花,时髦过一阵子的电传(telex)亦如昙花一现。如今图文传真(fax)和电子邮件(E-mail)颇为流行。电话的变化也大,从 4~5 位数上升到 7~8 位数的速度很快。手提(移动、俗称"大哥大"的)电话迅速扩展。最近消息传来,全国通电行政村实现了广播电视"村村通",使我国的广播电视人口综合覆盖率分别提高到 92.1% 和 93.4%。⑫这可不是一件小事。

第三节 关于后工业经济、信息经济、网络经济、数字经济、高技术经济和新经济与知识经济

在"知识经济"一词出现的前后和目前在关于经济问题的讨论中,仍不时或经常会接触到诸如后工业经济、信息经济、网络经济、数字经济、高技术经济和新经济等说法。它们同知识经济及它们之间有什么联系和区别虽然存在不同的意见,但大体上可以看出,知识经济是上述这些侧面的综合和概括,并且突出了以知识为基础的经济实质。

一、关于后工业经济、信息经济与知识经济

知识经济这个概念,有一个酝酿、提出、议论到达成共识的过程。在其早期阶段,虽然已经有人感到工业经济作为一个经济时代,似乎快接近尾声,但一时还没有找到适当的继之而起和取而代之的新的名称。这种情况大约开始出现于 20 世纪 70 年代初期。当时有一种"后工业经济"的说法,如托夫勒在其所著《第三次浪潮》一书中就是这么说的。这样说

没有错，是可以理解的，只是太笼统了些、含糊了些。这后工业经济究竟是什么经济呢？还有待继续进行探讨和逐步明确。因此，在20年后提出的"知识经济"和别的如"信息经济"等一样，当然都属于后工业经济的范畴。所不同的是，它们的含义和内容，要具体和明朗得多。

不过，对于不管叫什么的后工业经济，均不能看作与传统产业断绝了联系。正如工业经济时代没有停止农业经济的发展，知识经济时代也不会脱离工业经济和农业经济。也就是说，人类的物质生活需要物质生产来满足和维持。它们之间不存在代替和被代替、消灭和被消灭的关系，"而是渗透、融合的关系，以及改造与被改造的关系。用现代科学技术改造和武装的农业、工业、建筑业、交通运输业、服务业等各行各业都属知识经济的组成部分"[13]。同样的情况也曾存在于从农业经济时代进入工业经济时代以后，人类社会并非不再需要农业生产，而是在工业经济时代，农业经济受到工业化的深刻影响走上新的发展道路。

说得更实在些，后工业经济的知识经济时代，人们不是，也不可能是直接把知识当粮食吃、当衣服穿、当房子住……以知识为基础的经济，是用先进的科学技术去发展工、农业等生产。"无论信息技术和信息产业如何发展，人们总不能靠打电话、发传真和上网过日子。信息产业首先是为物质生产过程的信息传递和人际交往的信息传递服务的，脱离了物质生产过程的服务经济、网络经济肯定是一种泡沫经济。"[14]可见，对后工业经济在认识上的误区应予清除。

在后工业经济之说提出后不久，有人提出了"信息经济"。这可以视为知识经济即将问世的前奏，因为知识经济所讲的知识，一般主要是指高新科技知识和管理科学知识，包括信息技术在内。在众多的高新科技知识当中，如生物、航天、激光、自动化、新能源、新材料等技术知识，对知识经济来说与信息技术相比，则后者占有更大的比重。如果说缺乏现代信息技术知识便没有或不成其为知识经济，也不为过。二者不能等同，它们之间的关系是后者包含前者，前者服务于后者，是后者的重要组成部分。关于这方面的情况，在后面章节讨论知识管理与信息管理的联系和区别的问题时还将详及。

值得注意的是，随着信息技术的发展，各国争先恐后地建设"信息高速公路"，人类社会进入信息时代的呼声早有所闻，或者认为现在已经是信息社会了。试就亚洲的情况来看，我们不难围绕发展信息技术的经验和教训等发现人们对信息技术的高度重视。

先说日本。曾经提出"信息技术立国"、被公认为亚洲信息尖兵的日本,到20世纪末已经风光不再;"在希望打破旧制度和旧习惯从而赶上信息革命浪潮的亚洲国家中,不肯变化的日本正在落伍"[15]。对原来的亚洲经济的雁阵式发展理论模式(即按日本—亚洲新兴工业化经济地区—东南亚国家和中国的发展顺序),日本经济企划厅在2000年夏拟定的报告《亚洲经济2000》中指出,可能不再是雁阵式,不是逐步实现工业化,"而是利用信息技术使产业一举转为知识密集型的国家和地区"[16]。文章分析妨碍改革的主要原因在于:一是曾经在工业化时代是一种优势的日本封闭式的企业社会,在瞬息万变的信息技术社会已行不通;二是会扼杀信息社会活力的讨厌竞争的社会风气。[17]

再说印度。以"软件大国"著称的印度,在信息技术方面吸引了不少外国同行和有关人士去考察、访问。仅在信息技术人才培养上,就可以看出其所拥有的实力。现在每年培养出掌握基础信息技术的人员达100万人,但实际需要的软件工程师是220万人。与此同时,其电脑专业人员流失到国外的,2000年已上升到5万人。在美国前4名最大的信息公司中,印度籍职工即占10%以上。这种人才外流虽然不被认为只有消极的一面(如有人认为,一些有技能的印度人应当到国外去开辟一种对印度有利的环境),但毕竟是面临的挑战。为此,印度想方设法,成功阻止了信息技术人才的外流,也就成功地留住了他们。其方法是建设环境和设施良好的"大学校园""知识园"等、提供优先认股权、实行各种奖励计划等。现在,在国外信息领域人才归国的越来越多,很多人都已经在国内创建自己的企业。关于工资水平较低的问题,由于印度生活费用低廉,大多数职工享受无息贷款、购物补贴、医疗和教育补贴等福利,也就大体上可以平衡了。[18]

在日本和印度以外的亚洲各国和地区的情况如何呢?前面引用过的关于日本的资料透露,韩国的钢铁和半导体等主要产业曾经是引进日本技术后发展起来的,但在信息技术领域,两者的地位发生了逆转。"向日本兜售"是韩国网络企业的口头禅。信息技术相关设备产值在国内生产总值中所占的比率,韩国、新加坡等亚洲新兴工业化经济地区平均达到13%,大大超过了日本的6%。在因特网和计算机的普及方面,在产业的信息技术化方面,新加坡和我国香港地区均将超过或领先于日本。上述资料还指出，我国台湾地区已成为信息技术的尖兵。马来西亚重视信息化产业，对外资企业在就业等方面可不采取优待马来人的政策。因为在世界争夺信息技术人员的时代，如冷漠印度人和华人，便无法向知识集约型的产业结构转变。东盟各国领导人不久前同意将英语作为一门重要语言加以推广，为的是能快速发展信息技术经济。用时任新加坡总理吴作栋的话来说，"因为如果我们不能掌握英语，我们就不能使我们的人民使用信息技术，并利用新经济"[19]。

在我国，国外已有《中国开始 IT 革命》的议论[20]，这里暂不展开，容后集中介绍。

至于信息技术对地球环境是敌是友的问题，国际上已展开了热烈的讨论。由于利弊都有，一时尚难得到共识。本书因另有重点和限于篇幅，只能略予提及。

二、关于网络经济、数字经济与知识经济

在即将进入新世纪之际，关于新时代的说法很多。除后工业经济时代、信息经济时代（也有后信息时代之说）之外，还有网络经济或因特网经济时代、数字经济时代等。它们与知识经济的关系大致相似，前面说过的有关情况没有必要重复叙述。分别了解一下各自的实质性内容，也就不难据此做出判断。

所谓网络经济，指的是网络时代的经济。而网络时代的"网络"，则说的是计算机（电脑）网络。后者发展迅速，已日益成为科技、经济活动和实际生活中不可或缺的崭新事物。但其作用的发挥离不开信息，信息数字化又必须依靠网络，最终集中到一点，即为体现知识价值服务。由此可见，网络经济也应当是知识经济的组成部分或一个侧面。

关于网络经济的议论很多，有称之为"一种可以衡量的力量"和"一场令人惊奇的革命"[21]的；有认为它是"经济繁荣的奠基石"和"眼前的仅仅是序幕"[22]的；有把它比作"世界发展的新引擎"和预测"美国繁荣只是全球增长浪潮的开始"，"因为……知识如今可以被地球上各个角落的人们轻松地输入并交流。其结果是：经济和生产力的迅猛增长，首先是美国，紧接着其他国家也跟上脚步"[23]。引人注目的是，在原因分析中不能不点到知识交流，这才是实质性内容所在；否则，网络作为载体、工具的自身，便无从发挥经济和生产力迅猛增长的积极作用。

为了表明网络经济与知识经济的关系，在一篇讨论网络经济学的文章中，如下的论述是可供参考的："在网络经济学社会模式中，网络是一片成长迅速的智慧财产世界，使用者可以无限地复制与下载这些智慧财产。"[24] 显然，这里的智慧财产不是网络固有的，而是新知识的不断输入。

应当看到，在对网络经济基础抱肯定、积极、乐观态度的意见中，也常提及其发展中存在一些困难、障碍、消极因素或负面影响。其中见仁见智，或有程度上的不同，但都无不言之成理和言而有据。

国际知名度很高的比尔·盖茨撰文指出，"因特网是通向浩如烟海的知识、艺术和文化的入口"，并在盛赞其优势的同时，也认为"为了最大限度利用因特网的潜力，我们还必须解决其中的一些问题"，如保护知识产权、管理全球商务的难题、因特网安全面临的挑战、要在网上保护我们的孩子（避免儿童不宜的内容）、弥合"数字鸿沟"，"世界上大多数人还从未打过电话，更不用说浏览网络了"。应采取措施，"以确保因特网时代没有人会被抛在后面"[25] 等。这些问题表明，网络积极作用的发挥，需要有效的管理，特别是政府管理来配合。

2000 年以来，股市和企业界有过一个似乎是最"伤感"的话题，那就是网络泡沫化。德国《经济人杂志》曾指出，关于"网络新经济"的诺言误导人们甚深，对新经济的发展有害无益。其所列举的七大谎言，都不符合事实，即：网络可解除工作环境对受雇者的束缚；网络比公司组织有效率；网络股价无限上扬；网络公司员工也能成百万富翁；网络增长无止境，不会造成通货膨胀；网络空间距离无问题，人们不再聚集于城市；网络时代一切是顾客至上[26]。从技术角度来看，网络可能发生故障而致失灵，也可能由于违反操作规程而有失误，但各种信息是输入的，它不会无中生有和自作主张，更没有说谎骗人的本领。可见上述谎言，并非出自网络，而是人们在认识上有误区，从而出现误导。

所以，关于网络经济的是是非非，应该抱实事求是的态度，进行具体分析。例如，用网络公司的衰亡证明因特网被过分地宣扬了，是过分的反应。"如果把股市上的不利情况同因特网本身的经济影响联系起来，那是一个错误。"同样，认为网络公司衰亡宣告了新经济开始终结，也是错误的。"不要把 10 年来世界各地涌现的网络公司（特别是那些不讲信用的电子商务零售商）同新经济混为一谈。"又如，不能通过数量来判断信息技术革命。"去年，美国商务部宣布，虽然信息技术产业在美国的经济总产出中仅占不到10%，但是在1995年到1999年之间，该产业对美国的经济增长所做出的贡献却达到将近1/3。"再如，高科技方面成功的基本要素，"是发达的通信基础设施、大量聚集的熟练工人、鼓励创建新的工商企业的环境以及拥有通晓英语的职工。这些要素加上可靠的产权制度和适当的财政与货币政策，就是在21世纪中获得经济成功的一条途径"[27]。高科技成功与经济成功同步实现之道正在于此。

在知识经济时代，网络的发展前景看好。对此，不能因许多网络公司的消失而失去信心。"像任何新技术一样，因特网的头几年是一种学习过程，现实告诉我们，没有哪种技术能够单枪匹马地改变一切。"[28]这个意见是可取的。

数字经济与网络经济基础有非常紧密的联系，有时二者并提，几乎难分彼此。例如，在一篇讨论因特网资本主义的文章中，作者开门见山着重强调的是：21世纪初期，世界将迎来飞速发展的数字信息革命的浪潮，至少在10到20年之内，将席卷全球。在这一过程中，世界经济的形态和产业社会至少都要经历类似工业革命那样的历史性的变革[29]。更明确的表述还有，如：在伴随网络时代到来的诸多变化中，最根本的变化就是信息数字化。只是到了网络时代，"数字化"才成为社会的根本特征。在数字化经济中，公司需要不断创新[30]。这里，不仅网络时代、数字时代、网络经济、数字经济之间互为表里，而且创新也正是知识经济的核心。

至于在现阶段，数字经济是否言过其实，那是另外一个问题。"不过，衡量'新型'经济的规模是统计学上一个特别要加以小心的雷区。"[31]这话似应引起警惕。

三、关于高技术经济、新经济与知识经济

高技术经济或高科技经济的提法，于20世纪80年代的中后期开始流行于世。它与知识经济的关系，已经为众所周知，或者说已不言而喻。知识经济中的"知识"，当然包括并且首先是高科技知识。实际上，不仅要高，而且要新。前面不止一次地提到过，知识经济的核心或灵魂在于创新；同时，我们应当记住"科技是第一生产力"的科学论断。那么，高新科技知识在知识经济的发展进程中所处的地位也可想而知。

对知识经济的出现，一般是这样描绘的："世纪之交，随着全球范围内高新科技的迅猛发展，应运而生的知识经济初见端倪。若从动态的角度

考察，知识经济不是偶然的'断代产物'，它早已孕育于工业经济的母体之中。……现代科研制度、教育制度、专利制度的产生，标志着知识的创造、存储和运用的方式正在发生根本的变革。"㉜而在对知识经济产业特征的分析中，则每个特征都分别与科技、信息、知识、智能和知识分子结合在一起。谈到如何迎接知识经济的来临，又首先强调应大力推进科教兴国战略。㉝

日本科技厅和科技研究所宣布了对未来人类生活变化进行展望的调查结果："科技将使21世纪的生活发生如下的变化：①任何疾病都可以得到治疗，健康的高龄化社会到来。②把垃圾分解至原子单位，并使之自由地合成物质和材料，从而能实现完全再循环的社会。③在能源供应中，太阳能电池将占绝大部分。④将脑活动转换成信号的技术，将诞生人类与动物进行交流将成为可能。⑤在缺乏伦理观和道德观，以及冲动的犯罪行为与脑功能的关系被解明之后，犯罪几乎销声匿迹。"㉞这些都是令人高兴的好消息。但前已述及，也要防止高科技会带来灾难。㉟在发展高科技为第一生产力的知识经济中，必须注意兴利除弊，而不能只看重利的一面。

关于"新经济"，除美国外，运用这一名词概念的已日益增多。本来，一般说"新"是针对"旧"而言，在不同的情况下有不同的新和旧。例如，苏联1921年至1936年实行的"新经济政策"，即为区别于过去实行的"战时共产主义"政策而定名。我国从计划经济向市场经济转变，也未尝不可理解后者为新经济。现在美国的新经济指什么呢？其实就是指后工业经济、信息经济、网络经济、数字经济、高科技经济和知识经济等，亦可视为诸如此类经济的统称。尽管似乎已有约定俗成之势，但引用者各自所针对的现实仍有不同程度的差异。

说到美国的"新经济"，那主要是指20世纪90年代以后的事。克林顿在总统任内就公开表示过，新经济就是以知识为基础的知识密集型经济。经济学界有以美国新经济为广义新经济的说法，"后来，随着'网络股'的飙升，许多人开始在不同的场合把以信息、网络业为代表'新科技产业'或'科技板块'，称为新经济，形成目前'新经济'的狭义概念"㊱。如此说来，无论是广义的或狭义的新经济，都显然是知识经济性质。"新经济派认为，新经济的实质就是知识经济……新经济的生命力在于创新。美国经济取得世界领先地位的重要经验是创新。"㊲这与知识经济的核心是创新是完全一致的。

要了解美国经济的变革，美国进步政策研究所在 1999 年发表的关于"新经济指数"的研究报告可供参考。该报告对新经济所下的定义为："新经济是以知识和思想为基础的经济"。其中使用了 13 项指标来说明"新经济"给美国经济带来的巨大变革。这 13 项指标如下：

（1）在办公室工作和提供服务的人增加了。新经济是高技术、服务和办公室型经济。

（2）高工资、高技能工作岗位增加了。以知识为基础的就业岗位所占比重不断上升。

（3）贸易在美国经济中所占比重上升。贸易成为美国和世界经济不可分割的组成部分。

（4）对外直接投资大幅度增加。这是全球化趋势的一个明确指标，技术和人才成为竞争的必要条件。

（5）富有创业精神，快速发展的新公司大量涌现。新增就业岗位 70% 来自这些公司。

（6）企业间的竞争更趋剧烈。如 IBM 1965 年竞争对手仅 2500 个，到 1992 年增至 5 万个。

（7）竞争对手间的合作增加。专家认为合作动力是美国新经济的一项主要组织原则。

（8）公司就业岗位新陈代谢速度加快。这是美国经济创新和增长的主要动力之一。

（9）消费者的选择急剧增加。目前每年约有 5 万个新品种问世，1970 年只有几千种。

（10）产品周期缩短。1990 年推出新产品需 35.5 个月，到 1995 年只需 23 个月。一个"网络年"的时间相当于"正常年"的 3 个月。

（11）微芯片无处不在。1984 年全球半导体发货量为 880 亿片，1997 年升至 2600 亿片，2003 年将达 4000 亿片。

（12）信息技术价格不断下降。计算机价格每年下降 25%，芯片价格将继续下降。

（13）数据传输价格不断下跌。全球快速通信和廉价收发数据能力为新经济主要标志之一。新技术每秒传输数据合 9 万册百科全书。

不过，美国新经济并非完美无缺和一帆风顺。有些议论，只要看看标题即可窥得一斑。例如，伊夫·马穆的《美国是一种"新型经济"的典范吗?》(见1999年法国《世界报》文章,资料来源未注明日期)、英国《经济学家》周刊1999年7月24日一期文章《新经济有多真?》(资料来源未注明作者)、《新经济众说纷纭克林顿苦探新路》(据2000年4月5日法新社华盛顿电)、《这一奇迹能持续多久?》(美国《商业周刊》2000年4月10日,资料来源未注明作者)和《谁是新经济中的赢家?》(美国《华尔街日报》2000年6月27日,资料来源未注明作者)等。

据2001年初的报道,美国新经济面临的重要困难有如下内容:

(1)新经济产品市场出现阶段性饱和。目前60%左右的美国家庭已经购买了计算机,软件行业现在也没有领导市场的拳头产品。

(2)风险资金在萎缩枯竭。大量投资人现在对新经济持币观望,可能导致新经济的衰退。

(3)信息技术购买大户大大压缩新经济技术设备购置预算,技术投资减少。

(4)众多购买新技术和设备的中小公司面临无法偿还贷款的困境。[38]

已有学者指出,"美国经济进一步下滑,将使全球经济完全陷入通货紧缩"[39]。联合国2001年发表的《全球经济展望》报告称,美国经济增长速度放慢,有可能导致该年的全球经济增幅降至2.4%,下一年有可能回升至3%——但这还要取决于许多因素,其中最重要的就是美国经济增长速度能否回升。[40]在下一章,我们要讨论的,就是知识经济与经济发展的全球化趋势。

思考题:
1. 知识与经济、经济知识与知识经济是什么关系?
2. 为什么说知识经济是工业经济高度发展的产物?
3. 知识经济与后工业经济等有什么区别和联系?

注释:

① 《史记·高祖本纪》。

② 参见尼古拉斯·埃伯施塔特《美国例外》,载美国《华尔街日报》2001年3月9日。

③ 《俄罗斯人口大幅减少》,载法国《世界报》2001年2月27日。资料来源未注明作者,以下有类似情况均同此不另加注。

④罗伯特·塞缪尔森：《全球老龄化的阴影》，载美国《华盛顿邮报》2001年2月28日。

⑤《中华人民共和国宪法》（1982）第25条。

⑥《流动的生命》，载英国《焦点》月刊2000年10月号。《参考消息》2000年10月20日周末副刊试刊作为特别报道，题为：《水，生命之源的咏叹》。

⑦参见法新社苏黎世2001年3月15日电。该保险公司将交通事故归咎于人口流动性的增加。

⑧⑨㉟转引自《高科技会带来灾难吗？》，载《参考消息》第4版。原注明出自委内瑞拉《国民报》报道，未注时间。

⑩⑪转引自路易斯·尤其特尔《一些经济学家称行为是一个重要因素》，载美国《纽约时报》2001年2月11日。

⑫参见《光明日报》2001年4月2日A3版。

⑬⑭吕政：《正确认识知识经济与传统产业的关系》，载《光明日报》2000年10月17日B2版。

⑮⑯⑰《提出信息技术立国的日本摇摇欲坠》，载《日本经济新闻》2000年11月18—19日连载文章。

⑱参见《印度成功地阻止了它的信息技术（IT）人才的外流》，载法国《世界报》2001年3月5日。

⑲据法新社新加坡2000年11月24日电。

⑳参见《中国开始IT革命》，载德国《商报》2001年3月21日。

㉑马克·莱博维克、蒂姆·斯马特、珍妮·杜根：《因特网的电子经济变得实实在在了》，载美国《华盛顿邮报》1999年6月20日。

㉒乔治·丘奇：《是未来经济吗？》，载美国《时代》周刊1999年10月4日。

㉓迈克尔·曼德尔：《世界发展的新引擎——美国繁荣只是全球增长浪潮的开始》，载美国《商业》周刊1999年10月4日。

㉔陈碧芬：《网络经济学创造经济领域乌托邦》，载台湾《工商时报》1999年7月11日。

㉕比尔·盖茨：《塑造因特网时代》，载美国因特网政策研究所网站，2001年。资料来源未注明日期。

㉖据"中央"社台北2001年3月13日电。

㉗罗伯特·利坦（布鲁金斯学会经济研究计划主任）：《因特网经济》，载美国《外交政策》双月刊2001年3—4月号。

㉘琳达·伊梅尔斯坦、迪安·福斯特、琼·马勒：《反思因特网》，载美国《商业周刊》2001年3月26日。

㉙参见中谷岩《资本主义大调整的浪潮》，载《日本经济新闻》1999年11月

8日。

㉚闻燕：《试论网络时代的经济》，载《光明日报》1999年12月3日第6版。

㉛《言过其实——数字技术经济比人们认为的规模要小得多》，载英国《经济学家》周刊1999年10月20日。

㉜㉝㉞古宏玲：《试析知识经济的产业特征》，载《光明日报》1999年7月12日第7版。

㉞《科技改变21世纪人类的生活》，载《参考消息》2001年3月14日第4版。原注明据"日本《朝日新闻》报道"，但无年月日。

㉟参见江世银《我国应从"新经济"中吸取什么》，载《光明日报》2000年7月11日B2版。

㊱江世银：《我国应从"新经济"中吸取什么》，载《光明日报》2000年7月11日B2版。

㊲陈庆珍：《新经济的生命力在于不断创新》，载《光明日报》2000年7月11日B2版。

㊳参见《中国机构》2001年第3期，摘自《经济日报》2001年2月11日。

㊴约翰·格雷：《经济下滑》，载英国《卫报》2001年3月27日。

㊵据关联社联合国2001年4月10日电。

第二章　知识经济与经济发展的全球化趋势

内容提要　本章主要是阐明知识经济与经济发展的全球化趋势，内容包括对经济全球化的一般理解及其定义、开端、动力、内涵、实质、特征等；继之以理论分析，着重介绍了马克思与全球化理论、经济全球化与资本主义，特别是美国新经济、经济全球化与社会主义；兴利去弊造福全人类。

随知识经济俱来的是日益加强的经济发展的全球化趋势（以下简称"经济全球化"或"全球化"），这是有目共睹的事实。但是，国内外对于经济全球化的理解还很不一致，联系到其实质、特征和内容等，也是如此。从学术研究的角度来考察，进行一些理论分析很有必要。在实践方面，经济全球化并非有利无弊或有弊无利，应当有比较清楚的认识，然后力求使之能造福于全人类。至此，本章作为本书引论的最后一部分的任务即告结束，接下来将进入本书的总论，从发展知识经济必须实施知识管理开始。

第一节　对于经济全球化的一般理解

听到和谈到经济全球化的人越来越多，但是理解并不一致。例如，对于什么是经济全球化，其动力和内容、实质和特征何在等问题，答案就可能是多种多样的。其中不乏从不同的侧面或着重点进行考察所做出的论断，因而也有不少可以商讨之处。为了相对集中地联系到知识经济的发展，我们所抱的态度是在不割断历史的同时，实行"厚今薄古"和向前看。

一、关于经济全球化的定义和开端

就已经接触到的国内外有关人士对经济全球化所下的定义而论，可以称得上是众说纷纭、莫衷一是了。由于人们的出发点不一样,一时还很难完全达到共识,即使要求能得到较多人的认同,亦殊非易事。

大约在不久以前,学术界有人对经济全球化含义的界定,列举了部分有代表性的观点,初步统计,共有15种之多,其内容如下:

(1) 主要指生产要素以空前的速度和规模在全球范围内流动,以寻找适当的位置进行最佳配置。

(2) 指跨国商品与服务贸易及资本流动规模和形式的增加,以及技术的广泛、迅速传播,使世界各国经济的相互依赖性增强。

(3) 包含四方面内容:①促进经济更快增长;②对宏观经济稳定的影响;③对收入分配的影响;④对各国和国际政治的影响。

(4) 指随着市场扩大到了全球范围,生产和消费日益越出国界,使各国生产和消费活动成为全球市场的一部分。

(5) 范围概念:绝大多数国家经济纳入世界大市场。程度概念:世界主要经济要素须具备在全球进行配置的能力和条件。

(6) 基本内涵为生产要素在全球大规模流动和进行资源配置。

(7) 国际分工的深化和世界经济发展的新阶段,贸易国际化在发展的同时出现生产国际化、金融和服务业国际化,生产要素和资源在全球流动和配置。

(8) 世界范围内各国和各地区经济融合成整体,按市场经济要求保证生产要素自由流动和合理配置的过程。

(9) 指在国际范围内统一运作的一种经济,资本流动、劳动力市场、信息传送、原料提供、管理和组织等均实现国际化,亦称"全球的网络化"。

(10) 指国别经济、民族经济、区域经济全球化,亦指国际经济关系的全球化。

(11) 指世界各国和地区的经济互相融合日益紧密、逐步形成全球经济一体化的过程,包括贸易全球化、生产全球化和金融全球化三阶段,及与此相适应的世界经济运作机制的建立与规范化过程。

(12) 全球经济一体化与经济全球化的区别是:①前者是各国经济在机制上的统一,后者是世界经济在范围上的扩大;②后者是前者的外在形式,前者是后者的内有机制;③后者是前者的前提条件,前者是后者的发展趋势。

（13）现在不宜用一体化概念表述全球化。全球化是指各国经济相互依存日深、阻碍生产要素在全球流动的壁垒正在减少的历史过程；只有全部生产要素在全球完全实现自由活动，才能称为一体化，达标为期很远，仍用全球化概念较确切。

（14）所谓经济国际化，是指一国的经济活动超越了国界，使经济活动和运行具有国际内容和意义。

（15）经济全球化与经济国际化有区别。国际化是地理范围上的扩张，并非新现象。全球化有实质的不同，是比国际化更先进更复杂的形式，意味着国际上分散的经济活动所实现的在某种程度上功能的一体化，是更新的现象。[①]

在上述部分观点中，有的交叉联系，有的大同小异，但都是仅仅就单纯生产力、生产要素等具体和表面现象去下定义或进行描述。对于生产关系方面的情况，应当与生产力结合起来认识与考虑。国内外学者认为经济全球化是"全球化资本主义"或"新全球化资本主义""全球资本主义"者大有人在。这种观点着重从本质上看问题，指出全球化的本质是"跨国公司试图使世界实现跨国公司化，尤其要使发展中国家实现跨国公司化"[②]。说得更明确一些，其本质就是近现代资本主义不断对外扩张并妄想统治全球的过程，亦即以美国为首的金融资本倚仗其资本和技术优势，向全球扩张，获得全球利润，进行全球财富的再分配。现在，事实上，说经济全球化是由美国主宰的似不为过。关于这个问题，本节的第三部分还将继续进行专题讨论，这里不再展开。

经济全球化有一个开端于何时的问题，这同关于它的定义一样，说法也有很多。

有人提到我国古代儒家所宣扬的理想社会："大道之行也，天下为公。"这样的社会，"使老有所终，壮有所用，幼有所长，矜寡孤独废疾者皆有所养"。"货恶其弃于地也，不必藏于己；力恶其不出于身也，不必为己。""是谓大同。"[③]大同思想对后世虽有影响，但那是不可能在小生产基础上实现的乌托邦。

明代郑和的"三保太监下西洋"共有七或八次，历时28年，经30余国，确实是世界远洋航海史上的创举。他比西方哥伦布、达·伽马等早半个世纪以上，舰队规模和船只之大也超过后二者几倍，促进了亚非各国的经济、文化交流。可是，那也算不得是经济全球化的开始，因为主要是单方面的访问，后来又无以为继。

同样，国外有人认为全球化始于古希腊时代，或伴随基督教的出现，或以跨国公司的问世为标志等。说得较多的是应从1492年哥伦布发现美洲算起。1498年达·伽马绕过好望角到印度及1519—1522年麦哲伦的环球航行，开辟了东西两半球一体化新纪元，揭开了全球化进程的序幕。认为全球化在"冷战"结束后才真正到来的人也有。

除大体相同和比较近似的表述外，在这方面还有如下一些观点：

（1）1994年以后，市场经济的全球化和信息传播的全球化，应该是经济全球化时代的最重要的标志。

（2）全球化是"二战"后的产物，以生产资本扩张为突出特点，并与贸易、金融相结合实行全球扩张。

（3）以1945年为界分为两个历史阶段，1945年起为新阶段，发动力已不单是欧洲列强的自我发展需要。

（4）经济全球化经历了三次浪潮：①19世纪初至20世纪初，"一战"中断。②20世纪五六十年代，跨国公司活跃。③20世纪70年代后期起至八九十年代形成，新的特征中影响较深的是生产组织方式革命。

二、关于经济全球化的动力和内容

从历史发展的过程来考察，追求经济全球化目标的动力，无疑是始于近代资本主义的对外扩张，要争夺原料和市场。局部战争和世界大战，都不能忽视经济因素。如果说过去的所谓全球化有局部性，那么，现在讨论的经济全球化趋势才是真正具有全面性的。有的学者认为，这一发展趋势的动力包括交通和通信手段的日益发达、科学技术和科学研究的国际化、市场经济的世界化以及全球性问题的日益严重化。全球化是客观的历史进程，即某种不依具体的环境、地域、社会体制、发展模式、意识形态为转移的走向。⑥

另外一种意见认为，经济全球化是一场以发达的资本主义国家为主导，跨国公司为主要动力的世界范围内的结构调整。企业是以生产全球化为主要特点的经济全球化的主导力量，而跨国公司在全球范围内组织生产和流通活动，成为经济全球化的动力和主体力量。⑦

在关于经济全球化动力的研究中，上述两种观点有必要结合起来进行分析。无可否认，科学技术的突飞猛进，国家和地区之间的经济发展在全球范围内的关系愈趋密切，以及全人类的生存和发展面临着共同的需要和亟待共同努力去解决的问题（如能源、环境之类的问题）等，无不发生根本动力的作用。但是，也应当承认的客观事实是，发达国家的经济基础和科技实力都比较甚至无比雄厚。经济全球化虽属大势所趋，已成定局，处理得好有可能对全人类大有裨益。然而，对谁最有利谁就会最"积极"。从这个意义上来说，经济全球化首先和主要是谁发动和推进的，已一清二楚了。至于经济全球化的利弊，本章第三节将另做专题讨论。

通常所说的全球化是经济全球化的简称，或者主要是指经济全球化。说到经济全球化的内容，虽然可以顾名思义，当然是经济领域内的事情。但是，其实际内容极其丰富，可谓面广量多。几乎完全应当这么说，凡是与经济活动、经济生活有关的项目，无不联系得上。明显和突出的，如劳动力和资源、生产和销售、商品和消费模式、交通运输、信息传递、财政金融市场、资本的全球化等。经济全球化的核心是资本的全球化。

在以上列举的这些内容中，贸易国际化是经济全球化的前导，资本国际化是经济全球化的强大动力源，金融国际化是经济全球化的催化剂和驱动力，生产国际化是经济全球化的物质前提和基础，跨国公司及其跨国经营是经济全球化的决定性力量。[8]

全球化主要是指经济全球化之外，还有其他方面的非经济的内容，以及因经济全球化所引起的有关情况和问题等，这里暂不讨论。

再说经济全球化的内容头绪虽多，但应特别注意的是其现阶段和实际上在众多经济活动中最活跃和起主导作用的是什么。用美国两位学者的话来说，"在全球经济中占主导地位的不再是汽车、钢铁和小麦的贸易，而是股票、债券和货币的交易"[9]。也就是说，现在在全球经济中占主导地位的是金融资本，尤其是投机资本。

这样说有什么根据呢？我们不难通过以下一系列的数字来看清事实：

（1）股票投机资本增长的速度惊人。仅共同基金、养老基金和其他机构投资者控制的资本，1995年为1980年的10倍。自1979年至1997年，工业化国家投资商在海外股票领域的投资增加了196倍。[10]

（2）全球外汇市场平均每日交易额，1996年（1.5万亿美元）比1986年（1875亿美元）上升8倍。其中真正办理贸易结算的只占交易额的1%，其余均属外汇投机。若以一年250个交易日计，1996年交易额达375万亿美元。

(3) 衍生金融商品年交易额，据国际清算银行对11个国家78家主要金融机构统计，共达到103.5万亿美元；据美国一周刊估计，全球约150万亿美元。[11]另据前述美国两位学者统计，金融衍生商品1997年交易额达360万亿美元，等于全球经济规模的12倍。

(4) 1980年至1986年，全球贸易增长1倍，全球直接投资增长2倍，全球股票和债券增长9倍。[12]三者联系对比，全球投机交易的增长明显远远高于全球贸易和带有一定生产性的直接投资的增长。

(5) 1980年至1994年，外国直接投资从占全球国内生产总值的4.8%升至9.6%；而1970年至1996年，跨边界的股票和债券交易额占美、德、日三国国内生产总值的比重，从1970年均低于5%升至1996年占三国的152%、197%、83%。[13]

(6) 全球外汇市场交易额和全球金融衍生品年交易额合计735万亿美元，为全球国内生产总值（28万余亿美元）的26.2倍，为全球贸易总额（6.5万亿美元）的110倍，足以表明投机资本在经济全球化中所处的地位是非常突出的。[14]

面对这些明摆着的现实，稍有常识的人都能想得到，这股在世界范围内呼风唤雨、兴风作浪的力量，决非出自贫困线上下者，也不是一般比较富裕的人，必然是金融寡头、特大财团和财阀，才能拥有巨额投机资本去进行为所欲为的投机活动。他们得到高新技术手段如交通、通信等电子设备的帮助，更是"如虎添翼"，似乎全世界都在他们的掌握、操纵之中。

既然经济全球化是发展知识经济的必然趋势，知识经济必然加强这一趋势的发展。倘若只让投机资本占主导地位，岂不有负世人对知识经济的期望？我们认为，凡事固然不宜盲目乐观，但是光盯着事情的消极面、阴暗面，也会影响全面看问题。这方面应当引起重视，随后还有机会进行讨论，这里不妨先做一些思想准备。

三、关于经济全球化的实质和特征

在前面关于经济全球化的定义和开端、动力和内容的介绍过程中，实际上已透露出也不乏接触到有关经济全球化的实质和特征的信息。如果说以上还只是顺便提及的话，这里才是比较集中有针对性的讨论。

关于经济全球化的实质问题，一般争议较多的是：究竟是真正客观自然形成和确实平等互惠的，还是在发达的资本主义国家的启动、推动、操纵、主宰之下出现和进行的？如前所述，前者重视高新科技，尤其是信息技术、市场扩大和日趋严重的全球性问题的驱动，得到全球化已经是全球共识和共同需求的印象；后者则透过现象看本质，在不排除高新科技等因素的同时，得出在各方面的全球化中，资本的全球化是核心的论断。

前面也曾提到在经济全球化中跨国公司的地位和作用。这是一个例子，对跨国公司不能仅看它的名称，而应看它的实质。于是联系到许多有关的问题，如跨国公司的组成、宗旨、运作等等，都是很具体的事。对于经济全球化，也必须闻其名而观其实。至少，根据近期的实际情况来分析，现代资本主义正乘经济发展全球化趋势之机，大肆对外扩张，谋求全球性的掠夺和统治。还有一些前已述及的情况，这里不再重复。

不管其现实的实质如何，经济全球化确是一种客观形势。无论全球化是全球经济的市场化还是市场经济的全球化，在各国经济相互依赖增强的趋势下，市场的全球化导致和加剧了各国经济发展的不平衡；全球化首先为发达国家经济发展注入了活力，以及全球化本身并不意味着以公平、竞争、透明运作为准则的国际贸易秩序已进一步建立起来。我们都应该保持清醒和警惕，不能让否定主权国家在促进全球中的作用的谬论得逞。众所周知的事实是："全球化使某些强国凭借其雄厚的经济实力，在世界经济中操纵游戏规则，实行双重标准，限制乃至希望控制发展中国家。"⑮

对此，我们国家的领导人是心中有数的。在一次有关的国际会议上，江泽民同志在他的简短但很重要的发言中明确指出："在经济全球化的进程中，各国的地位和处境是很不相同的。在发达国家尽享全球化'红利'的同时，广大发展中国家却仍饱受贫穷落后之苦。发展资金匮乏、债务负担沉重、贸易条件恶化、金融风险增加以及技术水平的落后，使发展中国家总体上处于更为不利的地位。……更令人担忧的是，当前发展中国家的经济安全和经济主权正面临着空前的压力和挑战。这不仅不利于全球经济的健康发展，也给一些国家的社会稳定、地区乃至世界的和平带来威胁。"⑯

最近，在北京举行的"经济全球化与两岸暨港澳地区经济整合前景"研讨会上，两岸学者就经济全球化问题展开了热烈的讨论。时任北京大学校长许智宏院士在会上发言指出："随着这一趋势的不断加强，国际竞争必将日益加剧，尤其是在当今世界旧的经济秩序尚未根本改变，经济全球化仍然由少数强国所主导的情况下，经济全球化不可避免地会给发展中国家带来风险和挑战。"[17]

以上这类发言很有代表性，也很中肯，这里不再一一列举。关于这方面的问题，本章第三节还要继续讨论。以下谈谈经济全球化的特征，同样与定义、动力、内容、实质等有密切联系。

从正常的经济角度来理解经济全球化，其基本特征应是生产的全球化，而生产的全球化又离不开资本的全球化。其他环节和相关事项的全球化，便如"纲举目张"，环绕这个基本特征而纷纷出现。不仅在经济基础领域是这样，而且必然要带动非经济性质的问题发生变化。

从上述基本特征来观察，既然发达国家占有资本的绝对优势，那么，全球化在一定时期以内，会是"资本流遍世界，利润流向西方"的格局的说法不是没有根据的。但是，在经济全球化的大潮流中，生产全球化对发展中国家来说，不仅面临挑战，也是带来机遇的。只要采取适当的对策，仍将大有可为。

除了基本特征外，经济全球化还有不少具体特征。其中有的关系到经济全球化本身及其发展状况，有的则是从各有关方面对它的认识和所抱的态度反映出来。通过这些具体特征，我们可以对经济全球化获得比较全面和进一步的了解。

第一，经济全球化已成为世界性的热门话题，受到全世界的密切关注。其受重视的程度，不比寻常。听美国前总统克林顿的一次《全球化与世界经济》演讲，票价为每人1900美元。[18]我国自1998年以来，仅有关新经济的专著出版近80种，文章发表数百篇。[19]而讨论新经济，几乎没有不谈到全球化的。关于专题讨论经济全球化的论著尚未计入。

第二，经济全球化在经济领域所涉及的面很广，从生产到劳动力、资源、销售、交通、电信、服务以及财政金融等等，都纳入全球化的总趋势之中。商品流通和人们的消费模式，也随之发生变化。

第三，经济全球化经历着漫长的复杂过程。它是一个充满各种矛盾的统一体，不可能"立竿见影"和一蹴而就。全球化的"二律背反"适用于经济全球化，即既有单一化，又有多样化；既有一体化，又有分裂化；既是集中化，又是分散化；既是国际化，又是本土化。[20]

第四，经济全球化目前所能见到的后果和影响之一，并非全面都好，而是差异很大，对比悬殊。放眼世界，真是"有人欢喜有人愁"。受益的和受害的都有，发达国家和发展中国家的感受不同。前者又制约着后者。

国际金融研究所负责人查尔斯·达拉拉指出，工业化国家经济发展速度放慢带来了全球经济衰退。[21]

第五，经济全球化在不同角度、不同处境者中的认识和态度不同，颇有出入。这一点与上述后果和影响有直接联系。大体说来，见仁见智，各有所本。其中包括看到正面的和负面的、乐观的和悲观的、抱积极态度的和消极态度的、赞成的和反对的、认识正确的和错误的等。关于垄断资本主宰经济全球化的前景，一位瑞士实业家针对全球贫富差距日益扩大的现实说："暂且不论这种现象的道德评价，我认为，一个导致如此不公平的体系是不能长久运行的，它终将崩溃。"[22]可是，这里说的是不公平的体系。因而，经济全球化若能向造福于全人类的方向发展，它将具有极强的生命力。

第二节 经济全球化的理论分析

在经济全球化成为当前举世热门话题之际，学术界、理论界自然也讨论得非常热烈，并重视进行理论分析。学者们首先较多考虑到马克思主义理论与全球化，然后，把全球化与资本主义特别是美国经济联系起来加以考察。还有一项令人瞩目的重点内容，就是全球化对社会主义的挑战和新世纪社会主义的发展及其历史命运的问题。

一、马克思与全球化理论

在一次"全球化与人文社会科学"理论研讨会上，有学者指出，经济全球化给马克思主义哲学发展提供了新的材料，深刻地证明了马克思的"世界历史理论"和"东方道路"的理论，更加凸显了马克思所揭示的社会历史发展规律和资本主义发展的矛盾运动规律，再次证明了马克思关于人的存在和发展理论。还有学者认为，马克思主义哲学要保持自己的生命力，就要认真深入研究全球状况和有关全球化的理论[23]。这些意见有说服力，也有代表性。

在马克思主义的理论宝库中，由马克思和恩格斯起草的《共产党宣言》，是科学社会主义的第一个纲领性文献。它用历史唯物主义的观点，阐明了人类社会的发展规律，对资本主义做了深刻而周详的分析；科学地评价了资产阶级的历史作用，揭示了资本主义社会的内在矛盾，批判了当时流行的各种社会主义流派，划清了科学社会主义同它们的界限。一个半世纪以来，历史生动地证明了它的久而犹新的科学性。

为纪念《共产党宣言》中文版问世80周年，北京大学举办了"《共产党宣言》与全球化"研讨会。与会专家学者认为，《共产党宣言》的问世为现代社会的发展道路树立了一面新的旗帜；联系当今的全球化局面，可以看到，马克思和恩格斯的预言仍具有现实意义。人类社会发展的过程，从内涵上说，是从必然王国走向自由王国的过程；从外延上说，则是人类不断扩大自己的活动范围，冲破狭隘的民族、地域，一步步从狭窄的民族历史走向广阔的世界历史的过程；在这个过程中，始终存在着如何把握世界性与民族性、统一性与多样性的辩证关系问题。[24] 看来，在研究经济全球化的时候，重温《共产党宣言》的基本思想和精神实质，可以获得新的启迪。

关于马克思与全球化理论的讨论，在国外也有。哲学家达尼埃尔·邦萨义德在2000年11月中旬主持召开了一次关于讨论马克思主义对现在我们所称的"世界化"的批判所做出的贡献的研讨会。虽然"世界化"或"全球化"这个词在马克思的那个时代还没有使用，但邦萨义德认为，那种现实在那时已经以某种方式开始存在了。根据也正是《共产党宣言》中述及的"世界市场""工业范围的扩大""一切国家的生产和消费都成为世界性的了"等。这是一场从1848年就开始的运动，在法国革命前后和在19世纪，伦敦举办两次世界性博览会，铁路、电报、蒸汽机等均已发展，那是全球化的第一次大萌发，世界各地的距离在缩小。接着还谈到世界性进程、现代化的世界和世界应是什么样子等。邦萨义德的发言引起关于目前各国和国际的现实问题的热烈讨论。有些人说，世界化只是资本主义的一个新的变种。人们还对马克思提出的关于利润倾向下降的规律进行讨论。[25]

在上面引用的资料中还提到，马克思认为世界化是资本为抵御来自内部的破坏（比如利润率的下降、资本周转的加速等）而先发制人所带来的不可避免的必然结果。说到现在已经是一个现代化的世界时，针对一系列的私营化，指出这样发展下去，就会导致出现世界化的背面或者反面：世界的私营化。有一句流行全世界的口号："世界不是商品。"那么，占统治地位的究竟应当是商品逻辑还是共同利益和社会占有的逻辑？[26] 这是一个发人深思和难以回避的问题。

经济全球化虽然主要是经济问题，但它离不开历史发展的道路和过程，尤其是世界历史理论与全球化的关系颇为密切。我们高兴地看到，我国学术界已经有这方面的研究成果。诚然如前所说，马克思没有提出过全球化概念，而世界历史概念则是有的。一位学者的有关论述值得参考，下面是摘要介绍。

第一，从世界历史理论的内容，我们可以清楚地看出其中经济因素所占的比重。

马克思世界历史理论包括如下内容：

（1）哲学基础是实践论，客观基础是生产力和交往发展的特定社会历史水平。

（2）世界历史诞生的标志是世界市场的形成。

（3）是否为世界历史的判定标准，在于用什么生产和如何生产。

（4）世界历史分为资本主义世界历史和共产主义世界历史，必然趋势是从前者走向后者。

（5）世界历史形成和发展的动力，是生产力与交往方式之间的矛盾运动。

（6）世界历史分析的单元，是世界而非民族和国家。

（7）世界历史的价值取向是无产阶级。

（8）世界历史概念是时间、空间、生产力和交往发展的特定水平、社会历史性质、阶级倾向性、线性历史观和普世价值论的有机统一。

第二，世界历史理论与全球化关系中的一致之处如下：

（1）二者都秉承线性历史观。具体内容虽有本质区别，但思维方式一致处确实存在。文化渊源与基督教中的线性历史观（不同于"末日审判"那一套）有密切联系。外在表现形式上，二者都崇奉进步观念。

（2）二者把工业文明或其衍生形态的信息文明作为自己的客观基础和比照标准。"手推磨产生的是封建主为首的社会，蒸汽磨产生的是工业资本家为首的社会"是马克思的名言。新一代全球化理论把价值倾向掩藏在商品、资本、劳务和信息全球化背后。

（3）二者都注意到工业文明的无限扩张性，并努力论证工业文明及其衍生形态的信息文明的合理性和优越性。马克思数次提到大工业的革命性，全球化理论理解以信息文明为动力和以创新范畴为核心。

（4）二者都坚持普世价值观，即以工业文明及其衍生形态为客观基础、以线性历史观为思维框架和崇奉进步为外在表现形式的普世价值观。马克思提到各种文明的撞击和历史发展规律，而资本主义全球化三次高潮所提出的口号和价值标准是荒谬的，如"人权高于主权"等。

第三，世界历史理论与全球化理论的本质区别在于以下四点。

（1）主体区别。前者主体是无产阶级，后者主体是资产阶级。三次全球化高潮中，资产阶级以不同的面目或姿态出现，现在是"未来震荡"的主宰、"后工业社会"的祭司、"知识经济"的上帝、"经济全球化"的牵线人。

（2）制度区别。马克思把资本主义在全球的扩张看作世界历史运动的必然阶段，它发挥手段和工具的作用，完成实现共产主义的任务。世界历史进入共产主义阶段，制度上与资本主义时代相比有本质区别。

（3）价值取向区别。马克思主义追求的是无产阶级及其他劳动人民的解放。全球化理论中有一条思想线索的内在本质是"自私乃人之本性"，其理论实质是为资产阶级及其国家在第三世界国家追逐私利辩护。

（4）逻辑线段区别。世界历史理论认为，资本主义并非线性历史逻辑的终结，而是新社会形态的准备和起点，是质变；全球化理论认为，资本主义社会是人类历史的终极性发展阶段，无质变。即前者的线性历史逻辑多了一个时段。[27]

二、全球化与资本主义特别是美国新经济

从资本主义发展史来观察，不断扩张是它的本性所在。前面不止一次提到资本主义全球化的三次高潮，实际上已提供了全球化与资本主义关系的历史线索。工业文明的无限扩张性，与此有直接和密切联系。全球化理论代表人物之一的熊彼特以创新范畴为核心，全面概括了资本主义工业文明无限扩张的本质生命。他正是在产品创新、生产方法创新、市场创新、原材料创新和制度创新的扩张中，发现了资本主义工业文明全球化的秘密。[28]

因此，前面提到的世界化只是资本主义的一个新的变种的说法，是完全有根据的。还有说得很明确的，例如，经济全球化是使整个世界"资本主义化"的新进程。持这种观点者认为，西方"正统的"全球化理论仅描述了全球化的某些现象，而不是来自对资本主义发展史的理解，所以不可能揭示出全球化的本质。由此而有如下的论述和引证。

第一，要用历史唯物主义理论分析、理解全球化的问题。像马克思那样精辟、有力地阐释资本主义制度无人能及。《共产党宣言》早就揭示了资本主义制度最基本的特征：资本积累的内在冲动，决定了这个制度始终是扩张性的。一旦有了根基，它就会难以抑制地伸展和蔓延。

第二，西方"正统的"全球化理论极力回避甚至刻意隐瞒的，正是全球化的这一本质：它是资本主义发展的一种进程。美国经济学家保罗·斯威齐指出，"全球化不是一种条件或一种现象，而是一种已经持续了很长时间的进程"，"自四五百年前……就开始了"。

第三，美国学者埃伦·伍德进一步指出，目前人们之所以如此关注全球化这个问题，其原因就在于"资本主义正在成为真正的全球性制度"。

第四，所谓全球化，实际上是使整个世界"资本主义化"的新进程。全球化原非一种新现象，近年来人们之所以明显感受到许多新变化，只是因为这一进程的确加快了。[29]

关于经济全球化与美国新经济的评论，德国刊物发表的一篇文章认为，迄今为止只有美国充分利用了全球化机会。文章分析全球化的进一步向前发展，信息技术革命是推动力。美国人冲进了信息时代，用于信息技术的投资，几乎是欧洲人的两倍。相比之下，欧洲显得落后。美国经济增长当时（1999年6月中旬）已超过8年，失业率达到29年来的最低点，其经济基础具有的结构活力比繁荣的长久给人留下更深刻的印象。重视信息技术的结果，是随着经济增长的持续，生产率强劲增长。文中还提到，有人指出，美国拥有美好前景的一个关键因素，是昔日企业家精神重新弘扬，把迅猛进入信息时代比作征服荒无人烟的西部。总的说来，在经济全球化中，美国新经济已成为某些人心目中的榜样。[30]

在美国持续了多少年的经济扩张问题上，一般是从1991年算起。但也有人认为可以追溯到1982年，到2000年初应该说是持续了17年，就更是美国有史以来最长久的和平时期经济扩张了。难怪人们对经济的乐观情绪极为普遍，而1990年至1991年的轻微衰退，突出了1982年开始的这个时期有多么强大。这也表明某种前所未有的使经济充满了活力的因素从20世经80年代就开始了，它使得市场得以发挥作用。变化则从经济学家们的思想变化开始，政府政策和私人部门的做法发生重要变化，而其又得到信息技术革命的帮助。[31]

美国经济持续增长，得益于信息化和全球化。关于信息化带来巨大活力，事实俱在。据统计，1995年至1998年期间，美国经济增长的35%要归因于信息产业的增长。美国商业部预计，到2006年，在信息产品大型生产单位或信息技术密集的企业和部门工作的人数，将占美国劳动力的一半左右，这个行业的劳动生产率远远高于其他行业。关于全球化给美国经济带来实惠，也历历可数，主要表现在以下方面：

（1）高科技产业的领先地位，为美国经济发展增添新的活力，增强了美国经济的国际竞争优势。

（2）由美国等发达国家主导定出的贸易自由化规则，为美国跨国公司长驱直入发展中国家大开绿灯，扩大了美国商品出口，对美国经济增长起刺激和平衡作用。近几年，美国经济增长的1/3应归因于对外贸易的扩大。

（3）在经济全球化的刺激下，美国企业为在国际竞争中取胜，大举兼并收购，以更好地发挥规模经济优势，有利于缩编机构、减少冗员、提高效益，在一定程度上调整因投资过热而致生产过剩和产品滞销，使经济运行健康。

（4）通过《金融服务现代化法》，允许银行、保险、证券全面从事三方面业务（仍禁止非金融公司经营储贷业务），将导致特大银行集团的形成，有利于美国确保世界金融中心的地位。

（5）宏观调控得力，运用货币政策，近来把调整实际短期利率作为经济宏观调控的主要手段，以防止出现泡沫现象，从而保证经济健康发展。[32]

要回答美国怎样成为全球巨人的问题，需要看看美国经济的发展简史。从走过一个世纪的繁荣、经历经济和工业大发展的年代，以西部开发为经济增长点，到重视高等教育结出硕果，现在又以不得不扮演从"美国世纪"向全球世纪过渡的角色为己任。据经济合作与发展组织的报告，有大学文凭的美国人是25.8%，而英国是12.8%、德国是13.1%、法国是9.7%。[33]这是一个很值得注意的事实。

美式"新经济"是否能全球化呢？正反两方面的意见都有。有人认为那仅是美国独有的试验，别国无法仿效；有人认为新经济首先出现于美国，是400年资本主义的最新体现，亦将适应别的国家，可以有不同版本，也就是新经济适应力很强，且可有多种形式；还有人认为取决于政策。[34]显而易见，这里说的新经济全球化，仍然是指资本主义全球化。

三、经济全球化与社会主义

我们正在建设有中国特色社会主义的国家,以经济建设为中心,努力加快实现社会主义现代化。对于经济全球化与社会主义的关系问题,不能不予以关心和加以探讨。为了广泛而深入弄清全球化对我国社会主义现代化建设的影响、全球化与国家主权和国外全球化理论研究现状等方面的问题,由中央编译局《国外理论动态》编辑部举办的"全球化与21世纪的社会主义"理论研讨会于2001年1月在北京召开。

与会专家学者认为,经济全球化是人类社会生产力发展的必然结果和客观要求。其基本标志主要有信息化、市场化和生产要素自由流动的跨国化。它的不以人的意志为转移的发展趋势正影响着各国,为社会主义国家和发展中国家经济发展提供了机遇,后者应研究制定相应的对策。与此同时,要特别重视防范其弊端和风险,力求趋利避害。

为此,要注意把握好的重要原则如下:

(1) 重视"全球化"与"一体化"的区别,警惕西方鼓吹的世界"政治一体化""文化一体化",即全面"西方化"的图谋。

(2) "全球化"是一个逐步深化的过程,速度不像西方渲染得那么快,社会主义国家仍有准备的时间。

(3) "全球化"是在世界处于"民族国家"时代的条件下形成的发展趋势,"主权"观念没有过时,国家民族利益仍是最高行动准则。

(4) 参与"全球化"进程,必然要与"国际惯例接轨",因在世界经济中有反映资本主义制度的内容,社会主义本质不同,应予具体分析。[35]

人们常说,机遇与挑战并存,实际情况正是这样。并存不是互不相干,而是连在一起。只要机遇避开挑战是不可能的,总是在抓住机遇的同时接受挑战。在挑战面前无所作为或处理不当,机遇便随之丧失。经济全球化的发展趋势给发展中国家带来的,就是这种局面。我国不仅是发展中国家,而且是社会主义国家,因而所面临的挑战比其他发展中国家更有过之而无不及。换句话说,我们所要应付的挑战,其广度、深度和难度都要大得多。

如前所述,目前的经济全球化,实质上是资本主义全球化。那么,经济全球化对社会主义的挑战,无疑是实际存在的。毋庸讳言,从总体上来说，社会主义的敌对势力的破坏活动一直没有停止过，只是有时比较隐蔽，有时公开较量而已。仅就经济领域而言，社会主义现代化所承受的各种压力就不一而足。其中包括对经济安全的威胁，如投机资本造成的金融危机所带来的消极影响等；还不说侵害国家主权和挑拨民族矛盾等情况也时有发生。我们必须保持清醒和正确对待，才能保证经济健康发展，不断提高综合国力，首先是经济实力和国际竞争力，也就是注定要在排除艰难险阻中前进。

由国务院发展研究中心主办的第三届"中国发展高层论坛"以"经济全球化与政府作用"为主题。时任副总理温家宝在开幕式致辞中强调积极迎接经济全球化的挑战，很有现实和具体针对性。他指出，我们要把握世界经济发展大势，牢牢抓住机遇，勇敢迎接挑战。他认为，发展机遇是巨大的，挑战也是严峻的。随后谈到在参与经济全球化的进程中，中国政府将担当起自己应负的责任，进一步转变职能，改变发挥作用的方式。

第一，加强和改善宏观调控。保持宏观经济稳定，促进经济结构的战略性调整，保障国家经济安全。在国家宏观调控下，充分发挥市场配置资源的基础作用。

第二，促进经济和社会协调发展。控制人口数量，提高质量，保护生态环境，合理使用、节约和保护资源，实现可持续发展。开发落后地区，推进城镇化建设，逐步缩小城乡和地区差距，促进地区协调发展。坚持物质文明和精神文明两手抓，发展科教文化事业，全面提高国民素质。

第三，为改革开放和现代化建设创造良好的社会环境。正确处理改革、发展、稳定的关系，扩大就业，健全社会保障体系，合理调节收入分配，不断提高人民生活水平，加强廉政建设，解决人民关心的问题，实现整个社会的安定与和谐。

第四，加强法制建设。制定和完善法律法规，强化法制，创造统一、规范、公平竞争的市场环境和秩序。

温家宝还指出，由于长期形成的不合理的国际经济秩序，各国从全球化中受益很不均衡，发展中国家在全球化进程中处于相当不利的地位，南北贫富差距进一步拉大。"我们主张国家不论大小、强弱、贫富，都应当有权平等地参与制定国际事务的'游戏规则'。……只有发展中国家尽快摆脱贫困，才能形成有利于世界和平与发展的局面。"㊱

以上的意见都是围绕积极迎接经济全球化的挑战而发，其中讲的主要是中国政府所采取的政策措施和反映广大发展中国家需求的合理主张与要求。

实践有力地证明,只要政策措施对路和处理得当,严峻的挑战也可以逢凶化吉。在中美撞机事件发生将近 20 天的时候,香港报纸一篇题为《中国成为环球资金安全岛》[③]的文章引人注目。文章介绍,有关方面就第二季环球投资策略向 15 家国际知名的基金公司进行调查。结果发现,基金经理一致看好中国,中国的平均分为 3.92 分,仅次于首选的欧洲 4.08 分。接着列举了中国市场的十大优势。现摘要如下:

(1) 国企改革及重组,放松银根,有利于金融市场发展。
(2) 存款多,利率低,股市有充足资金做后盾。
(3) 美国减息,美元存款更多流入 B 股市场。
(4) 投资中国股市,回报应跑赢欧美股市。
(5) 不断改革重组,有利于企业提升盈利能力。
(6) "入世"为全球焦点,吸引全球资金流入。
(7) A 股市盈率上升 50 倍,B 股亦上升。
(8) 现在投资 H 股值博率较高。
(9) 出口只占国内生产总值的 26%,欧美经济放慢影响不大,内部消费上升可抵消负面影响。
(10) 日元及日股见底回稳,中国经济向好,人民币暂时无须贬值。

第三节 经济全球化面面观

在对于经济全球化的一般理解和理论分析中,虽已涉及一些具体情况,但实践过程各方面的议论更多。说长道短、评利与弊者有之,完全肯定、坚决反对者亦有之。不妨先做面面观,然后综合思考,以期不负众望。本节内容将由关于全球化的神话和现实开始,继之以对全球利与弊的权衡,最后论述全球化应真正造福于全人类的问题。

一、关于全球化的神话和现实

当全球化问题摆在世人面前应该进行认真公开探讨之际,美国未来学家阿尔文·托夫勒夫妇公开发表文章驳斥了关于全球化的 5 种危险的搅得鸡犬不宁的"神话"。

神话之一：全球化等于自由化。二者确有关联，但不能画等号。自由主义要求减少贸易和资本流动的壁垒。受严格限制的产业也能在全世界实施有效的竞争。因此，全球化并非意味着全盘接受自由主义的一切要素。

神话之二：全球化不可避免。事实并非如此。即使不能完全推翻这一观点，起码全球化是可以推迟的。现在的全球化过程，既可能因为遭到国家主义乃至孤立主义的反攻而陷入进退维谷的境地，也可能因波及全球的经济危机而受阻。

神话之三：全球化将在经济各个领域均衡发展，从而创造出"平坦的活动区域"。事实恰好相反。全球化常常是阵发性的，总是制造出不平衡的金融活动区域，而且总是引发许多问题。

神话之四：全球化将扼杀民主主义过去曾属于"右翼"的极端国家主义者和现在仍属"左翼"的许多工会主义者，他们非常憎恨全球化，将全球化视为"对民主主义的攻击"。这是畅销欧洲的《全球化的陷阱》一书中的观点。然而，问题并非那么简单。

神话之五：全球化对任何人都是一件好事（或坏事）。在华盛顿看来，全球化的过程不仅对美国，对整个世界都是一件好事。与此相反，许多较为贫困的国家则将它视为美国的阴谋。在这些国家看来，使它们的发展陷于停滞，打击它们的资本和产业，以便用极低的价格收购，这些正是西方国家的利益所在。[38]

上文作者最后指出，有关经济全球化的正反两方面的观点，在今后数月甚至数年内都将受到人们的关注。在这种情况下，最重要的就是保持头脑清醒，彻底打破那些混淆视听的神话。[39]应当认为，在诸如此类的讨论中，最重要的是保持头脑清醒。

在5种神话之外，还有7种神话的说法。那是针对全球战略的一些神话中所举的7种。现摘要介绍如下：

（1）任何公司，只要有钱，就能向全球拓展。这一观点的纰漏在于：向全球拓展和成功拓展不是一回事。其原因植根于"外来性的掣肘"思想之中。试图打入外国市场的公司相对于当地的竞争对手而言，面临着一个内在的不利条件。本地的竞争对手可能占有本地优势。一家公司要想在国外获得成功，就必须拥有一些宝贵的无形资产，以使之能在竞争对手本国的市场上迎战并战胜它们。

（2）国际化的差别。在国际化问题上，服务业并没有什么不一样。

如果一家服务业没有一种宝贵的无形资产，则其国际化将会无利可图。还必须对另外两个问题做出肯定的回答：①国外对所提供的服务有充足和稳定的需求吗？②对这种服务的体验在国外能够重复吗？服务业只要能通过无形资产检验、有效需求检验和复制能力检验，就能成功地国际化。

（3）距离和国界不再重要。在大多数经济领域中，运输和电信费用仍是正数，并仍然随着距离的拉长而增加。国家的文化和边界也很重要。实际情况证明，语言和国界是国际贸易和投资中的重要决定因素。即使在我们的越来越数字化和英美化的全球经济中，民族语言和文化上的亲缘关系仍然是贸易和投资决策中至关重要的决定性因素。

（4）只有发展中国家才是用武之地。实际上，全球化在很大程度上仍旧是一种集中的、由富裕国家搞的事情。在最大的100家跨国公司中，只有两家来自发展中国家。就国际贸易、对内和对外直接投资而言，10个发达国家占世界总额分别为50%、70%和90%。没有任何一家想跻身世界级的公司付得起无视发达国家市场的代价。

（5）在劳工成本最低的地方制造。实际上，重要的首先是交货时的单位成本，而并不仅仅是工资成本。材料一般占成本的很大一部分。而且，通过征收进口关税等，自恃工资低的发展中国家往往使本地制造代价高昂。其次，在工资低的地方，生产率往往也低。最后，制造业一般最好安排在大市场（起码在附近）。这不仅把关税、运输费和后勤问题减少到最低限度，而且形成结构性藩篱，以防实际汇率的不利变动。

（6）全球化已成定局。（虽然）首先，技术变革是不大可能逆转的。其次是经济趋同的现象。然而，推动全球化进程的最重要因素是经济自由主义的传播。若引入激烈的战争或长期高失业率，则各国政府的行为方式就可能使全球化趋势开始逆转。在失业率仅为5%和经济增长势不可挡的情况下，在全球化问题上，美国有时还态度暧昧。若美国遇到欧洲那样两位数的失业率，其态度将会如何？

（7）政府不再重要。在这样一个世界上，地方和全国政府将被看作一种必要的抗衡力量。全球经济要想正常运行，就必须制定全球范围的规则。制定全球规则仍旧是政府的特权。只要规则仍然重要（其重要性今后可能有增无减），政府就会继续具有重要性。[40]

以上欧美学者对12种神话的评论，虽有可能给人以"泼冷水"的印象，但其积极意义在于让人们切实地对待经济全球化的问题。凡事言之过早和为时已晚，都会造成失误。变可能为现实，需要做合乎实际的估量和有效的努力。肯定和否定都不宜轻率和绝对化。关于经济全球化的现实状况，实际上已可透过被认为是神话的另一面看到轮廓。

对经济全球化现实的议论更多，说好说坏的都有。有人认为："经济增长的形势和对今后的展望，进一步证明了全球化带来的好处。全球化是使世界实现繁荣的必不可少的因素，而不是像有些人所指责的邪恶力量。"[41]情况是否如此，当然还要看事实。

有一点是公认的，即全球化带来不平衡。"创造新技术的国家人口不到全球近60亿人口的15%，但是其国内生产总值却占全球总产值的55%，这种不成比例的情况反映了世界新秩序中全球化的现实。"不过，这样说明不足以判明事情的全貌，进一步分析经济全球化的利弊很有必要。

二、经济全球化的利弊

国内外在这方面的意见很多，只能适当引用。说利大于弊或弊大于利的都有，也有各执一端者。较为普遍接受的是经济全球化是一把"双刃剑"的比喻，所不同的是哪一边锋利而已。

汪道涵在"全球化与中国研究所丛书"的序言中就做出了上述比喻。他指出，就总体和长远而言，经济全球化有利于世界发展。它推动国际贸易的高速增长，有助于国际贸易在更大范围内实现供求平衡，也有助于生产要素流向低成本的发展中国家，促成新兴资本市场的崛起。总之，经济全球化为世界经济增长带来新的活力和机遇。然而，经济全球化并非宁静的伊甸园，有时会带来风暴和灾难。过快推进经济全球化可能导致市场破坏性的力量膨胀，特别是国际资本的巨额流动和国际金融投机活动的规模，远远超过许多国家的抵御能力。经济无国界化使主权国家的经济安全受到空前巨大的压力，其中对发展中国家的负面影响更应引起注意。它在全球范围内扩大了贫富差距，新兴市场的不稳定性对发达国家也产生了强烈冲击。若不能有效地控制其消极因素，发展中国家经济将可能陷入困境，发达国家最终也难以独善其身。接着他还提出了一些对策建议。[42]

我国学者中，有人对经济全球化的二重性进行了考察。认为世界是统一的，又是多样的，经济全球化把世界的一体性推进到一个新阶段，但并没有取消多样性。其二重性的表现如：超越国家民族的界限和反超越的二重性、全球化与反全球化的二重性、全球化中的普遍性与特殊性等。[43]在存在二重性的问题上,双方的利弊观和利害观是相反的。如其中所涉及的有:国家主权问题、贫富两极化趋势、发达国家蓝领工人就业影响、全球生态环境恶化加剧,以及人类社会发展的全部进程和当前的一个阶段有普遍性和特殊性之分等。[44]这可以加深我们对经济全球化现实和前景的理解。

具体来看,全球化的利与弊首先是但不仅是表现于经济方面。西班牙刊物曾有专文讨论这一点。文章开门见山地指出:"全世界都在谈论全球化,有的人认为它是21世纪的发明,有的人看到它的负面影响。"[45]紧接着即从经济上、社会上(含政治上)、文化上、教育上和司法上列举全球化的利与弊。其要点简介如下:

(1) 经济上,出现电子货币——投资方便——个人投资新渠道;劳工流动性——前所未有的就业和培训前景;竞争促降价和改进服务;不在统一市场中的国家受更多剥削;300家公司占全球产值的1/3,国际贸易的一半;食品生产由12家公司控制;贫困劳工群体更被排斥;不稳定性增加;多米诺骨牌效应;统一供应的危险性增长——忽视市场产品的多样性。

(2) 社会上,欧盟和联合国等组织权力扩大,可在全球决策中抵消多国公司作用。媒体跨国力量有助于控制不公正现象,有助于各国言论自由;但南北差距扩大,贫困国家在全球收入中占1.4%,10年前占2.3%。最严重的是犯罪全球化,对贫困国家劳动力剥削有增无减。非法移民在增加。

(3) 文化上,传播更快——政治和知识产权障碍减少——不能阻止文化产品在其国内传播。"逆民化"在加强(如美国迈阿密和洛杉矶的拉丁化)。亚非繁荣城市人口增长是文化传播新的推动力。但联合国报告显示,全球文化朝一个方向传播:从富国向穷国,而非穷国向富国。

(4) 教育上,新全球技术使人能以低价在远处获得信息;残疾人有学习新手段;先进技术在国际化。但全球200个国家,新闻界常提及者仅有15～20个。

(5) 司法上,将制定国际行动法典或建立国际法庭,以解决全球化中的纠纷。但出现一种新可能性:干预一些国家内政。军事、政治和经济(封锁、禁运等)成为实现和平的手段。[46]

以上只是列举利弊,并无明显倾向性意见。让我们再听听坦率的言论和看看真切的事实。

在一篇关于美国推销自由市场经济别有用心的文章中,这样写道:"新自由主义无疑将使拉丁美洲地区成为美国的'后院'。尤其在经济方面减少国家的作用、破坏或者阻止各国建立自己的工业基础,都是为了达到这个目的。此外,无止境的私有化和扩大反社会的、敌视进步的专制权力机构,都是为了有利于跨国垄断。所有这些都出自全球化的需要。"[47]

上文作者最后还转引了美国前国务卿基辛格也不得不承认的几句话:"全球化对美国是好事,对其他国家是坏事……因为它加深了贫富之间的鸿沟。"[48]有关统计资料表明:40年前,全世界最富人口和最穷人口人均收入是30:1,现在已上升到74:1。目前,联合国成员国中有48个最不发达国家,而20年前仅20有余。"更令人担忧的是,当前发展中国家的经济安全和经济主权正面临着空前的压力和挑战。"[49]

联合国贸易和发展会议(简称"贸发会议")秘书长鲁本斯·里库佩罗认为:"随着21世纪的开始,人们对全球化和它对人类价值观念的可以感觉到的威胁普遍感到担心。这些担心必须受到重视,必须在各地政府、国际组织和有关的人之间展开有系统、有组织的对话。"[50]联合国时任秘书长安南更明确表示:"数以百万计的人们——可能是全球绝大多数人口——没有像'全球化'所承诺的那样从中受益。……由于全球化的'不良影响'未能得到有效控制,它已使得许多人受到伤害。"[51]

认为全球化利大于弊者说:"对全球化持批评态度的人,无视全球竞争所带来的福利水平提高的结果。他们也不看以下事实,即在过去的30年里,第三世界国家在全球贸易中所占的比例增加3倍,新兴国家只有实行经济开放才能缓冲人口激增的压力。……他们的战略恰恰损害了他们要帮助的那些人的利益。……封闭只会加剧贫困……反对全球化的人夺走了贫穷国家的成本优势,从而夺走了全心全意的发展机遇。"[52]果真如此,全球化的负面影响仍不容忽视,其不良后果应予缓解和消除。

在对经济全球化做面面观之余,我们认为,如果它是一种客观形势,便不是可以简单和笼统地一反了之的事。即使利大于弊,固然还要去弊;就算弊大于利,甚至一无是处,也必须趋利避害,或因势利导,力争转化为对人类的共同发展有利。

三、经济全球化应造福于全人类

在知识经济时代,经济发展全球化的趋势不是一种猜想或预测,而是已经在实践中的现实。实践也已经证明,对任何一个国家或地区来说,实行自我封闭进行经济建设根本没有可能。有识之士的共识,应该是使经济全球化造福于全人类。这就有许多事情要做,不能对灾难性的后果或影响熟视无睹和听之任之。

联合国前秘书长安南对于经济全球化多次发表了意见。除前面已有引述外,其余还有如1998年在关于联合国工作的年度报告中指出:"只有像联合国这样的全球性组织,才有制定要想使所有人受惠于全球化所必需的原则、标准和规则的能力和合法性。因此,我们未来的目标不是试图改变全球化的趋势——这在任何情况下都将是徒劳的,而是利用其积极的一面,同时对其负面效应加以控制。"[53] 2000年在联合国经济及社会理事会年会上说:"大多数人享受不到全球化和新技术的好处,这是'可耻的、让人不能接受的'。"他接着指出:"在全球化和新技术正给一部分人带来迄今为止无法想象的利益的同时,另一部分人——据估计人数更多——却仍然享受不到这些利益,过着极度贫穷、往往营养不良和疾病缠身的生活。"[54]

有关全球化的问题成为联合国千年首脑会议的最主要议题不是偶然的。1999年的联大主席、纳米比亚外长古里拉布说,全球化现在也被视为一种破坏力量,因为它在被当年的殖民者所推动,他们企图控制第三世界国家的人民和资源。[55]问题是重要的、严重的,因而大会通过的《联合国千年宣言》(以下简称"《宣言》")中,对未来提出了一项"根本任务",即纠正全球化的负面影响。《宣言》指出:"我们认为,今天我们所面临的根本任务,是让全球化变成全世界人民都有益的积极的力量。因为,尽管它提供了各种巨大的机遇,但目前并不是所有人都平等地享受到了它所带来的各种好处。"[56]

要完成这项根本任务,决非轻而易举,有待全世界人民的长期和艰苦努力。不能仅有经济全球化之名,而行只有少数人得大利、暴利之实。必须认认真真和切切实实回答一系列根本性和关键性的问题:各国不论大小、贫富、强弱,在相互关系上平等吗?互利、自愿、尊重各国主权的原则能够普遍恪守吗?关于经济全球化的全部"游戏规则"过去是怎样制定的,今后应怎样制定?高新科技为少数金融寡头垄断控制的格局如何改变?消灭贫困人口的目标有些什么具体举措保证其实现?如此等等。

空言无补于事,需要实际行动。举一个非常浅显的例子,说的是现在全世界有8亿多人在挨饿，而美国是“唯一的一个有较多饥民的工业化国家”。这是一个由2000多个教会组成的“争取人人都有面包”的组织在其一份研究报告中所发表的情况。该机构在其《消灭饥饿计划》中指出：“美国人只要每天拿出几个美分，就可使该国的饥饿现象减少一半。”该机构主席戴维·贝克曼说：“这个世界最富有的国家，在反饥饿斗争中所做出的努力却比其他任何一个发达国家都少。”研究报告还指出，在最近50年中，有将近4亿人死于食品匮乏和卫生条件恶劣。这个数字是在20世纪发生的所有战争中死亡人数的3倍。由于2000年的到来，各国政府和私营企业为可能出现的计算机“千年虫”问题耗资5000多亿美元。“然而，只要每年拿出约60亿美元，就能使饥饿问题得到真正的改观。”(57)

还有一个明摆着的、非常令人瞩目的事实，那就是经济的垄断和政治上的霸权存在着密不可分的联系。在经济全球化的进程中，霸权主义的嚣张气焰日甚一日。人们深深感到，建立多极化的世界，使霸权主义受到遏制，已经是当务之急。这与建立世界经济新秩序的要求是互相呼应和密切配合的。否则，经济影响政治，政治干扰经济，矛盾日益加深，混乱不断扩大，世界性的危机、冲突将接踵而至，世界更永无宁日。“在那些宣扬全球化的人忽视全球化的危险时，有必要直言不讳地说明它的血腥味。”这话值得深思。

在前面已不止一次地引用过的江泽民《关于经济全球化问题的发言》中，提出了四点“我们需要”和一个“关键在于”。这是比较全面和中肯的概括。

四点“我们需要”如下：

第一，“我们需要世界各国‘共赢’的经济全球化，所有国家，无论南方还是北方，不管是大国还是小国，都应是全球化的受益者”。

第二，“我们需要世界各国平等的经济全球化，少数国家的富裕不应该也不能够建立在广大南方国家的贫困之上”。

第三，“我们需要世界各国公平的经济全球化，世界的贫富差距应逐步缩小，而不是不断扩大，否则人类将会为此付出沉重的代价”。

第四，“我们需要世界各国共存的经济全球化，只有相互尊重，相互促进，保持经济发展模式、文化和价值观念的多样性，世界文明才能生机盎然地发展”。

这四点“我们需要”，是分别针对“共赢”“平等”“公平”“共存”

而发。

一个"关键在于":"如何在经济全球化进程中趋利避害,促进人类的共同发展?我认为,关键在于建立公正合理的国际经济新秩序。联合国在这方面理应发挥自己的作用,尽可能使各国都有权平等参与世界经济的决策和规则的制定,建立新的合理的国际金融和贸易体制,减少发展中国家在经济全球化中面临的风险。在科学技术飞速发展的今天,联合国还特别应致力于推动国际社会在人力资源开发和科技领域向发展中国家提供帮助,使其赶上新一轮技术进步的浪潮。人类只有携手努力,才能共同战胜发展过程中所面临的挑战,一个和平、繁荣、公正的新世界才能真正呈现在我们面前。"

思考题:
1. 知识经济与经济发展的全球化趋势之间有何联系?
2. 经济全球化对资本主义和社会主义各有什么影响?
3. 经济全球化为何应造福全人类?如何才能做到这一点?

注释:
①⑤摘自刘助仁:《经济全球化研究的新进展》,载《广东学术通讯》(广东省社科联)2000年第8期。
②E·拉贾文相关文章(资料来源无文章题目),载马来西亚《第三世界的复兴》1996年第10期。
③《礼记·礼运》。
④张贵洪:《国内"全球化"研究综述》,载《当代学术信息》1999年第5期。
⑥参见王逸舟《国际政治的又一种透视》,载《美国研究》1999年第1期。
⑦参见龙永图《关于经济全球化问题》,载《光明日报》1998年10月30日。
⑧参见纪玉祥《全球化与当代资本主义的新变化》,见《全球化的悖论》,中央编译出版社1998年版。
⑨⑩参见尼古拉斯·克里斯托夫、爱德华·怀亚特《谁在世界货币海洋中沉没》,载美国《纽约时报》1999年2月15日。
⑪参见约翰·赫夫勒《1998年是全球化寿终正寝的一年》,载美国《行政人员情报评论》周刊1999年1月1日。
⑫《技术和开放——全球化的推动力》,载墨西哥《至上报》1998年6月26日。
⑬参见维贾伊·弋文达拉扬、阿尔尼·古普塔《世界经济新面貌》,载法国《回

声报》1998年9月11—12日合刊。

⑭此处（1）至（6）主要参考资料为《经济全球化的发展趋势》，载广东现代化研究会编《简报》第2期，1999年10月15日。原编者按：该文摘自詹武有关文章，标题为编者所加。

⑮杨平：《对全球经济一体化的思考》，载《岭南学刊》2000年第2期。

⑯㊽㊻江泽民：《关于经济全球化的发言》，载《光明日报》2000年9月8日第1版。

⑰武勤英：《两岸学者研讨经济全球化》，载《光明日报》2001年4月12日A4版。

⑱据法新社华沙2001年4月17日电。

⑲参见王玮、高健《"新经济"谜团尚多　高水平出版物有待时日》，载《光明日报》2001年4月19日C1版。

⑳参见俞可平《全球化的二律背反》，见《全球化的悖论》，中央编译出版社1998年版。

㉑据埃菲社华盛顿2001年4月17日电。

㉒斯凡特·施米德海尼：《改良资本主义——日益扩大的贫富差距既是不可持续的，也不值得支持》，载美国《基督教科学箴言报》1998年10月26日。

㉓参见石新申《首都学者研讨经济全球化与人文社会科学》，载《光明日报》2001年4月17日B1版"理论信息"栏。

㉔参见《〈共产党宣言〉与全球化》，载《光明日报》2000年10月31日B1版"理论信息"栏。未注明作者或记者。

㉕㉖参见阿尔诺·斯皮尔《马克思，全球化批判》，载法国《人道报》，2000年11月30日。

㉗㉘参见宫敬才《马克思世界历史理论与全球化》，载《光明日报》2000年12月12日B3版。

㉙参见《经济全球化是使整个世界"资本主义化"的新进程》，载《政策与决策》2000年3月16日第6期。原注摘自《教学与研究》1999年第9期，但未注明作者和引文出处。

㉚参见奥拉夫·格尔森曼、彼得·珀佩《全球富裕》，载德国《经济周刊》1999年6月17日。

㉛参见劳伦斯·林赛《持续17年的经济繁荣》，载美国《华尔街日报》2000年1月27日。

㉜薛福康：《得益于信息化和全球化美国经济持续增长》，载《光明日报》1999年12月22日第4版。

㉝詹姆斯·弗拉尼根、迈克尔·希尔齐克：《美国是如何演变为全球巨人的——

经济,美国达到了成功的巅峰,但是必须从过去汲取经验,以便在未来继续前进》,载美国《洛杉矶时报》2000年1月2日。

㉞参见《让新经济全球化》,载美国《商业周刊》2000年1月31日一期社论。

㉟参见《全球化与21世纪的社会主义》,载《光明日报》2000年1月25日B1版"理论信息"栏。

㊱孙明泉:《〈中国发展高层论坛〉2001年年会开幕》,载《光明日报》2001年3月26日A4版。

㊲《中国成为环球资金安全岛》,载香港《信报》2001年4月19日。

㊳㊴参见阿尔文·托夫勒《全球化神话的陷阱》,载日本《读卖新闻》1998年11月2日。

㊵参见兰甘《在向全球拓展之前所要考虑的七个神话》,载英国《金融时报》1999年11月29日。亦参见米歇尔·康德苏《新千年面临的挑战:复杂形势孕育的危机呼吁新的政策原则》,载泰国《曼谷邮报》2000年1月26日。

㊶《全球化:21世纪的世界地图》,载美国《时代》周刊2000年10月22日。

㊷参见《经济全球化是一把"双刃剑"》,载《光明日报》2000年6月7日B2版。

㊸㊹参见王锐生《对经济全球化二重性的考察》,载《光明日报》2000年10月31日B1版。

㊺《全球化的利与弊》:西班牙《趣味》月刊2000年10月号。

㊻㊼参见布鲁诺·马洛《全球化、美国谋求霸权和基辛格的担心》,载德国《新德意志报》2000年7月22日。

㊾鲁本斯·里库佩罗:《为发展全球经济需要吸取教训》,载美国《国际先驱论坛报》2000年2月12日。

㊿据美联社日内瓦2000年6月25日电。

㉛《全球化及其反对者》,载德国《世界报》2000年4月13日。

㉜据路透社联合国1998年9月8日电。

㉝据路透社联合国2000年4月18日电。

㉞《有关全球化的问题将成为千年首脑会议的最主要议题》,载美国《纽约时报》2000年9月3日。

㉟据埃菲社联合国2000年9月8日电。

㊱据埃菲社华盛顿2000年2月10日电。

㊲威廉·普法夫:《全球化的破坏是现实而残酷的》,载美国《国际先驱论坛报》1997年9月25日。

第三章　发展知识经济必须实施知识管理

内容提要　从本章开始，本书由"引论"进入"总论""分论"等，因而在本章首先提出发展知识经济必须实施知识管理的问题，指出其是一种新型的管理及其基本内容和核心。与此相联系，指明知识管理有助于促进人类实现第二次现代化，并认为目前的非知识经济应为实施知识管理早做准备。

知识经济既然是一种崭新的经济形态（已有很多人称之为"新经济"），那就同过去的经济形态（如农业经济、工业经济）有与之相适应的管理理论、制度和方法一样，也必须有适应知识经济发展要求的管理理论、制度和方法。实践已经表明，后者要实施的，就是叫作知识管理的新型管理。在作为本书引论的第一、第二章中，我们已将知识经济及随之而来的经济全球化发展趋势做了简要介绍。在从第三章开始的总论里，我们将相对集中地探讨关于知识管理的一些基本问题，共有5章。然后，继之以分论和专论。

第一节　知识管理是一种新型的管理

知识管理是为了发展知识经济而必然出现的新型管理，是管理领域的一个新发展阶段。在世界范围内，现在虽然谈论知识经济或新经济的人相对较多，但是不难预料，当知识经济真正全面发展起来的时候，知识管理必将如影随形地受到普遍重视，把对它的研究更热烈地提上议事日程。这里拟从纵、横、表、里等方面，对知识管理进行一些探索性的考察。

一、从管理的发展趋势看知识管理

管理实践，由来已久。应当可以认为，自有人类活动开始，就需要在生活、生产等方面管这管那，更不用说后来的奴隶社会、封建社会和资本主义社会了。但是，把管理作为一个专门问题来研究，提出管理理论和形成学科领域，则是进入资本主义工业社会以后的事。首先注意和开动脑筋的是资本主义商业企业界。他们面对资本、设备、原料、劳动力等条件相同而效果却有很大差异的现象，由纳闷、怀疑、探索、发现到证实，其中有一个影响极大的因素就是管理，于是研究管理的风气大开，并逐渐扩展到其他领域。

在关于管理思想、管理理论发展史的研究中，西方管理学几乎曾一致推崇中国的《孙子兵法》，公认那是世界上最早论述管理的著作。不过，顾名思义，"兵法"毕竟原来是关于军事、战争方面的，即如何用兵打仗的原则和方法，但是其许多理论观点可用于管理，这也是事实。加上有"商场如战场"的说法，《孙子兵法》被视为管理学的古典名著，也就不奇怪了。

一般来说，我们还是按近代管理的发展趋势来探讨一些问题。时间不算太长，在不到一个世纪或稍长一点的时期内，管理学界已有"理论丛林"之称，学派之多，不难想见。这里没有必要做详细介绍，仅就几个主要方面略述梗概，以窥一斑。

从历史过程来看，西方管理理论至今已经有从"物本"到"人本"再到"能本"，共三代之说。它们分别以"经济人""社会人"和"能力人"假设为基础和前提。其最新发展趋势，正好接触到和联系着知识经济所需要的知识管理。

以下是简要介绍：

第一代认为人是"经济人"，是经济动物，只要满足物质需求，积极性便调动起来。因此，实行物本管理，特点是重物轻人，视人为工具、为机器的附属物。人被当工具管理，便容易"目中无人"，忽视对人和对物在管理上原来应有的区别。

第二代认为人是"社会人"，其理论主要有三种表现形式：①人群关系学。认为工人获得集体承认和安全比物质刺激更重要，影响积极性和创造性的还有心理因素和社会因素。②行为科学。主张协调组织目标和个人目标，激发人的内在动力，促使其自觉自愿发挥力量，重视人的因素及人的外在关系行为。③以人为本理论。认为文化对管理具有重要作用和影响，人是企业的主体，采取以人为本的企业文化方式，开发利用人力资源。

第三代认为人是"能力人",对人的创造能力的关注日益增长,"人的革命"的一个重要内容是挖掘人的潜力。知识经济的灵魂是创新,人的智力和创造能力将在新世纪经济发展中起主导作用。要大力开发人力资源,调动人的智力因素。能本管理就是以人的能力为本的管理。①

从计算机与管理的发展阶段看,关于"第五代管理"②的专著出版6年后已于1996年出修订版。其中把计算机技术发展的5个阶段、管理发展的5个阶段和各个历史时代包括农业时代晚期、工业时代早期和晚期,以及知识时代早期财富的来源与组织类型,用图表的形式来予以说明,并显示它们之间的嫁接和对应关系,给人以非常鲜明和深刻的印象。计算机技术发展的阶段见图3-1。

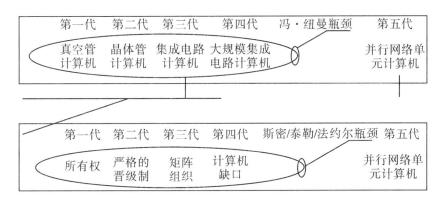

图3-1 计算机技术发展的阶段

注:斜线和箭头表示被嫁接到第二代管理方式中的第三、第四、第五代计算机技术。

在前四代,所有信息均须通过单一的中央处理器(CPU),被称为"冯·纽曼(数学家和计算机先驱)瓶颈",第五代的关键是并行处理技术,指多个处理器并发联网工作。

此瓶颈由一些假设造成,在亚当·斯密的劳动分工中体现,在弗雷德里克·温斯洛·泰勒的科学管理理论和亨利·法约尔的14条原则中得到强化,成为工业时代组织形式中命令一致性、控制范围、数据原则等方面的基本原理。它们强化了严格的等级体系的僵化和官僚作风,也导致了某人地位越高、重要性越大的简单算法,如图3-2所示。

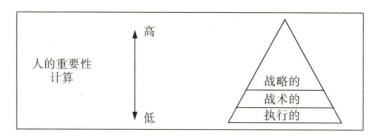

图 3-2

前四个阶段是工业时代产物,必须突破瓶颈,通过虚拟企业、动态协作。能力网络化等发展第五代管理能力,以便更有效地利用知识。

图 3-3 为管理方式的发展阶段与历史时代之间的对应关系。

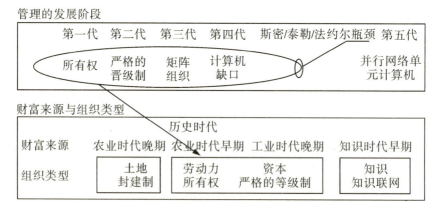

图 3-3 管理方式的发展阶段与历史时代之间的对应关系

从未来管理的大趋势来看,国内外学者的议论很多。比较集中的是一些引人注目的重大变化和崭新课题。如:由以"硬"管理为主向以"软"管理为主的转化、强调可持续发展管理、重视风险管理、从管理创新发展为创新管理以及知识管理的兴起等等。

如果进一步全面考察和深思熟虑,我们不难发现,知识管理的兴起似乎更是问题的热点和焦点所在。因为其他各种管理,已从不同的侧面或在不同的程度上,介入或纳入知识管理的范畴。可以认为,未来管理的总趋势是知识管理将处于突出地位。

情况是否如此，不妨从对其他各种管理做分析对比入手。先说由以"硬"管理为主向以"软"管理为主的转化，关键在于以人为本。知识管理正是要最大限度地调动人的积极性和挖掘人的潜力。再说强调可持续发展管理，提高认识和采取可行性战略措施，无一不是知识管理必做和能做的工作，保证可持续发展是它的重要任务。又如，重视风险管理，必须加强监测预测和信用管理，这也是知识管理的应有之义，因为知识经济以知识为基础，其知识面是很宽的。

至于从管理创新发展到创新管理，更是知识管理的本质要求。众所周知，创新是知识经济的核心、灵魂，知识管理应如何运作，岂不可想而知吗？③

二、对知识管理的一般认识或理解

1998年，在一本研究跨国公司的专著里，著者指出："今后10年的一个最为火爆的题目就是知识管理。我发现，知识管理是一个过程，而不是一个计算机化的数据库。最佳的公司是把知识管理作为一项战略目标来做的，确定自己需要什么知识以及如何来取得这些知识。通常，所需知识的大多数都有以接近于公司主管所需的形式存在于某个地方。因此，要求发挥最大作用的是收集和检索。"④

这里涉及什么是知识管理，即关于知识管理的定义问题。上述意见，显然是从战略目标的角度出发。事实上，现在还没有一个一致公认的知识管理的定义，就是因为各有侧重，便出现了"各取所需"的局面。

正如我国一位学者所说："不同领域、不同角色对知识管理强调的侧面各有不同，概念内涵也自然有所差异。有的是从管理对象定义，有的是从功能定义，有的是从行为方式定义，也有的从目标定义。"紧接着列举的定义或概念达7种之多，可以供我们参考，以下是原文照录或摘要。

（1）"知识管理是当企业面对日益增长着的非连续性的环境变化时，针对组织的针对性、组织的生存及组织的能力等重要方面的一种迎合性措施。本质上，它嵌涵了组织的发展进程，并寻求将信息技术所提供的对数据和信息的处理能力以及人的发明和创新能力这两者进行有机的结合。"

（2）通过知识共享，"运用集体的智慧提高应变和创新能力"。

（3）知识管理是为企业实现显性知识和隐性知识共享提供新的途径。知识管理就是有效地实现这两类知识的互相转换并在转换中创新。知识型公司能对外部需求反映快速，明智地运用内部资源并预测外部市场发展方向和变化，需要通过知识管理来实现。

（4）知识管理是以知识为核心的管理，它是指对各种知识的连续管理过程，以满足现有和未来需要，确认和利用已有和获取的知识资产，开拓新的机会。

（5）从认识论看待知识管理，它是利用组织的无形资产创造价值的艺术，从而建立一个了解企业隐性智力资产的框架。

（6）"知识管理就是通过对知识的有意识地利用，使之变成一种可以管理的企业资源。"强调知识决定着企业价值。企业的独特成就越来越依托于企业所拥有的有现实意义的、与用户和实用相关的知识由此得出的知识新价值，合乎逻辑地产生新的管理方法。这就是知识管理。

（7）一般地说，知识管理是适应知识经济时代的管理，用知识和智慧对知识进行管理，以便最有效地开发、配置和利用知识资源，服务于经济和社会发展。⑤

上述 7 种定义或概念，连同在更前面开头所提及的一种，共有 8 种。我们综合来看，对知识管理应已有大体或总体理解，至少可以说是"虽不中不远矣"。还有一点，完全应当肯定，即知识、智慧、智力等，离不开各种有才华的人的高度充分自觉和积极的脑力活动。因此，知识管理比任何一种管理都要更加突出地重视人力资源的开发与管理。说它是以人为本的管理或能本（即以"能力人"为本的）管理，是容易理解的。换句话说，没有创新知识的人才，知识管理就只会落空而不能落实。

但是，无论怎样给知识管理下定义，万变不离其宗的是在知识经济时代，知识决定着企业的价值，实施知识管理必须千方百计把知识的价值予以激活和提升。这里又进一步联系到在企业的内部怎样理解"知识"这个概念和达成共识的问题，然后才能对它进行合乎要求的管理和利用，以及果如预期地体现其价值。也只有这样，才能正确地和断然地去创造有利于知识交流的企业文化环境和清除实行知识管理所可能遇到的困难和障碍；反之，"企业核心会萎缩，企业价值会降低，竞争能力会丧失，知识的最初掌握人会流失，企业的生存会受到威胁。……知识资源的本质在于，其实质内容和价值会通过经常的利用和交流得到提高。恰恰这一点是知识管理的出发点和好处"⑥。

换个说法也是一样："知识管理的目标就是力图将最恰当的知识，在最恰当的时间,传递给最恰当的人,并做出最恰当的决策,使企业具有智慧。知识管理使企业的运作犹如人的神经系统,可以做到目标明确、眼光独到、反应灵敏、行动有力。比尔·盖茨在《未来时速》中指出,知识管理可以在规划、顾客服务、培训及项目协作四个方面有助提高公司的智商,使公司变得聪明灵慧。"[7]说提高公司的"智商",真是妙哉此言!

看问题要看主流、看本质,这无疑是对的。知识管理真正的显著方面,分为两个重要类别,即知识的创造和知识的利用。知识的创造并非新话题,但最近一直是工商领域中重新加以调研的主题;知识的利用是一个复杂的问题,但知识必须应用在一个有的放矢的工商环境中,否则就毫无价值。"既然知识主要寓于员工之中,而且也正是员工决定创造构想,对其加以利用和分享,以获得经营结果,那么,知识管理就不仅仅是管理信息和信息技术,而且也是管理人。如果你还没有对知识管理得出这个重要结论,那么,你就可能遗漏了很多东西。"[8]

话又说回到目标上来。知识管理的首要目标不是技术,而是各种可行解决办法的综合。在知识经济中离开知识管理,就不能具有竞争力。公司如对知识管理的浪潮视而不见,就将错过探索商业和技术新前沿的良机。考虑到技术正以空前的速度改变着几乎每个产业,知识管理将很快成为一个热门的前沿领域。[9]

实际情况是:自20世纪的90年代后半期以来,知识管理形式已广泛渗透到欧美企业中。据称,截至1998年4月,51%的美国企业已实施了知识管理。[10]

三、知识管理的基本内容及其核心

作为一种最新型的管理模式,知识管理究竟应该拥有哪些内容,一时还难以完全确定,这主要有如下三方面的原因。

(1) 知识经济正在兴起,为适应知识经济发展需要而实施的知识管理,必须按照知识经济的具体状况及其变化去增加和调整其工作内容。也就是说,知识管理要密切配合发展中的知识经济,由后者决定知识管理干什么和怎么干。

(2) 经济领域很广。不同的行业、工种有不同的性质、特点和不同的侧重点,实施知识管理除共性要求外,还有个性要求。因而,在共性要求尚待逐步明确之际,个性要求更须分别进行试验、探索。既非千篇一律,又不以偏概全。

(3) 知识管理前无古人。没有现成的完备的样板可以"依样画葫芦"。新的实践需要不断总结经验,才能不断改进、提高。别人的经验虽可参考、借鉴,但难坐享其成;因为变化发展很快,总是跟在后面,便不能以新取胜。

话虽如此,若论知识管理的基本内容,还是有一些线索可循的,只是要在实践中不拘一格,勇于闯、创罢了。以下是国内外学者和有实践经验者已经谈到的若干要点。

(1) 管理者首先是领导者,一定要树立特强、极强的重视知识的观念。日本学者山崎秀夫认为要做的事有:①知识清点和知识图的制作,包括全体职工和数据库、图书馆等有什么和缺什么知识;②建立专家网络,包括退休人员和各种专家、消费顾问等,不一定为公司职员;③制订教育研究计划,加强教育和培训。还要在数据库中登录知识和建立知识"流通"组织,形成"知识市场",设立知识主管职务。[11]

(2) 重视知识不是为重视而重视,或停留于重视。过去对守住财富不知经营者称之为"守财奴";如果拥有知识但无所作为也就成了"守知奴",即"两脚书橱"或"书呆子"。前面提到的激活知识的价值,正是作为重要资源的知识的本质所在。在知识经济时代,知识成为无形资产的表现形式很多,诸如商标、专利、信誉、形象、企业文化、商业秘密等;尤其普遍、经常和具有基础性的,是显性知识和隐性知识的掌握和应用。

(3) 在知识管理中,从领导者到全体从业人员,除了为观念、知识、方法更新等接受各种形式的培训、教育外,一般的起点都要相对较高,即按工作要求要有较好的专业基础和知识结构。如此才能互相配合和"水涨船高",而不致沟通、交流不易,更不用说在讨论中起互补作用。可能由于有启发、引导、支持而形成知识增长方面的良性循环,便于达成共识和形成默契了。

(4) 知识管理最重要的要求之一,是在全体人员中实行知识资源的共享。对于显性知识,做起来还比较容易;而隐性知识的共享,则难度极大。但又不能在困难面前停步不前,因为隐性知识的价值往往很高,甚至高得出人意料。为此,特别需要培育一种非常适宜发扬民主精神的环境和气氛,使大家都能抱着高度自觉自愿的态度,积极地、勇敢地做到知无不言,各抒己见,毫无保留,毫无顾忌。

（5）在知识经济的发展过程中，知识管理应努力把所管的公司、企业办成智能型、学习型的组织。人人有刻苦学习的兴趣和动力，才能共同进步，在总体上不断提高。这种学习型的组织，具体表现于学习、钻研的普遍化和经常化。每个成员莫不以勤奋学习为己任，随时注意给自己"加油""充电"，坚持实行终身学习。当然，从管理角度来说，必须有推动和保证学习的条件和环境，包括建立切实可行和行之有效的激励机制等。

（6）管理手段现代化是理所当然的要求。这主要是指采取网络系统管理，充分利用先进的信息技术，缩短空间距离，加快传递速度，使在家办公成为可能。互联网改变了时间和空间的限制，效率大大提高，经济全球化的发展进程与技术条件有关。前已述及，在确定知识经济这个名称的前后，曾有叫"信息经济""网络经济""新经济"（至今仍在沿用）的，信息、网络不用说了，只说"新"也与新技术有关。

（7）与管理手段相适应的，是知识管理的组织机构随之发生重大变化。过去垂直系统多层次的管理模式被突破了，集中办公的方式已显得没有必要。各分散单位和个人之间沟通、联系既方便、灵活，又迅速、及时，而且不影响规范化的要求，同时提高了办事或解决问题的效率。这就是垂直的金字塔型向网络的扁平型的转变，或者称之为管理组织的扁平化。从管理成本的角度来看，它还可能收到精简节约之效。

（8）发生重大变化的，还有传统的营销文化。除强调产品和服务的数字化、网络化、智能化外，还有个性化。注重针对不同类型顾客进行特定设计，使产品、服务适应顾客消费特点、文化品位和价值观念。[12]说起个性化，其实不只是营销方式。在管理模式上，也有"个性化公司"，其"管理理念不是强迫员工服从'组织人'的公司模式，而是建立一个有足够灵活性的、能让每一位员工利用其特有学识和特殊技能的组织框架，这就是我们定义的'个性化公司'的模式"[13]。

（9）一种似有实无而又可以有效利用的虚拟企业的经营管理已在运作，它主要是应用信息技术，通过网络，把分散在各地的各个企业联系起来，集中考虑安排，发挥综合优势，以求迅速在产品和服务等方面增强竞争实力。这是企业之间的事，涉及许多具体协商、协作的内容，进行联手、联盟。为了在更大范围内和更多问题上扩大优势互补，虚拟企业需要加强横向管理和发扬协同精神。

（10）显然不得不多次和经常强调的，是人力资源开发和利用的管理。人是知识、智力的载体，要千方百计调动人的积极性，挖掘人的潜力，包括发挥隐性知识的作用，都要认真、细致地做人的工作。其中既有思想工作，也有具体工作。前面已经提到的"能本管理""以人为本的管理"，说的是同一性质的问题。为了突出这方面的根本重要性，我们将安排专章探讨，这里就不展开了。

至于知识管理的核心，有人认为是对人的管理。但更多集中倾向于知识的创新，或称之为知识管理的灵魂。看来，这个创新的含义很广，总体上说是知识创新，实际上体现于个人创新、集体创新、战略创新、体制创新、方法创新。因此，认定知识创新是知识管理的核心是适当的。

第二节　知识管理有助于促进人类实现第二次现代化

人类社会的发展，经历了数以百万年计的漫长岁月。现代是相对于过去的时代而言，在那极其古老漫长的原始社会中，当其继往开来之际出现明显进步迹象时，是否也许曾有过"现代"感，我们不得而知。我们所知道的近现代化，是在从农业社会后期向工业社会发展的过程；过去我们所追求的现代化，实际上是工业化的别称。面临知识经济时代，第二次现代化的要求应运而生。

一、从"第二次现代化丛书"第一辑出版说起

1999年，我国高等教育出版社出版了"第二次现代化丛书"（以下简称"丛书"）的第一辑。这是留心于此的人们记忆犹新的事，也是应该在出版界和理论界引起注意的事。

在相当长的一个时期以来，人们经常挂在口边或听别人提起的是怎样实现"四个现代化"和建设"社会主义现代化"，有时简称"从事现代化建设事业"等。对于"第二次现代化"，不少人闻所未闻，或感到新奇、新鲜，实在是在所难免。

什么叫"第二次现代化"呢？我们一直在讲的现代化是什么现代化呢？那得先弄清现代化分一、二次的来龙去脉。现代化原是一种社会发展理论。"简而言之，经典的现代化概念，是指从农业时代向工业时代转移的历史过程及其深刻变化。"[11]这也就是现在所说的第一次现代化。但自20

世纪70年代以来，由于知识经济兴起，世界开始走向新的、知识经济时代，后现代社会、后工业社会等概念随之出现。显然，上面所说的"经典的现代化概念"的范围已经被突破。作为新的社会发展理论的第二次现代化理论产生的时代背景便是如此。

说得更具体些，"历史研究表明，现代化进程可以大致分为两个阶段：第一阶段，从农业时代向工业时代的转移过程；第二阶段，从工业时代向知识时代的转移过程"。前者大致时间是从1763年工业革命开始，到20世纪70年代（这是发达国家的大致时间）；后者大致时间可以从20世纪70年代信息革命或知识革命算起到21世纪。因此，"如果说，从农业时代到工业时代的转移过程及其深刻变化是第一次现代化，那么，从工业时代到知识时代的转移过程及其深刻变化就是第二次现代化。这就是丛书作者的'第二次现代化理论'的基本观点"。

由此可见，为发展知识经济而实施的知识管理，将有助于促进人类实现第二次现代化，便是可以理解的了。与此同时，"丛书"第一辑的内容，对如何实施知识管理有参考、启发作用，也是可以理解的。

据了解，"丛书"第一辑包括《第二次现代化——人类文明进程的启示》《国家创新系统——第二次现代化的发动机》和《知识议程——第二次现代化的成功之路》。[15]据介绍，作者对这些专题均研究有素，发表的是研究成果。应当指出的是："他们在丛书中不仅系统阐述了第二次现代化的理论，而且提出了第二次现代化的发展战略，指出了第二次现代化建设的成功之路。"毫无疑问，研究和从事知识管理，也不能停留和满足于就事论事，而需要有正确和明确的理论指导，根据具有科学预见的发展战略，以及不断地探索、追求、认清、遵循成功之道。

为此，我们对"丛书"第一辑的内容都饶有兴趣。以下是三本书中关于人类社会的发展简史、现实概况和前景略述，不妨从管理角度去结合思考。

首先，回顾一下人类文明进步的发展过程，可以使我们加深一个新时代不是突如其来的印象。"作者认为，人类文明过程要分为四个时代，即工具时代（原始社会）、农业时代、工业时代和知识时代。"但是，每一个时代并非都一成不变或始终如一，而是分为起步、发展、成熟和过渡四个时期。时至今日，通过对130多个国家和地区的文明进步水平的比较分析，发现在20世纪90年代，"有10个国家达到了知识文明水平，约40

个国家和地区达到了工业文明水平，有 80 多个国家和地区处于农业文明水平。目前，发展中国家包括中国都处于农业文明水平"。实际上，中国自以经济建设为中心、实行改革开放政策以来，国民经济中的工业比重已大幅度增长，人民生活有较大改善，正全力以赴奔向社会主义现代化和全面达到小康水平。

其次，"从一定意义上说，人类的文明史就是一部创新史"。如果没有创新精神和创新实践，人类的文明进步是不可思议的。对于下述论断，我们有同感、有共识："创新是经济增长的动力源泉，是社会进步的革命力量，是事业兴衰的决定因素，是国家发展的不竭动力。"关于国家创新系统，本书分论第八章中将另做专题探讨。"丛书"作者称之为"促进和进行创新的国家系统，是第二次现代化的发动机，是实现第二次现代化的国家战略"是完全恰当的。事实是，国家创新系统自 20 世纪 80 年代末被提出以后，至 1999 年，已经在世界 20 多个国家受到重视。必须看到，创新是全面的创新，其中当然包括管理创新。怎样才能使创新系统发挥其应有的作用，管理创新关系重大，可以说是责无旁贷。联系到"国家创新系统是世界强国的成功经验，是中华民族的振兴战略"，管理创新更是重任在肩。

最后，亦即"丛书"第一辑第三册所讨论的，"知识议程就是促进知识创新、知识传播、知识管理和知识应用的行动议程，是第二次现代化的成功之路，是个人和组织的行动向导"。引起我们注意的是，其中提到了"知识管理"。其实，正是知识管理在知识创新、传播和应用等方面起着积极的、经常的和不可缺少的"穿针引线"的作用。作者在分析知识与人类、社会和经济的关系，提出知识应用价值的计算原理之余，还介绍了知识工程原理，重点阐述了国民知识、群体知识和国家知识三种议程："国民知识议程可以分为三种类型：学习型、工作型和享乐型；群体知识议程包括企业、事业单位和社会团体的知识议程；国家知识议程包括国民教育议程、公务员知识议程和国家创新能力议程等。"书中还提出了我国的国家知识议程，它向我们展示的是新世纪知识时代的新生活，是个人、企业和国家等在第二次现代化过程中的成功道路。中华民族要腾飞，就一定要有自己的正确发展战略选择。

二、现代化进程中的两个阶段

上面已经提到，现代化进程可以大致分为两个阶段，这里是就两个阶段所体现的第一、第二两次现代化的一般情况进行考察。我们现在的处境，是第一次现代化尚未完全实现，正待继续努力，而第二次现代化已迎面而来，又不能置之不理，至少应予以关注和有所准备。也就是说，第一、第二次现代化都与我们的现实生活和发展前景直接相关，不能顾此失彼。虽然在本书最后一章还将集中专门探讨知识管理在中国的问题，但对现代化进程的两个阶段的认识明确些，会加强早日完成第一个现代化的紧迫感。

在现代化的第一阶段，即第一次现代化中，时代的变迁是一个逐步推移的渐进过程。经过相当长时期的酝酿、准备，然后才形成趋势和具体显现出来。例如，文艺复兴、商业革命和科学革命，应当视为由农业时代过渡到工业时代即第一次现代化的前奏，而其启动则经历了工业革命、思想革命和政治革命。在第一次现代化进程上，还有几次浪潮和理论上的众多学派，使知识、政治、经济、社会和文化等方面都发生相应的、新的变化。[16]这些都是历史已经表明了的具体情况。

我们可以非常清楚地看到，一般和大体说来，在第一次现代化进程中，凡尚未完成转变或过渡的，或者转变、过渡迟缓、滞后的国家和地区，常处于贫穷、落后的境地。过去是这样，现在由于差距拉大，更是这样。

就现状而论，手边有几份较近的资料，依时间顺序简介如下：

（1）联合国贸发会议关注贫穷国家，时任联合国秘书长安南提出向穷国开放市场的新建议。他指责经济强国阻碍贫穷国家的发展，与以往相比发展中国家在谈判中表现得更加积极和团结，而工业强国却互相争吵而且没有改革诚意。[17]联合国贸发会议负责人里库佩罗认为，全球化是造成欧洲极右政党抬头的部分原因。他说，全球化带来了一些特有的问题，使人们产生不安全感，而这种担心使极右势力受欢迎的范围扩大。[18]

（2）联合国贸发会议报告指出，最不发达国家"情况不容乐观"。在经济越来越全球化的过程中，全球48个最贫穷的国家面临着进一步落后于较发达竞争对手的危险。最不发达国家"正越来越被排斥在经济发展的进程之外"。截至1997年，这些国家的人口占全球总人口的13%，而出口和进口额分别只占全世界的 0.4% 和 0.6%。联合国贸发会议副秘书长卡洛斯·福廷说，这些数字表明所占的份额比 1980 年下降了 40%。[19]

(3) 联合国粮农组织指出，有 33 国粮食极度匮乏。它曾警告说，4 年来将不得不首次动用全球谷物储备。包括发展中国家的 2 亿名儿童在内，全球约 7.9 亿人食不果腹。除自然原因外，经济停滞不前和内乱也被列为食品匮乏的主要原因。[20]

(4) 国际农业发展基金会告诫说，世界乡村地区贫困人口剧增。如果国际社会再不采取紧急行动，那么，世界乡村地区的贫困人口在今后 15 年中有可能翻一番，增至 20 亿人。根据联合国提供的材料，约有 30 亿人（约占世界人口的一半）每天的生活开支还不到 2 美元，其中约 13 亿人被认为是赤贫者，他们每天的收入相当于 1 美元。[21] 日本报纸认为，中国贫困状况已有很大改善，但贫困问题依然是一大课题。事实证明，中国提出最优先解决的人权问题之一是吃饭问题的确是正确的。[22]

在现代化的第二阶段，即第二次现代化中，人类社会从工业时代向知识时代过渡。在这个阶段，有包括现代科技革命、信息革命和学习革命等内容的知识革命，出现了知识经济、知识社会和知识文明等的兴起和演进。与第一阶段相比较，有其鲜明的特点。全世界已面临第二次现代化的总趋势，中国在这方面也应该有相应的发展设想。[23] 问题在于，尚未实现第一次现代化的国家和地区，是否必须"按部就班""循序渐进"，甚至永远自甘落后呢？

应当认为，对于发展中国家和地区来说，在第二次现代化趋势面前，是既有挑战，也有机遇。只要认清形势，争取主动，对策得当，因势利导，是有可能有所作为和大有作为的。挑战相当严峻，似不待言。若不奋起急追，势必差距更大。不进则退，别无选择。机遇则存在于发展不平衡中，可以进行有选择的、局部跨越发展，以便迎头赶上。例如，欠发达国家和地区，采用新科技设备，就有"便利"之处。一个人们常引用的例子，如电缆换光缆，在发达国家（尤其是大国），真是工程浩大；而在通信业相对后进的国家和地区，则可以从采用光缆开始。其余依此类推，不是没有跨越发展的可能。

本来，工业经济的高度和充分发展，通常是发展知识经济的前提。但在发展不平衡的（特别是较大的）发展中国家，仍可根据条件进行试验和探索前进。消极等待和按兵不动，均将坐失良机。所谓事在人为，关键是制定好经济战略和科技战略，使我们在迎接挑战中有明确的方向和道路。

还有必要指出，在实现第二次现代化或为其实现做准备的过程中，不可忽视原有传统产业的更新、改造。从世界经济来看，实际上，财富500强从1954年创办至今，一直是旧经济企业领先。通用汽车公司曾创下连续20年和15年雄踞榜首的奇迹。旧经济的能源企业中的佼佼者埃克森·美孚，更是一举赶超通用汽车和沃尔玛，成为500强的龙头老大。[24]领航新经济的比尔·盖茨发现旧经济仍然有利可图，尽管他在技术方面见解甚高，但他看到了在旧经济中投资的需要。[25]

三、人类第二次现代化在逐步实现中

尽管知识经济、新经济等已成为当今世界的热门话题，但就全世界的现状而言，还远不能认为现在已经是知识经济社会或已经全面实现第二次现代化了。即使在少数发达国家，也没有达到完全彻底的程度。说是初见端倪、处于萌芽状态或起步阶段，均无不可。应当肯定的是，人类第二次现代化的问题已提上议事日程，开始见诸行动，并在逐步实现之中。

在时间预测上，目前尚无一致准确的意见。关于知识经济达到真正成熟全盛的时期，至少需要20年的预测，看来一点也不保守。由于第一次现代化的"尾巴"还很长、很大，有待经历较长的时间完全是意料之中的事。可是，无论具体情况如何，知识经济已开始进入实际经济生活，其特有的发展规律已展现在世人面前，则属有目共睹，其中不乏人们的直接接触和亲身体验或感受。

以发展知识经济为标志的第二次现代化，反映于知识管理的推行。上述接触、体验或感受，莫不通过管理而来。众所周知，美国的知识经济存在着明显的发展势头，在管理实践中有不少倾向、做法或措施很快就影响到别的国家和地区，被仿效或采用。下面举两个不久以前的例子。

(1) 关于在美国感受知识经济。美国的知识经济已润物细无声，可感可知可行，具有很强的现实感。金领阶层的出现是知识经济的必然产物。美国未来学家预言：控制与掌握电脑网络的人就是人类未来命运的主宰！[26]这里的"金领"之说，指的是美国250个职业中名列第一的电脑软件工程师一族，以区别于惯称文职人员为"白领"和体力劳动者为"蓝领"。金领阶层的工资高，成为知识经济时代的宠儿。"知识经济的兴起

是一场无声的革命,它对社会成员的生存状态、生活质量产生着深刻影响。"因而理所当然的是:"人才市场的供不应求,财富和地位的诱惑,使电脑专业成为最热门的专业,年轻人的首选。"学电脑热在别的国家和地区也方兴未艾。再说,"知识经济社会是个学习的社会……世界上64%的财富依赖于人力资本。企业的经济效益越来越取决于知识创新。……教育不再是消费性投资,而是生产性投资"。现在教育越来越受到重视,自非偶然。

(2) 关于美国公众生活中的新经济。"知识经济绝不仅仅是国家开发高技术庞大计划的壮举,作为一个时代的变化,其最深刻之处并不在政府的行为,而在于公众经济生活中所发生的变化。"[27]①从旅店看新经济:磁性门卡代替了钥匙,需要牙刷等通知服务员送去,如愿多次使用毛巾等可不更换,环保组织将宣传做到宾馆等,以上这些节约资源保护的观念和措施,符合知识经济时代的科学消费要求。②从餐饮看新经济:自助冷餐省钱、方便、合个人口味;分类按量计价,避免暴饮暴食损害健康和食品浪费。③美国大学的变化:学生更知识化、教授研究更实际化、教授联系网络化、不同地区大学水平趋于接近。④美国的普通教育:欧洲中学教师总体水平比美国高,盲目对美国知识经济发展乐观没有道理。⑤从图书馆看信息网络:"有这样的图书馆,有这样的信息网络,有这样的图书馆工作人员,什么样的学问做不出来?"⑥促进知识经济发展的社会措施:除教育方面外,降低书籍税鼓励公众读书、高清晰度电视机降价、促进大学均衡发展等。

从以上两个例子可以看出知识经济的发展所涉及的方方面面。其中很多对我们颇有启发,有的值得参考借鉴,有的我们已经在做了。我们应该有信心在加快完成第一次现代化的同时,积极准备迎接和进行第二次现代化。当然,我们要做的事情很多,应分轻重缓急。优先考虑的,必须是当务之急和重中之重。

一是认真调整传统产业结构,加大知识的注入,并且要不断地进行,以期逐步提升,向知识经济接近、靠拢。不能抱残守缺、安于现状,要"以不变应万变"。人们惯以"搭车"来比譬,赶不上趟的光景和况味可想而知。

二是巩固发展基础,在各方面创造和提供较好的发展条件和环境,以期真正稳定提高劳动生产率。竞争实力集中体现于此,任何搞花架子和发空议论，均将无济于事，而且还会发生延误，错过或坐失良机。

三是加强科技研究开发，明确依靠科技进步，发展新兴产业，致力于知识创新，勿忘进行管理创新。应密切注意知识管理的兴起，重视提高对智力资本的管理能力。后者已越来越明显地表现为知识经济竞争力的决定因素。

四是大力发展信息产业，以期带动和推进整个经济的加快发展。许多实行第二次现代化建设的历史经验，已经证明是这样。所谓"数字鸿沟"，实际上就是信息富有地区和信息贫乏地区之间所存在的差距。前者获益，后者不利。

五是培育国内市场，降低对国际市场的依赖程度。这对大国来说，更加重要。前几年的东南亚金融危机的教训，应当记取。那是同知识经济的挑战有关的，因为东南亚国家的知识经济既不能与发达国家相比，又很依赖国际市场。

六是政府在发展经济中的重要作用，应充分发挥。上面刚提到的"数字鸿沟"，如希望缩短或消除，关键在于教育。[28]信息产业正在成为规模最大、渗透性最强的战略性产业，但需要政府引导和在发展战略上由国家主导。[29]

值得注意的是，"信息技术与'新经济'之间有密不可分的关系，它对'新经济'的催生作用几乎得到了各方面专家一致的认可"[30]。"新经济"现象已充分表明，一个国家或地区经济增长的快慢，取决于这个国家或地区信息技术的普及程度及其运用效率。在正确面对"新经济"现象的挑战之余，发展中国家或地区应积极发挥其后发优势，利用好"新经济"所带来的机遇。[31]

第三节　非知识经济应为实施知识管理做准备

一个不言而喻的事实是，知识经济是从非知识经济发展而来；同时，知识管理的实施是为了适应发展知识经济的需要。因此，在知识经济出现以前，知识管理也无从谈起。可是，在知识经济已经开始发展和知识管理已经在运作之中的情况下，非知识经济不仅可以而且应该为转变或过渡到知识经济做准备，也就必须为实施知识管理做准备。在准备过程中，有些有"催生"作用和适宜提前采取的方法、措施之类，将有助于加快经济发展。这正是前面提到的一种有利条件,即非知识经济所能利用的后发优势。

一、经济形态的转变不是一个整齐划一的过程

在人类社会发展的历史中,经济形态的转变,从来不是一声令下,一个早上一蹴而就的。它总要经历一个漫长的在有的国家或地区甚至是更为长久的过程。一个国家或地区如此,在全世界范围内更加如此。眼前的事实是,第二次现代化局部地区已经开始和正在深化,而许多国家或地区的第一次现代化还远没有完成和需要继续努力。

经济形态的转变,还有一个明显的特点,就是并非立即弃旧图新,而是逐步以新带旧。例如,从农业时代过渡到工业时代,农业没有被"消灭"掉,只是工业比重大大增加,又以工业化的方法和精神影响、改造、更新农业,使工业时代的农业大为变样。其中包括分享了科技进步的效益、促成了农业的现代化。事实上,就世界范围(即不局限于一个国家或地区)来说,没有工业现代化,便无从实现农业现代化。但同时应清醒地看到,工业的发展也离不开农业的支持和配合。因为发展工业需要原料、产品的市场和生产的资金等,其中主要或很多与农业有直接或间接联系。为此,在积极或重点发展工业之际,仍不可忽视或放松农业。尤其是在较大的发展中国家,不注意协调发展,将导致顾此失彼、不能自主的困窘和被动局面的出现。

放眼全球,人类社会还远没有全部实现第一次现代化,即由农业时代进入工业时代,不仅进展缓慢和很不平衡,而且部分国家有倒退现象,也就是更加贫穷、落后。前已述及的权威统计数字表明,在最近 30 年以来,富国同穷国之间的差距并未逐渐缩小,反而愈来愈趋扩大。在发展道路上明显滞后的不发达国家为数不是有所减少,而是令人惊异地增加了几乎一倍。具体情况是,由 1971 年的 25 个增加到 2001 年的 49 个。这新增加的 24 个,当然无疑都是从原来的发展中国家退变而来。

从表面上观察,不发达国家的教育和卫生水平都比较低,其实都受经济发展状况的影响。这些国家年人均收入低于 1087 美元,月人均收入不到 91 美元。通常是经济缺乏多样化,完全依靠单一的原材料出口,当国际市场原材料产品的价格下降时,其外汇收入便大幅度减少。依赖外援为唯一发展手段,外援数额急剧减少时问题就显得突出和严重。在 20 世纪

90年代，这种援助已减少了一半多。发达国家对不发达国家除迟迟不肯减免债务和吝于提供发展援助外，"最糟糕的是它们承诺降低南方国家的关税，但却保留了不发达国家唯一可以与发达国家竞争的纺织和农产品的税率。……直到2009年，作为不发达国家三种基本出口产品的糖、大米和香蕉一样也不会得到免税"[32]。值得注意的是，这些未能减免税的，都与农业有关。这些国家的处境不应被世界发展所遗忘。

为了防止不发达国家总数的继续增加并让现有不发达国家的社会经济有所改进，一方面要使发展中国家保持正常、健康发展势头，不致落伍；另一方面要使不发达国家或地区跟上和适应时代潮流，不能拉大差距。在这方面，一些有关的发达国家，是否抱正确的、负责的态度，对情况会不会好转或恶化的影响也很显著。例如，根据1990年签署的协议，发达国家将向贫穷国家提供占国内生产总值0.2%的援助；但至2001年5月，仅有瑞典、卢森堡、荷兰、丹麦和挪威等五个国家履行了这一承诺。[33]可见，雪中送炭者不多，而雪上加霜者却可能不少。

应当看到和必须指出，发展中国家内部的经济发展，也存在不平衡状态，即既有较发达地区，也有欠发达地区。各国正努力使后者的情况得到改善。我国致力于实行开发大西北的计划，便是一个很好的例子。不仅如此，对于其他后进地区，尤其是少数民族地区，国家高度重视和积极帮助提高其发展水平，并已取得有目共睹的明显效果。如西藏地区，国际公正舆论报道："尽管有人企图回到过去的时代，西藏自治区半个世纪来坚定地走上了现代化的道路，过去多少世纪的中世纪黑暗已被抛在后面。……在跨进新千年之际，西藏的农业生产大部分已经实现机械化，已经修建了新的公路，工业化水平在不断提高，农奴早已不复存在，成千上万的青少年成为学生。但是，西藏人民还面临着与地理条件和落后毫无关系的困难，美国和其他西方国家利用达赖喇嘛煽动分裂和制造不稳定，中国政府不久前再一次揭露了它们的企图。"[34]

说回到经济形态的转变，它不是一个整齐划一的过程，由工业社会过渡到知识社会或知识经济时代，情况也大致是这样。即使是在最发达的国家，也并非立即完全改观。一个可以理解的基本事实是，新经济发展仍然需要旧经济的配合和支持。如果后者顿然失去生机活力，前者的发展也会处于不利地位。从美国传统产业依然生机勃勃，就足以说明这一点。"经济学家说，尽管制造和技术行业出现10年来最严重的滑坡，但美国经济还未陷入衰退的一个重要原因是,像赖特所在公司这样的传统产业保持着勃勃生机。……像石油服务公司这样的旧经济支柱不断产生新的岗位,使经济得以保持增长,尽管是微弱的增长。"⑮

就不发达国家和发展中国家而言,知识经济既带来机遇,也面临挑战。因为存在进行跨越式发展的可能,使第一次现代化和第二次现代化之间,可以部分提前或交叉并举。但是,必须慎重和妥善制定经济发展战略和与之相适应的科技发展战略。特别是在农业尚不稳固和基础工业还相对薄弱等条件下,应注意协调发展,减少由于顾此失彼所造成的矛盾。

二、在知识经济的影响和带动下非知识经济有可能加快发展

由于时代背景发生了变化,在知识经济萌芽和开始发展的趋势和条件下,其对非知识经济所产生的影响和所起的带动作用显而易见。因此,后者的发展有很多新的有利因素,有可能使进程比过去大大加快。

但是,这种大大加快是仅就非知识经济自身的发展而言。若与知识经济发展的情况联系起来进行考察,则又有不同的景象。因为后者对于高新尖端技术的开发和利用,有更好的条件和更大的积极性,其发展速度也更快。也就是说,两者之间存在继续拉大差距的可能性,并且已经出现这样的事实。

试以信息技术为例。它与"新经济"之间的关系,已经达到密不可分的程度。"它对'新经济'的催生作用几乎得到了各方面专家一致的认可。……'新经济'现象表明:一个国家的经济增长快慢,取决于这个国家信息技术的普及程度及其运用效率。……据联合国的统计,世界上93%的因特网用户在富裕国家。"⑯这种富国现象,也表明了在信息技术方面的差距。人们常说的"数字鸿沟",实际上就是指的这种情况。

据有关资料介绍,"数字鸿沟的英文为 Digital Divide。这个概念最早是由 Markle 基金会的名誉总裁 Lloyd Morrisett 于 20 世纪 90 年代提出。他提出,在信息富有的地方和信息贫穷的地方存在着一道'信息鸿沟'"⑰。这是一个世界性问题。联合国的一份报告指出:"富国在知识集中的过程中,通过创造优势夺取全球市场份额,进行大规模产业重组来获取先行者利益,而大多数发展中国家却处在信息贫穷中。"⑱这不是什么推理,而是世人所面对着的现实。

关于如何消除这个"数字鸿沟"的问题,舆论已经显示应予关注。

认为消除或至少是缩短这道鸿沟的关键在于教育，无疑是具有较强的针对性的。"信息的获取、传输、处理和应用能力正在作为人们的基本素质之一，并直接影响综合国力与国际竞争力。弥合信息技术基础教育的'数字鸿沟'，需要全社会的共同努力。"[39]诚然，全社会都必须高度重视这个重要问题和做出尽可能的贡献。但与此同时，还要认真和切实把握"新经济"现象为发展中国家发挥后发优势所创造的历史机遇。

目前，知识型产业已表现为最富有活力的经济增长点。我们应当做出正确回答的是："面对'新经济'现象，面对当前科技活动80%集中在发达国家的现实，我国作为发展中国家如何应付？"[40]在充分利用和发挥后发优势中，我们可以在能够赶和超的领域或项目方面，做出明智的选择。

例如，仅在2001年5月间，法国报纸即不止一次地发表文章，谈到中国电子领域或电子产业的状况。其标题中所用"不安"或者"头疼"字样，无非说明中国在这方面已具有较大的优势或较强的竞争力。一位在东京经商的法国商人说："没有自然资源的日本意识到，中国不仅是一个有廉价劳动力的国家，而且在电子领域正在成为一个可怕的竞争对手，在吸引外资方面也正在成为一个严肃的竞争者。"[41]在另外一篇稍后的法国报纸文章中，提到一位香港的经济学家最近在《纽约时报》的专栏文章中指出："10年之后，中国将成为信息技术产品的主要生产国。"该文紧接着写道："换句话说，中华人民共和国将在数码信息交换领域占有优势地位。在中美关系低迷的时候，这个警告出现在一家美国刊物上不足为奇，但却反映出一种趋势。"

上述趋势的背景是："长期以来，台湾一直是向西方提供信息技术产品的中心。而如今，大部分台湾电子企业将工厂移向大陆。"[42]对此，许多人感到吃惊。"某些人自我安慰说，人才毕竟都在西方这一边。但不要忘了，中国大学培养的信息技术工程师并不比西方的差。相关部门应懂得必须使自己的供货渠道多样化。它如今更强调使用Linux操作系统，而不愿意过分地依赖美国微软公司的系统。"[43]

这叫作旁观者清。当然，最主要和最重要的，还是靠我们自己审时度势，拿定主意和采取行动。仍就信息产业而论，它正在成为规模最为可观和渗透性最强的具有战略性的支柱产业。以信息技术为基础和以国际互联网为载体的网络经济，既有相对独立的特定内涵，同时又对传统经济起着日益深刻的积极影响；既是现代化的重要内容，同时又对实现现代化提出了新的目标和途径。[44]在这方面,虽然与发达国家和地区相比还存在着较大的差距,但从以下几点来看,基本形势是好的:"一是电子信息基础设施建设已经具有相当的规模。固定电话网络规模居世界第二位,移动电话第三位,广播电视网成为世界第一大网。二是计算机软硬件已经具备了相当的能力。三是电子商务自1996年2月起步以来发展迅速。四是网上银行业务开局良好。五是网络中介服务正在健康起步。网络经济的发展,将为实现我国经济发展战略目标注入新的活力;为我国经济结构的调整做出历史性贡献;为我国经济管理体制和经济运行机制的创新起到催生作用;为我国的网络技术进步提出新的要求;为发挥我国的'后发优势'提供历史条件。"[45]这最后一点,正是我们"画龙"所要点的"睛"。

三、择善而从和选优先用

所谓利用和发挥后发优势,就是在已经存在和显现的众多先进思想理论、实践经验、技术体制、方式方法、新鲜事物等等之中,发展中国家和地区可以根据自身的具体情况,经过比较决定择善而从和选优先用,避免重走老路和多走弯路。

构成后发优势的内容丰富,领域和方面很广。其中既有单项成果,可以相对独立地加以采用;也有综合、成套设施以及体制之类,需要创造条件和做好准备以后,才能全面运作。前者较为简易,如在穷乡僻壤虽文盲或半文盲者用上最新潮的移动电话已属司空见惯;后者则有待下些功夫,进行学习、研究、探索、试验、调整、适应,以期能熟练地掌握和有创造性地付诸实施。这里要着重探讨的,也正是关于后者的一些问题。

诚如以上所说,可供选择的后发优势很多。但既无必要也不可能全面和详尽列举、讨论。以下试就择善而从和选优先用各举一例,以窥一斑。

先说关于择善而从。例如,正确认识和对待科学技术是第一生产力的问题,坚定不移地和全力以赴地落实科教兴国的战略方针,切实保证可持续发展。江泽民《在中国科协第六次全国代表大会上的讲话》(以下简称"《讲话》")中指出:"科学精神是人们科学文化素质的灵魂。它不仅可以激励人们学习、掌握和应用科学,鼓舞人们不断在科学的道路上登攀前进,而且对树立正确的世界观、人生观、价值观,掌握科学的工作方式和方法,做好经济、政治、文化等方面的领导工作和管理工作,也具有重要的意义。"[46]我们全国上下,就是必须提倡、尊重科学精神,认真按科学精神办事。无论改革、开放、建设、发展，都应当如此。

《讲话》全文虽然不长，但是抓住要点，非常中肯，很值得深入学习和领会。在谈到科学技术工作是党和国家工作大局的重要组成部分时，重点论述和强调了如下三方面的原则要求："一要依靠科技创新，实现生产力发展的跨越。以信息科技和生命科技为核心的现代科学技术的不断发展和产业化，正在对各国综合国力的提高与竞争产生深刻的影响，也为我国通过科学技术突破实现跨越式发展提供了机遇。二要鼓励原始性创新，努力攀登世界科学高峰。原始性创新孕育着科学技术质的变化和发展，是一个民族对人类文明进步做出贡献的重要体现，也是当今世界科技竞争的制高点。三要弘扬科学精神，努力提高全民族的科学文化素质。一个国家人民的思想道德和科学文化素质如何，从根本上决定着其综合国力和国际竞争力的提高。科学素质的高低，对人们利用知识、进行科学思维和提高科技创新能力，对社会生产力和精神文化的发展，有着深刻的影响。"[47]

看来，上述三点要求之间，有着密切的内在和有机联系。实现跨越式发展依靠什么？没有或很少原始性创新，便只能停留于低水平或只能跟在别人后面。不提高全民族的科学文化素质，就难以达到水涨船高的境界。总之，"我们必须敏锐地把握当今科学技术发展的大势，充分估计未来科学技术发展对人类社会的巨大意义，增强紧迫感和忧患意识，瞄准世界科技的先进水平，紧密结合我国发展的实际要求，奋起直追，锐意进取，努力开创我国科技事业蓬勃发展的新局面[48]"。这是建设有中国特色社会主义，加快完成第一次现代化和实现第二次现代化，以及中华民族伟大复兴的必由之路。

再说关于选优先用。例如，深刻理解管理水平对发展速度和质量的影响，密切注意管理领域的最新动态和发展趋势，力求吃透其精神实质，及时用于管理改革。发展知识经济需要实施知识管理，是前已述及和众所周知的事。伴随知识经济的发展，知识管理也不再停留在概念阶段。但这并不等于说，知识管理中的某些原理、原则和有利于发展的某些具体要求，在非知识经济中不能及时"提前"参考借鉴或直接援引、试用。应当认为，在考虑实行跨越式发展之际，是包括了与之相适应的管理方面的有关情况的。如果不是这样，必然会出现格格不入或难以顺畅的现象。

譬如前面谈到的信息技术在经济发展中的作用，倘若在管理方面配合不好，就一定会影响效果。实践表明："长期以来，在信息化建设方面，国内企业在生产信息系统和管理信息系统之间一直存在着不平衡的状况。无论是……都采用了先进的信息技术，但企事业机构仍然感到企业信息化程度不足，原因就是管理系统跟不上。……企业的管理系统离不开'知识管理'。"[49]

这里没有言之过早的情况。"办公自动化和电子协作系统等建立在企业网络基础上的管理应用系统，都亟待向更深度应用的方面发展，这个深度就是知识管理。"[50]可见，这是一种发展趋势，如水到渠成，是形势使然，而不是生搬硬套的结果。

问题也许在于国内企业是否已具备了实施"知识管理"的基本条件呢？回答可能很难一致，但不妨听听倾向肯定的意见，再对照对照事实。"从办公、因特网和企业培训这三个方面不难看出，目前企业的信息技术应用正在日益广泛化，为企业开展知识管理提供了必要的基础。……从硬件环境上看，国内许多企业已经具备了知识管理的基础。……最近CISCO（思科）公司宣布，中国市场已经成为CISCO全球第四大市场，这说明国内企业用户的网络基础设施已经达到一定的国际水平。"[51]

至于知识管理有些什么内容、如何具体运作，以及应该循序渐进等等，以后还有机会探讨，这里暂不展开。

思考题：

1. 怎样理解知识管理是一种新型的管理？为什么发展知识经济必须施知识管理？

2. 何谓第二次现代化？在第一次现代化未完成的情况下如何对待第二次现代化？

3. 非知识经济为何应为实施知识管理早做准备？

注释：

① 参见世澎《西方管理理论发展新趋势》，载澳门《华侨报》2001年4月17日。

② [美]查尔斯·M. 萨维奇：《第五代管理》（修订版），谢强华等译，珠海出版社1998年版，第153～163页。

③ 参见乌家培《未来管理五大趋势》，载《光明日报》1999年5月5日第11版。

④ 赛勒斯·弗赖德海姆：《万亿美元的企业——企业联盟的革命将如何转变全球工商业》，顾建光译，上海译文出版社2001年版，第158、第159页。

⑤参见金吾伦《知识管理——知识社会的新管理模式》,云南人民出版社 2001 年版,第 22～24 页,原注释从略。

⑥斯特凡·洛特曼、克里斯蒂娜·博尔社安:《必须更好地开发企业里现有的知识》,载德国《法兰克福汇报》1998 年 10 月 26 日。

⑦金宽宏:《知识管理走过来》,载《行政人事管理》1999 年第 11 期。

⑧[美]托马斯·H. 达文波特、[瑞士]唐纳德·A. 马钱德:《知识管理仅仅是出色的信息管理吗?》,载英国《金融时报》1999 年 3 月 8 日。

⑨参见《迎接知识经济》,载美国《福布斯》杂志 1998 年 4 月 22 日。

⑩⑪参见[日]山崎秀夫《通过知识管理来提高经营效率》,载《日本工业新闻》1999 年 7 月 2 日。

⑫参见庞跃辉《论知识经济时代企业管理模式变革》,载《岭南学刊》1999 年第 6 期。

⑬克里斯托弗·A. 巴特利特、萨曼特·高歇尔:《个性化的公司》,江苏人民出版社 1999 年版,第 8 页。

⑭苏雨恒:《知识时代的脉搏 中华民族的强音——"第二次现代化丛书"编后感》,载《中华读书报》1999 年 9 月 8 日第 7 版。

⑮三书著者,按顺序分别为何传启、张凤与何传启、霍明远。出处见《中华读书报》1999 年 9 月 8 日第 7 版。

⑯参见何传启《第二次现代化——人类文明进程的启示》第二篇,高等教育出版社 1999 年版。

⑰据法新社曼谷 2000 年 2 月 12 日电。

⑱据美联社曼谷 2000 年 2 月 12 日电。

⑲据法新社曼谷 2000 年 2 月 13 日电。

⑳据法新社罗马 2000 年 2 月 16 日电。

㉑据埃菲社罗马 2000 年 2 月 16 日电。

㉒参见[日]竹冈伦示《中国仍需与贫困做斗争》,载《日本经济新闻》2000 年 5 月 23 日。

㉓参见何传启《第二次现代化——人类文明进程的启示》第三篇,高等教育出版社 1999 年版。

㉔参见《财富 500 强,旧经济企业依然领先》,载《光明日报》2001 年 5 月 9 日 C1 版。

㉕参见丽贝卡·巴克曼《比尔·盖茨发现旧经济仍然有利可图》,载香港《亚洲华尔街日报》2001 年 5 月 2 日。

㉖参见张萼《在美国感受知识经济》,载《书摘》1999 年第 7 期,原注摘自《现代交际》1999 年第 3 期。

㉗吴季松：《美国公众生活中的新经济》，载《书摘》1999 年第 11 期，原注摘自《东方经济》1999 年第 7 期。

㉘㉙参见高赛《消除"数字鸿沟"关键在教育》，载《光明日报》2001 年 5 月 9 日 C2 版。

㉚㉛㊱㊵参见金振蓉《高技术产业催生"新经济"现象》，载《光明日报》2001 年 5 月 14 日 B1 版。

㉜㉝《为什么贫穷国家得不到发展》，载西班牙《世界报》2001 年 5 月 14 日。

㉞阿尔弗雷多·皮埃拉：《西藏：世界屋脊上的巨变》，据拉美社北京 2001 年 6 月 9 日电。

㉟帕特里斯·希尔：《传统产业仍在拓募雇员》，载美国《华盛顿时报》2001 年 4 月 9 日。

㊲㊳李青：《何谓数字鸿沟》，载《光明日报》2001 年 5 月 16 日 C1 版"小资料"栏。

㊶《中国龙使日本感到极端不安》，载法国《解放报》2001 年 5 月 9 日。

㊷㊸《中国令西方人头疼》，载法国《国际信使报》2001 年 5 月 29 日。

㊹㊺参见董兆祥、李微微、龚莉《网络经济促进中国现代化》，载《光明日报》2000 年 9 月 27 日。

㊻㊼㊽江泽民：《在中国科协第六次全国代表大会上的讲话》（2001 年 6 月 22 日），转引自《光明日报》2001 年 6 月 23 日 A1、A2 版。

㊾㊿51秦歌：《网络经济时代企业需要"知识管理"》，载《光明日报》2001 年 5 月 9 日 C2 版。

第四章　知识管理是以人为本的管理

内容提要　根据知识管理是一种新型管理的性质和特点，知识管理是以人为本的管理。它对管理者的素质要求更高，因为管理对象主要是知识型员工。人本实际上是能本、智本，所以人力资源的开发和管理尤其重要。在具体运作中，人才的需求和争夺显得非常突出。

关于知识管理是以人为本的管理这一说法，中外管理学界虽已流传较广，但仍有不同的意见。如认为人并非泛指，应突出能人、智者等才符合实际。既属言之成理，一般也正是这样理解的。有人指出，不要把以人为本的管理变成实行人治。这也是一种有益的提醒，不可忽视依法管理是重要原则。本章将从关于知识管理中的管理者和管理对象的探讨开始，然后分别专题集中探讨人力资源的开发与管理、人才的需求与争夺。其中包括对与传统人事管理区别的分析，以及关于国内、国际人才争夺概况的介绍等。

第一节　知识管理中的管理者和管理对象

任何一种管理，无不包括管理者和管理对象。他们在很大的程度上，反映了管理的性质、内容和特点。知识管理是为发展知识经济服务的，其性质、内容和特点，集中体现于"知识"二字。由于管理对象是作为知识载体的人，也可以说主要是或几乎是各种知识分子，所以对管理者不得不提出不同的和较高的要求；同时，这一新型的管理问世不久，还缺乏成熟的经验，因而更要求努力创新。

一、时代要求高素质的管理者

随着经济的发展和社会的进步，不同的时代对管理者的素质有越来越高的要求。抚今思昔，展望未来，这是一个必然的趋势。总的来看，是由简单到复杂,由低水平到高水平。在农业时代,管理实践无疑是早已有之,但在漫长的历史时期中,还迟迟没有把它当作一个专门学科来研究。直到工业时代,管理学才逐步从萌芽状态发展成为新兴学科,受到普遍重视。在知识经济兴起以前,管理学领域已经是学派林立,有"理论丛林"之称。无论是什么理论体系,不可避免的是或多或少都有关于管理者应具备的条件的讨论。

那么,在知识管理中对管理者素质的要求怎样呢?要回答这个问题,还得从发展知识经济要求知识管理做些什么和怎么做说起。这不必重复前面已介绍过的有关情况,着重探讨的是从管理角度来看问题。

就已经举行的两届全球知识大会来观察,"如果说第一届大会人们还在讨论知识对发展的作用,那么,第二届全球知识大会已经完全变成了一个行动的大会。大会的主题就是'建设知识社会——疏通信息和知识的传播渠道,增强运用能力,建立管理体系'"[1]。建立管理体系是三个主题的最后一个,也可以理解为疏通传播渠道和增强应用能力的任务。要通过管理体系来实现,当然还包括创造和交流管理经验以及提供教育和培训等内容。因此,对管理者的素质要求,不能仅仅是粗线条地有些印象。

有"一代管理学宗师"之称,甚至被称为"大师中的大师"的美国的彼得·德鲁克(或译为杜拉克)教授,早即预言,"未来的企业组织将不再是一种金字塔式的等级制结构,而会逐步向扁平式结构演进。企业组织内部成员间的关系将是一种平等的伙伴式的关系"。他紧接着解释道:"在这一社会中,知识虽不是唯一的资源,但肯定是一种最主要的资源。作为这种资源的载体,知识工人与组织的关系将呈现出一种新形式。"[2]用扁平式结构取代等级制结构和成员间平等的伙伴式的关系,表明未来管理者的地位作用、思想态度、方法作风等方面都必须发生相应的变化。

除原则地论述了以上的基本情况以外,德鲁克教授还进一步具体指出,在社会演变的过程中,企业管理者,尤其是高层管理者所面临的巨大挑战,那就是:"未来的管理所采取的形式可能与今日的大不相同,管理的约束条件、控制手段、结构、权力以及管理术语,都有可能发生巨大的变化。"他认为,"无论是企业组织还是非营利机构,其领导者首先要明确其组织存在的基础是什么,即独特的'事业理论'(The Theory of Business)是什么。……其次,在企业领导的经营决策方面……不管……计算机信息处理技术如何先进,它都不可能取代管理者的决策行为,都只能是一种管理工具。……再次,在管理效益评估方面……'盈亏'可以衡量企业的效益,而不是管理的效益"③。管理者应明确的事项、要重视决策行为和管理的效益,是对管理者要求的几个主要之点。

由于直接关系到管理者的素质问题,我们很有必要对上面所提到的"事业理论"、决策行为中的有效决策和管理效益的衡量等三个方面有所了解。

首先是关于"事业理论",一般由三种假设构成,即"组织对其所处环境的假设;组织对其特殊使命的假设;组织对其完成使命所需的核心能力的假设。这三个假设是否与现实社会的发展趋势相吻合,是否能互相匹配,是否能为每个组织成员了解和理解,是否能得到经常测试,是影响一个组织的行为、决策及其所得回报的关键所在"④。这就是组织存在的基础。如果对这三种假设全然无知或不甚了了,管理的效果也可想而知。

其次是关于决策行为中的有效决策。信息处理技术虽然只是一种管理工具,但信息全面、准确与否将极大地影响企业决策。因此,有效决策者应根据四个方面的信息进行决策,即"企业经营的基础信息、生产性信息、能力信息以及资源分配信息"⑤。这一点非常重要,绝不可因工具不能取代决策而对工具掉以轻心。实践充分证明,决策上的失误常是信息失灵所造成。缺乏信息固然难以决策,对信息不善于分析、利用也未必能进行有效决策。

最后是关于管理效益的衡量。"管理的效益可以从企业的资本分配效益、人事决策效益、创新效益以及经营战略的效益等四个方面进行衡量。一个企业的未来,主要由当前的四个领域的管理效益所决定。"与此相联系的是,德鲁克教授对管理问题的思考有两个特征:"其一是从社会、历史的高度去俯瞰和分析组织及组织管理的变迁。……避免了一叶遮目的狭隘视野,而且能够正确预测管理变化的方向。另一个特征就是其经验分析法。……总是从企业管理的实际出发……通过分析概括和理论升华后,……提供实际的建议。"⑥

上述种种,虽然都是针对企业管理而发,但对所有各种管理领域的管理者,特别是高层管理者而言,也都很有启发,因而很有普遍意义。现在,管理者素质的作用突出,已经在世界范围内达成共识。新的时代对管理者素质提出更高的要求,是应有之义。知识管理中的管理者素质要高,也就不言而喻。

2000年是国家确定的企业"管理年",当时管理学界有人提出:"企业管理离现代水平有多远""提高管理水平:各方面做好准备了吗"等问题,认为:"随着加入WTO的临近,我国企业大规模采用现代化管理技术改造传统生产方式已成为一种大趋势。"否则,"如果眼下在国内还算著名的企业,不紧紧搭上现代化管理这趟快车,那么,在加入WTO后的下一轮国际竞争中,就有可能名落孙山"[7]。这可不是危言耸听。

二、管理对象是知识型员工

在前面刚引用过的关于介绍德鲁克管理学说的文章中,还提到一些与管理对象有关的情况。"德鲁克教授早在20世纪50年代中期就首先提出了'知识工作者'这一概念。40年后的今天,知识工作者已逐步发展成为现代社会中的一个新兴阶层,成为企业组织上的一个特殊团体。"因而,"在这一社会中,具有较高社会地位、高收入的知识工人与普通员工间的关系也会趋于紧张。如何解决……将会成为人类社会和各种组织共同面临的重大课题"[8]。在管理对象尚非都是知识型员工,或即使是以知识型员工为主的环境中,这也仍是有待妥善解决的一个重大课题。

当我们说知识管理是以人为本的管理的时候,这个"人"就是指知识型的人。在人力资源的开发中,也是力求开发出那些出类拔萃的佼佼者。"在现代社会中,'知识型劳动者'的任务就是使科学知识变为'可以使用的知识'。这种发展的新意就在于智力型劳动所要求的工作岗位大量增加,而那些对知识能力要求不高的工作岗位的数量则急剧减少。结果是,从事物质生产和物资交流工作的人数大大减少。"[9]这将是一个必然的发展趋势。

人类正在走向知识社会。在知识劳动的时代,现在每五年可以利用的知识就会翻一番。"人们可以把知识定义为'行动的能力'或者使某事'进行的'可能性。因此,科学和技术知识在现代社会中所起的特殊作用……产生于下述事实,即知识每时每刻都在提供新的行动可能性。"[10]这就有两方面的问题需要考虑和解决:一是要有可以利用的知识,即知识的获取和创新;二是要能把行动的可能性或行动的能力转化为实际行动。两方面都要有较高的积极主动性,对于求知和行动没有兴趣,便无从或难以发生作用。我国古语有云:"非不为也,是不能也。"无知无识就无能为力。又云:"非不能也,是不为也。"有力不用等于无力。因此,如何对知识型员工进行有效的管理，是一项崭新的、颇具革命性的任务。

说起革命，国际专家们对现代文明正经历着的一场大革命提出许多名称，如后工业革命、后资本主义革命、超工业革命或第三次浪潮、科学技术革命、空间革命、电子革命、生物革命、生态革命、信息革命或知识革命等等。"这场已经开始的革命将以人类自身的技能、智力及其交流变化的能力为中心。它是一场智力的革命。……人们将不再以拥有的土地和钱财而是以知识的多少论贫富。"[11]如此说来，假如知识的价值不能充分体现，这场智力革命的来势就不会很猛，而事实是知识的价值正空前和继续提高。

可见，在知识管理中，处理好诸如此类的问题需要认真研究、总结。不能率由旧章按老一套人事管理的观念和方法办事，必须着眼和着力于革新、创新。完全可以认为，这方面的工作做得如何，对于知识经济的发展所起的是决定性的作用。

举例来说，在传统的人事管理中也注意对员工运用激励手段，肯定和表彰成绩，以调动其工作积极性。但对知识员工的激励，有由较重视物质刺激向增加精神奖励比重的趋势。"美国管理学者玛汉坦姆普在研究中发现，员工对激励方式的个体偏好顺序为：个体成长，占 33.74%；工作自主，占 30.51%；业务成就，占 28.69%；金钱财富，占 7.07%。"[12]这表明，对于知识型员工物质奖励的作用已不是很强，而要加强的是注重个性化的方法。"针对知识型员工的特点与员工自身需求，对知识型员工的激励应该是有个性的，要根据需要'量体裁衣'，才能'投其所好'……激发其内力的爆发。"[13]

关于个性化的方法，如俗话所说，"一把钥匙开一把锁"，不仅在激励工作中可用，在其他方面如工作环境问题上，也有同样或类似的情况。环境无非是物质环境和精神环境，对知识员工都很重要。一般来说，物质环境建立较易，而精神环境建立则常非一朝一夕之功，如良好的企业文化、团队精神、人际关系等。"在个性化的工作环境中，知识型员工的激情会得到最大限度的发挥。企业要想在知识经济时代赢得竞争优势，必须充分尊重每个员工的个性，认识到尊重人的个性对员工的重要性。"[14]对于知识员工，尤忌简单粗暴、蛮横无理，意气用事有时会产生料想不到的严重后果。

负面的影响应尽可能避免，更重要的是积极努力培养和发挥团结合作的精神。是实行优势互补,还是"内耗"不休,后果显然不同。"具有合作精神的团队能最大限度地发挥人的潜力和创造性。对知识型员工的管理绝不仅仅是拥有优秀的知识型员工,或任由每个员工的'单打独干'。"⑮重要的是将个性不同的知识型员工紧密无间地团结在一起,高度默契,合作共事。这是知识管理中对知识型员工管理的一项基础性工作,或者叫基本功。

发展知识经济,非常需要实行难度极大的员工之间的知识共享和集体创新。没有和衷共济、同心协力的精神,将无法进展,或根本寸步难行。因为本书计划将在下一章即第五章专题探讨知识管理中的中心岗位——知识主管的问题,所以这里所进行的还只是一些初步议论。也就是说,后面还要继续和集中深入探讨。

总之,知识型员工不能仅被看作拥有高学历、高学位的群体。其关键或核心在于,确有真才实学和真知灼见,并能使之见诸行动、付诸实施、转化为生产力,才能取得明显效验和在竞争中不断获胜。

三、人本、能本、智本及其他

在本章开头的一段简短引言中,曾就"以人为本"谈到有不同意见,但未详及。这里打算将各有关论点大体上做些介绍,以供读者参考。

据已经接触到的文献资料来看,用"以人为本"的频率似乎较高。但有一共同之点,即解释为人才、人的知识或智慧,亦即指作为才干、能力、知识、智慧等载体的"人",而非一般的、抽象的、笼统的"人"。对此,也没有留下任何导致或有可能引起误解的余地。知识经济、知识管理突出知识是可以理解的,把知识落实到能创造知识的人同样自然。

例子不胜枚举,不妨略述一二,以资佐证。

(1) 认为网络经济以人为本。包括资金易得而人才难求、应全面考核遴选英才,以及应不拘一格招贤纳士。"对于那些在因特网时代独领风骚的公司而言,最短缺的既不是原材料,也不是资金;既不是先进技术,也不是新兴市场。让这些公司的管理者彻夜难眠的是人才的匮乏,这些人才可以为瞬息而至的未来插上想象的翅膀。"⑯对许多国际知名的大公司来说,现在把人才视为取得竞争优势的首要因素已越来越普遍,因而寻找人才已成为当务之急。

(2) 也有学者指出,随着生产力的发展,世界经济开始进入一个崭新的阶段，即以人为本的时代。"在 21 世纪初，农业是一个主要行业，占据了生产量的 3/4。到世纪末的时候，人们却看到情况正好倒过来了。农业几乎完全消失了，而现在是社会服务构成了就业的主要部分。……这种颠倒……并不是说在整个生产量中从严格意义上来说的物品生产所占的位置缩小了，而是说人对人的生产（教育、卫生等）已经取代了人对土地的生产（农业）。"⑰

以上是国际有代表性的部分言论。国内的有关论述更多，也不妨酌举数则。

（1）当有人以先进武器耀武扬威进行现代战争恫吓之际，我们的军队管理研究者仍清醒地坚持人是管理之本的观点，认为"在新的历史条件下如何发挥干部战士在管理中的主体作用，坚持管理以人为本的思想，是需要各级带兵人深刻思索、认真研究的问题"⑱，并指出：①人是管理的决定因素；②人既是管理者，也是被管理者；③一切管理对象（包括人、财、物、时间、空间、信息、战略、训练、思想、后勤、编制、装备、技术等）都受人的支配；④管理工作要以人为重点。"只有把人管好了，物质资料才能发挥最佳效益。邓小平同志曾经深刻地指出，'所谓管理得好，主要是做好人的工作'。"⑲这很符合时代精神。

（2）这是一个什么时代呢？"这是一个以人为本的时代，即经济社会的发展以人为中心，重视人的价值，人才具有举足轻重作用的时代。……得人才者得天下，古今中外，概莫能外，只是随着知识经济的发展，这种现象越来越明显了。……总之，人才是今后企业生存发展的关键，是国际综合国力较量的核心，这是以人为本时代的鲜明特征；离开了人才，就难以发展科学技术，知识经济也就无从谈起。"⑳说来说去，清楚不过，以人为本指的是以人才为本。坚持以人为本，必须树立人才资源为第一资源的观念。

（3）也有人提出从人本思想到能本思想。"伴随着知识经济时代的发展进程，人的能力日益成为现代价值体系中具有基础和主导地位的核心价值……使管理者关注的目光集中到人的能力上来，并进而形成以人的能力为核心的'能本管理'的思想。"㉑说的是人的能力，仍属于人才范畴。

（4）另有一说为从"人本主义"到"智本主义"，认为"人本主义"在工业经济时代是正确的，但到了知识经济时代，这种提法已无法反映企业的本质和指导企业的进步。体力劳动者、低智能劳动者、只接受号令动作的劳动者，在企业中不属于最重要的生产要素；只有脑力劳动者、高智能劳动者、编制号令程序创造性的劳动者，才真正成为企业最重要的生产要素、第一资源，这才是企业之本。[22]这也是言之成理和可以理解的。

（5）相近似的说法还有如认为智慧是知识经济时代之尊，这个时代最显赫的必将是智慧。[23]也有人认为，当今世界正进入"智慧家"与"资本家"平起平坐的时代，前者的大脑无疑是一座金矿。"要想在知识经济时代占有一席之地，首先需要做到的就是建立起'智慧家'与'资本家'平起平坐的人力资源开发管理模式。"[24]问题在于这两个"家"是否应该和如何实行"平起平坐"。

因此，出现关于"知本家"的一些争论是正常现象。议论的焦点之一，是以知为本还是以人为本。这一概念的提出者所做的解释是："我对'知本家'的认识简单地说是'以知识为本的人'，这里的'知识'既指资本，也指根本、基本，'知本家'既包括企业家，也包括思想家。……这个概念的意义在于：一方面把'知识经济'的核心概括出来了，知识不再是一般的资源、手段，而是内核；另一方面把知识分子从舞台边缘推向了中心。"[25]对此质疑和认为会有正面作用者均有。"争论归争论，'知本家'的面世仍有其深刻原因和现实基础……大家不能不关注这个话题。今后还会就'知本论'这一'知本家'背后的深层概念做一些基础理论的探讨。"[26]

第二节　人力资源的开发与管理

同以人为本中的"人"主要是指人才一样，通常所说的人力资源中的"人力"，也是如此。有时人们也称人才资源，一般似乎并无歧义或误解，因而不必再做什么解释。但是，与传统的人事管理相对照，人力资源的开发与管理有明显的区别，其中甚至包括有本质的或原则性的差异。作为智力资源或资本来开发与管理，在分配、职称、退休等制度上，也都要进行必要的和相应的改革。

一、人力资源开发与管理同传统人事管理的区别

在不同的社会发展阶段、不同的历史时期和经济形态中，对于人才的类型、规格、素质等的要求也不一样。"知识经济是对人才素质要求普遍

上升的经济。在未来知识经济时代，人才素质挑战将是最为严峻的。人才素质之所以严峻，来源于未来社会的变革，也就是在人类从物质经济社会发展到知识经济社会的时刻……新的职业需要更高素质的人充实就业岗位。"[27]这是千真万确的事实。

于是，人力资源的开发与管理便应运而生。对传统的人事管理来说，它可以称为新型的人事管理。由于组织目标和组织结构发生了重大变化，它与传统的人事管理存在许多差别。从比较宏观的方面来观察，二者之间的主要差别如下："①人力资源管理较人事管理视野更为开阔，打破了工人、职员的界限……除考虑'从入到出'这个管理过程外，还考虑各类人力资源之间如何以适当的比例平衡发展。②人力资源管理更带有综合性。③人力资源管理较人事管理更为丰富。④人力资源管理较人事管理更注重开发人的潜在才能。"[28]

以上属于较早期的评论，稍后有人以美国企业日益看重懂经营又有技术的管理人才为例，指出在技术和经营两个领域内都具有学历或经验的人才已变得非常受欢迎的情况。"经营主管和技术主管之间往往存在着一道鸿沟。然而，不断缩短的产品开发周期意味着经营策略与技术策略的互相结合极其重要。……问题在于，难以找到在经营和技术两方面都有经验的管理人员。"[29]用对此深有体会的一位实际工作的负责人的话来说："如果我们不把经营和技术都看作是同一项战略的组成部分，我们就无法生存。"[30]要抓住培养、训练应用性复合型人才，是人力资源开发与管理中的一个崭新课题和当前的紧迫任务之一。因为市场的需要若不能及时满足或等待得太久，便会失去机遇和竞争力。

至于人力资源开发与管理（以下简称"前者"）同传统人事管理（以下简称"后者"）的具体区别，我国一位研究者曾经进行分析，列举达12点之多，并说明还是属于主要方面的，以下是这12点的简要介绍。

(1) 前者把人、人力视为资源，最重要的资源，"第一资源"，是从事创造性智力型劳动的人；后者仅视人、人力为成本。此乃根本性区别。

(2) 前者将人、人力作为资源管理；后者将人事工作看作行政工作，属于日常人事行政事务。

(3) 前者将人力资源管理部门视为能直接带来效益和效率的生产和效益部门；后者则视人事管理部门为非生产、非效益部门。

(4) 前者以人为中心，设计出调动人的积极性的管理模式，将人力资源利用到较高水平；后者以事为中心，恪守"进、管、出"管理模式。

（5）前者的管理部门地位较高，属决策层，成为主要领导核心成员；后者属执行层，是职能部门。

（6）前者实行主动开发型有预见性的管理，瞄准发展对人力资源的需求，超前做出反应；后者常是被动反应型的"管家"式、"救火员"式的管理。

（7）前者实行开放型管理，视野广阔，注意社会人力资源开发利用，注意体脑劳动比例均衡发展；后者视野较狭隘，较多考虑微观管理，处于封闭或半封闭管理状态。

（8）前者主要任务是开发利用人力资源这一宝贵财富，重视人的能力、创造性、潜力和积极性的发挥；后者主要是为本单位招人补缺，内容简单，模式单一。

（9）前者工作重点将80%的力量用于人才管理使用、发挥潜能和人力资源发展上，20%的力量用于选择和吸引人才上；后者相应是40%或更少和60%或更多。

（10）前者注重人的潜力开发和创造力发挥的研究；后者对此认识不足，重视不够，缺乏热情，只看重管好现有的人。

（11）前者注意人力资源规划与生产，包括工作设计、形象策划、企业再造、关系协调等任务；后者主要强调职务设计、人员录用等传统管理，缺乏综合性研究探讨。

（12）前者重视高层次人力资源的开发利用和现代有关制度的建立和完善；后者在这些方面较少注意和研究。[31]

显然，人力资源开发与管理同传统人事管理的区别，主要不在名称而在于实质性的内容。倘若只改变一下部门名称，一切工作照旧，必将毫无意义。有人提出知识经济时代人事工作怎么做的问题，回答还是关于人力资源开发与管理方面的一些要点。手边正好有这样一个例子。

由于在知识经济时代，知识成为社会生产中起主导作用的要素，人的素质和能力便成为知识经济发展的根本，人才成为最关键的战略资源。人才人事工作需要树立如下几种观念："树立知识经济就是人才经济的观念。……真正做到尊重人才、发现人才、培养人才、开发人才。树立知识经济就是创新经济的观念。树立知识经济就是调动人的积极性的经济观念。"

一是加快人才市场建设,促进人才的合理流动,包括市场体系、服务功能、法制建设等。

二是完善人才激励机制、优化人才吸引环境,包括充分体现优秀人才价值、确立以保护知识产权为核心的分配机制等。[40]

对于新世纪人力资源管理新的发展趋势,也有人曾经做过尝试性的概括,主要有六个方面:①建立长期策略型人力资源政策;②实行弹性管理方式;③采取通才式的职业培训,优化组合,形成合力;④实行组织与员工共同成长的生涯管理,要使组织对员工的承诺得以实现;⑤建立成功的组织文化;⑥进行创新管理。[41]

在关于《绿色王国的亿万富翁——杂交水稻之父袁隆平》一书首发式暨研讨会的报道中,根据袁教授所做的巨大贡献及其经历的艰难历程,结语是:"深刻地揭示了科学技术世界、知识资本强国富民的道理。"[42]这是中肯之言。

二、分配、职称、退休等制度的改革

在任何一个管理领域,也无论是一种什么类型的管理,都需要有与之相适应的规章制度。知识管理当然也不能例外,问题只在于各种规章制度一定要与之相适应。缺乏的要尽快建立,已有的要力争不断改进、改革,使之逐渐趋于完备、完善。

这里不打算全面论述各种具体的规章制度,但应高度重视并充分发扬满足发展需要的精益求精的改革精神;同时,用重点举例的方法,做一些分析和探讨。

关于分配制度,应当认为是至关重要的制度之一。其影响之广及于全面,影响之深历时久远。正因为它处于这样的地位,所以这里仅提出问题,暂不展开,而安排专章(第七章)"知识管理与按生产要素分配和保障知识产权"去研究。

关于职称制度,对知识管理的对象来说,是一个最经常和普遍接触到的比较敏感的问题:事关对专业技术人员的评价和任用,怎样才能真正做到名副其实、公平、公正,从而有利于事业的发展和调动工作人员的积极性,值得认真探讨。

首先是各种专业技术职称应当如何评定,由什么部门、什么人,根据什么条件、什么标准、什么程序去评定;其权威性和有效性有无时间和空间上的限制，分多少等级较为适宜，等等，都有待斟酌、比较、总结、改进。各个领域的各种工作，性质不同，各有特点，很难一概而论。必须分门别类，具体落实。

与职称评定紧密联系着的是按职称聘用或任用的问题。评用合一还是评聘分开，各有什么利弊，应予全面权衡。职称和职业资格与工资待遇挂钩与否，也是一个要考虑的问题。如果岗位不足或具备任职资格者缺乏，又该采取什么对策。这不仅有可能，而且有的地方在有的时候不时会出现这种情况。还有某些职称实行终身制的问题，在国内外已经发生争议。不评职称而根据职务的需求量材录用的做法，亦已开始进行试验。

需要研究的问题实在很多，不能逐一列举。在职称制度建立过程中和建成以后，管理体制也要明确。是集中统一管理，还是分类、分级管理，以及管理者的素质等，关系到工作的效率、效果和及时掌握实际情况，改进工作。

不久以前，对美国职称制度进行考察者得到的有益启示主要有四个方面：①要尽快制定适合我国国情的专业技术人员管理法规，把我国的职称管理工作纳入法制化轨道。要使职称工作有法可依。②要强化专业技术人员的法律意识和职业道德教育。在今后职称评聘工作中增加法律知识和职业道德水准评价方面的内容。③要增加职称评审的透明度，加大社会化评价和资格准入规范考试力度，使专业技术人员在评审、聘任中公平竞争。④要着力改革现行职称评聘工作的管理体制，实行职称工作的分类管理、分级管理体制。尽快转变政府职能，变直接管理为间接参与，变具体操作为宏观调控。[43]

关于退休制度。这是目前全世界的热门话题之一。与退休制度有直接联系的，是社会老龄化问题。"老龄化就像一个幽灵，徘徊于多数发达国家。在本世纪（指20世纪——作者）后50年，富国（美国是个明显的例外）大多数将出现人口下降，其人口的平均年龄则普遍增加。……但即便在美国，相对于退休人员来说，工作人员的数量也将减少。只要退休人员还要通过社会保险和医疗保险体系由纳税人养活，工作者身上的经济负担就会相应增加。"[44]旧消息传来，欧洲准备修改退休制度，打算推迟退休年龄。

在专家提出的减少人口老化对经济发展的负面影响的设想中，就包括"将退休年龄至少推迟到70岁"和"对欧洲来说，就是要求企业停止解雇高龄职工"。⑤

美国似乎不受西方社会老龄化和人口减少普遍趋势的影响，但最近几年来，由于别的原因，美国人已开始延迟退休年龄。"由于公司减少退休金和缩小医疗保险的范围，许多上了年纪的员工都觉得无法承受退休带来的负担。……1986年通过的一项立法禁止大多数形式的强制退休。……社会保障局开始对降低员工待遇的规定加以修改。……受到了许多身体健康而且愿意继续工作的老年人的欢迎。"⑥

发达国家的情况大体上是这样。发展中国家如何呢？世界银行最近发表的一份报告指出："为了防止老年人陷入贫困，避免退休金制度崩溃，富裕国家和发展中国家都必须寻找新的办法，改革国家养老金计划。"报告接着说："随着发展中国家和高收入国家苦苦寻求如何才能满足迅速老龄化的人口的经济需要，改革养老金制度正在成为紧迫的全球性问题。"报告不止一次地提到中国的有关情况，例如："一方面，越来越多的老年人依赖公共养老金计划；另一方面，参加养老金计划的就业人员越来越少。……经合组织的大部分传统成员国经过了150年至200年的时间，老年赡养比例才翻了一番，从7.5%左右提高到15%。在中国这样的国家，这种变化只需要不到50年的时间。"⑦

虽然上述问题不容易解决，但世界银行表示赞成实行"多支柱养老金计划"，即："包括传统的公共养老金计划和个人账户，以及公共和私人养老金相结合的形式。"⑧这个"多支柱养老金计划"有较大的可行性。用退休金加储蓄的办法，也可以弥补退休金的不足。除提高退休年龄外，鼓励老人在退休后从事"第二职业"，亦不失为一个好的计划。

我国部分高级专家因工作需要，在退休年龄上已存在某些弹性。但养老金制度改革则是一件大事。"根据一些标准估算，30年后中国退休人员的数量将占人口的1/4，同时就业人数将越来越少。"⑨这是应当早之为计的事实。

需要注意的一个基本事实是：世界人口的老龄化速度比预计的要快，每年增速为2%，高于总人口的增速。2002年，每10人中就有1人在60岁以上；到2050年，老人占总人口的1/5，老年人口将在人类历史上第一次超过14岁以下年龄段人口。预计到2150年，老人占总人口的1/3，而且老人中有21%超过80岁，百岁老人将是现在的15倍，从21万人增至320万人。以上说的是平均数，目前比例最大的是意大利（25%），其次是日本、德国和希腊（各为24%）。原因在于出生率下降和寿命延长，死亡率下降被认为是"人类取得的最大成就"[50]。

第三节 人才的需求与争夺

对于人才的需求和争夺，我国古代早就有"需才孔殷""求贤若渴"等说法。时至今日，特别是在知识经济的新时代，上述情况显得更加普遍和迫切。竞争激烈的程度，已经出现日甚一日的趋势。明争暗夺，习以为常。"猎头公司"曾经有点骇人听闻，其实所"经营"的，正是发现和挖掘人才"业务"。本节将简介有关概况，并将就较突出的国家做专题介绍。

一、因为缺乏才有竞争

按照市场经济发展的客观规律，商品的畅销或滞销除还可能有别的原因外，一般商品的供求关系是：求过于供则价格上升，供过于求则价格下降。人才市场的情况，也大体如此。货源饱和或过剩，卖方争取的是尽快销售；只有库存不足甚至非常短缺，才可能导致"奇货可居"，那就轮到买方着急了。

人才发生争夺的现象，是某些人才很有需要而又比较缺乏造成的。知识经济时代亟须一些什么人才，各方面已有许多预测。例如，有认为以下五类人才将成为需求热点者。

(1) 发展高新技术产业需要的高科技人才。因为实现高新技术产业化大体应具备的基本条件之一，是要有一批具有较强开发能力的高科技人才，而且是基本条件中的核心所在。没有高精尖人才，难有高新技术产品。

(2) 发展支柱产业需要的应用型技术人才。因为用高新技术改造传统产业特别是支柱产业，最终离不开人才，特别是符合产业发展方向的应用型人才。无可否认的事实是：传统产业是国民经济的主体和基础，必须进行调整、改造。

(3) 发展外向型经济需要的复合型人才。我国加入世贸组织面临的严峻挑战之一，是薄弱环节和初级产业将受到巨大冲击，最重要的是人才方面的准备，以求调整产业结构、不断增强创新能力和企业实力。

(4) 发展规模经济需要的高素质的管理人才。如大部分乡镇企业规模较小，管理水平不高。要扩大企业规模、增强企业实力，实现由粗放型经济向集约型经济的转变，必须有一批具有战略眼光和现代企业管理能力的高素质管理人才。

(5) 发展社会事业需要的各类高素质人才。除经济建设外，社会事业也需要人才；否则，整个社会不能进入良性循环的发展轨道。因此，较高层次的教师、医疗卫生、城建环保、新闻出版、文化艺术、金融保险证券、律师、商贸旅游等服务业人才，都不可缺少。[51]

在中国，北京、上海无疑是拥有较大人才优势的两个城市。但是，两市当局仍不遗余力，想方设法吸引和留住各种优秀人才。这是发展的需要，是完全可以理解的。另一个显然也有人才优势的是深圳市，那里已传出高级技能人才缺乏的信息："有关负责人指出，深圳目前具有高学历的学识型人才不少，但有学历不等于有技能，技能性人才相当缺乏。"据权威人士最近透露："今后10年深圳市对高级技能人才的需求将达42万人，而目前仅有5.8万人，高级技能人才严重缺乏。"与上海比较，"目前深圳市高级技能人才只占全市劳动力总数的1.4%，远远低于上海的7%。随着该市产业结构的调整升级，特别是高新技术产业的发展，企业对具有较高实际操作能力的高级技能人才的需求日益旺盛"[52]。深圳尚且如此，别处可想而知。

在人们的心目中，中国科学院当然是高级人才比较集中的地方。但它将在有条件的知识创新试点单位开始试行"协议工资"制度，旨在吸引高层次拔尖人才。[53]

具体来看，因为缺乏才有竞争可以看得一清二楚。有一份关于亚洲信息技术人才严重短缺的资料，足以说明问题。其中有数字和实际情况的多方面分析，可信度和说服力也较高。例如，新加坡每年信息技术专业的大学毕业生只有2500名左右，而要填补的每年信息技术的新职位却约有10000个，即缺口达3/4。又如，韩国每年需要10万名新的知识工人，但国内的大学毕业生仅有48000名，还不到需求量的一半。日本工业目前需要约20万名信息技术工人，这是政府方面的说法。但非官方的统计表明，这一数字高达50万人，而且还只是大公司的需求。中国香港特别行政区每年空缺的信息技术岗位一直保持在4000个左右。据调查，60%的受访公司反映找不到信息技术恰当的人选。"每个亚洲国家都面临信息技术人才短缺的危机，但遭到最大冲击的可能是中国、印度和菲律宾。这些发展中国家只能无助地看着国内最优秀、最聪明的信息技术人才被日本和其他发达国家挖走。这是一场具有历史意义的信息时代的斗争。"[54]这真是亚洲国家的无奈。

这是单纯的供应问题吗？不是。就有关这方面的薪金状况，可以部分地回答这个问题。例如，印度、巴基斯坦、菲律宾和泰国的信息技术人才平均每年的薪金仅有5000美元，于是可被高薪吸引的人才就很多。菲律宾自20世纪80年代以来，一直是信息技术人才的净出口国，估计每年约有20万名离去。中国也是信息技术人才的出口国。[55]

不过，金钱并不是最重要的。如提供鼓励性工作环境等，也可以参加竞争。一项对10000多名信息技术人员的调查发现，大多数人认为职位晋升和实现难以实现的目标比工资报酬更重要。也有人认为，工资永远没有足够的时候，追求的是个人成就；或工资虽高，而自己的工作和地位被看作无足轻重也没有意思。有的人更重视学习先进技术的培训计划，以及与同事和技术权威进行交流。此外，重视业绩和生活质量因素等，也都很重要。[56]

在亚洲，值得注意的是日本已不再是亚洲信息技术的"尖兵"，印度成功地留住了信息技术人才。

先说日本。"在希望打破旧制度和旧习惯从而赶上信息革命浪潮的亚洲国家中，不肯变化的日本正在落伍。提出'信息技术立国'的日本开始发生动摇。……妨碍改革的重要原因在于讨厌竞争的社会风气。"[57]

再说印度。目前，印度公司面临的挑战是留住人才，为此做出各种努力，如优化环境、增加设施、提供认股权、无息贷款、购物补贴、医教补贴等福利。现在，在国外的信息领域人才归国的越来越多，很多人都已经回国来创建自己的企业。[58]可见，只要认真对待和积极努力，并非无计可施。

二、国际人才争夺概况

在知识经济时代，无论是一间企业，一个城市、地区或国家，在经济发展的竞争中，仅仅拥有雄厚的有形资产还不够，而知识资本强大才是真正的优势。因此，国际人才争夺愈演愈烈绝非偶然。

在介绍国际人才争夺概况之前，应当看到国内"人才大战"早已开始。有形容为"人才争夺烽烟迭起""跳槽风暴席卷神州""国有企业大劫难""猎头公司趁乱红灯""贫困地区在流血""今日伯乃,'孔方兄'""仅靠道德呼唤是不够的"等等[59]。根据中外企业之间、东西部之间、城市之间都在行动的"人才争夺战硝烟漫神州"的情景,跨国公司加快了抢滩中国智力资本的速度,也可以视为部分国际人才争夺的缩影。"今天,当中国站在知识经济时代的门槛上时,人们发现,国家发展最需要的是人才,最缺乏的也是人才。"[60]关于这方面的情况,我们随后还有机会谈到。

前已述及,因为在全世界范围内普遍缺乏信息技术人才,使发达国家尽力向发展中国家实行争夺,一个比较集中的目标是印度。新加坡、日本、德国、爱尔兰、韩国和英国,接着还有美国,都向印度派出了招募人才的考察人员或放宽入境签证。除印度外,墨西哥、巴西、阿根廷、菲律宾、苏联、以色列、南非等,都是"猎头公司"目光所向。一个肯定不为东道主所希望仿效的实例是:某国总理在访问印度南部的著名硅谷城市班加罗尔一家著名软件开发商的工厂时,他邀请该厂的工程技术人员到他的国家去工作,并告诉他们说,已经做好准备为创业者提供几十亿美元的投资资本。由于种种原因,人才回流的现象也有。例如,在美国的公司里,熟练的墨西哥技术人员的薪金比美国的大学毕业生的薪金可能要低好多。[61]

关于美国争夺国际人才的情况,另有专题介绍。下面谈谈欧盟国家展开信息技术人才争夺战的概况。为了弥补信息技术领域的人手不足,欧洲各主要国家接受移民的动向已经越来越明显了。这是因为看到美国是通过充分利用移民的技能而走在信息技术革命最前列的。德国从2000年8月开始实施绿卡制度,决定在2年内从欧盟以外的地区引进最多2万名信息技术人员。英国也开始讨论实行同样的制度,也就是都想仿效美国的做法。"另一方面,各国对于所谓的经济难民和非法移民,则制定了更为严厉的取缔措施。移民政策针对具有高度技能的劳动者和其他人员,表现出两极分化的趋势。"争夺技术人才的倾向十分清楚。在传统的移民输出国的爱尔兰,现在也随着高新技术人手不足的问题越来越严重而已经成为接受移民的国家。其实,不仅在欧洲,澳大利亚等国也已开始接受"高科技移民"。世界性的人才争夺战的局面已经形成并日趋剧烈。与此同时,与移民间的社会和文化摩擦也成为各国面对的一个问题。[62]

应当指出，全球争夺的不仅是科技人才，管理人才也显得短缺，而且正在加剧，在下一个10年会变得更加严重。一般管理如此，知识管理尤甚，因为对后者主管人员素质的要求特别高。已有权威人士发出警告说："因特网领域对管理人员的需求和人口因素相结合，正在形成前所未有的管理人员紧缺局面。……'人才大战'刚刚拉开帷幕。我们陷入困境之中已有两年，这一状况还要持续15年。"还有人指出："1999年第三季度，美国对管理人员的需求量比上一年增加了16%，而亚洲的需求量增加了约40%。"[63]

我们还可以从侧面来观察国际人才争夺的日趋激烈。说的是不久前曾有一个国际教育巡回展（实际上是外国招生展）在北京举行，英国、德国、澳大利亚、瑞士、新西兰、日本等国大做广告，展开了一次颇有声势的招生大战。原来如一家法国报纸所说："目前，所有发达国家的大学都面临生源危机，各家高校都在努力吸引最好的外国留学生，因为这里面既有文化意义，又有经济意义。中国已成为世界上最有潜力的学生资源大国，发达国家都把目光集中到了中国。"[64]

与此相联系和相类似的，是关于跨国公司抢滩中国研究开发的情况。设立研究开发机构，利用中国人才进行研究开发工作，已成为跨国公司对中国大陆投资的新趋势。中国大陆的吸引力，不仅在于巨大的市场，"中国大陆具有世界公认的高智力人群，科技人员具有扎实的科学基础，良好的研究素质和勤奋的学习精神。……跨国公司有可能使用较国际低得多的成本，来调动他们的积极性"[65]。

上述情况虽有跨国公司自己的目的，但并不造成中国的损失，而是迎接挑战可以从中获益。"中国大陆那些有意跻身世界500强的大型企业，也许可以从跨国公司投资中国研究开发这一现实找到差距，醒悟过来，花力气吸引人才，从事研究开发，使企业能够更上一层楼。"在微软中国研究院成立时，中方学者以下的发言被认为是非常有意思的话："如果微软办一个研究院我们就害怕，那我们还以什么样的胸怀来迎接全球化、迎接世界选择中国时代的到来？"发言中还提出要在投资环境上为跨国公司在大陆设立研究院提供支持，给予国民待遇。文章作者最后认为："在迎接跨国公司抢滩大陆研究开发的挑战之际，大陆人需要这样的姿态。"[66]知识经济时代的竞争，从国家利益的角度来审视，只要善于处理，可以避免"零和"局面。

三、美国对国际人才的争夺

美国的经济繁荣得益于大量移民的流入，这无疑是千真万确的事实。如果要问这样一个问题：美国联邦储备委员会控制利率的任务是被什么因素大大缓解的？回答是：移民。"十年来，至少有1000万移民进入美国。大部分都找到了工作，缓解了劳动力的问题。哈佛大学经济学家乔治·博尔哈斯说：'如果没有移民，如今的工资会高得多。'"[68]对美联储来说，工资的迅速增长可能引发通货膨胀，会使劳动力成本提高。

以上是针对一般和总体情况而言，对于高技术人员也有很大影响。正如加利福尼亚大学计算机科学教授诺曼·马特洛夫所说："来自印度、中国、俄罗斯和其他国家的计算机程序员，把这个领域的工资压低了约20%。"[69]应当看到，美国之所以能够富甲天下，除了别的原因外，美国还向别国，尤其是第三世界国家吸取第一流头脑。美国虽然执全球高科技牛耳，但仍缺人才，需大量自海外进口。看来美国今日之繁荣富强，并不只是靠白人的努力，而是第三世界各国的资源，包括人才，被美国吸收了，为美国服务，才致使贫国愈贫，富国愈富。[70]

我们可以非常清楚地看到，美国即使在经济增长明显减速和企业出现全面解雇狂潮的时刻，为了保证作为美国经济火车头的高科技产业的地位和作用，仍然在全世界范围内撒开物色人才的大网，以捞取科学技术精英。美国在为实现"新的增长"而强化体制，《加强21世纪美国竞争力法》所指的竞争力，首要的内容与目的就是扩大吸收国外优秀的科技人员。这也是加强竞争力的一个战略问题。

专家认为，靠信息技术支撑的美国经济早晚会复苏。"在这种情况下，掌握着经济复苏关键的高科技企业都迫不及待地希望获得优秀的技术人才。""在自由竞争社会中，实力决定一切，优秀的人才正从全世界集中到美国。美国政府正准备加速这一潮流，措施之一就是出台了《加强21世纪美国竞争力法》。该法在美国高科技产业界的强烈要求下由美国国会通过，提出了一个雄心勃勃的目标：为了使美国企业能够在21世纪领导信息技术革命的潮流，要吸收世界各国的优秀科学技术人才。"[71]

在过去10年间，美国每年平均吸收约10万名技术人员，另每年平均约有46万名合法移民。其背景是"美国单靠自己无法培养出足够的高科技人才"，"美国教育基础的下降非常引人注目"。据1998年对全美大学的调查,与上一年比,计算机学位毕业生减少37%,电、技工学位毕业生减少45%,数学学位毕业生减少21%。[72]

美国争夺国际人才,并非从21世纪才开始。美国本来就是一个移民国家,其中包括为数众多被认为"永远给美国科学界超级精英增添光彩"的移民科学家。"据《欧洲时报》报道,20世纪80年代后期,在全美一流的科技人才中,有四分之一是美籍华人。……1989年,美国工程博士学位获得者中,有58%是外国人。"[73]更早一点,美国加快争夺外国人才的步伐开始于第二次世界大战。原来在第一次世界大战后,美国还认为科技、军事比德国强,但"二战"爆发,才感到不然而大为吃惊,便以夺取德国科技专家为首要目标。后在和平时期,继续对世界人才大力吸引。方法既多且巧,包括物质和意识形态上的吸引。[74]

例如,1961年起,正式在全球进行的一项考试(TOEFL),即为美国延揽人才而设。它"不单纯是一项语言考试,而是为美国选拔人才、吸引全球人才、控制全球考生的重要工具,其功能与作用已远远超出了考试工作本身"。"考生不知不觉中已开始发生对美国的认同。以相当隐蔽的方式控制了考生的价值取向和思想意识倾向。"[75]以1994/1995学年为例,"美国留学生收费收入达70亿美元,留学生在美国的开销为38亿美元,两项相加超过100亿美元"[76]。实际上和实质上,其深刻影响尚远不止此。

除美国外,欧洲国家仅靠国内技术人员也已经无法维持急剧扩大的信息技术领域的技术人员需求。因此,"高技术人才的争夺战在世界各地越来越激烈。美国国会开始按照撤销对外国技术人员发放签证的限制的方向修改法律;德国政府决定了对技术人员发放特别签证的方针;英法等国也开始修改入境管理制度"[77]。其实,这在很大程度上是欧美之间的争夺,而人才缺口较大的是美国方面。"由高技术相关产业组成的美国信息技术联盟(ITAA)在最近的调查报告中提出了这样的警告:估计美国2000年高科技人才需求高达160万人左右,其中有近85万人无法保证。"[78]这已经是过去的事了。

应该看到的是,在跨国公司为争夺人才而抢滩中国的过程中,美国公司显得特别积极。例如,在把研发基地搬到中国来方面,美国微软公司渔网撒向北京中关村,1998年11月宣布成立中国研究院,也是微软在美国境外最大的科研机构。美国英特尔公司把中国当作自己的"新大脑",2000年11月设立英特尔中国实验室;即使在美国本土,英特尔也从未设立过覆盖如此广泛的研究机构,它寄希望于中国。美国贝尔实验室把北京当海外总部。在全面抢滩中国智力资本方面,全球半导体头号公司英特尔公司启动了"未来教育计划":从争材到寻苗。英特尔邀请中国中学生赴美角逐"小诺贝尔奖",结果是使人才流向全面失衡。"全球性的新型人才危机已经拉响警报,中国的位置正处于这场危机的核心地带。……中国人才始终处在被争夺的一方。"㉙

思考题:

1. 为什么说知识管理是以人为本的管理?以人为本的"人"是泛指的人吗?

2. 人力资源开发与管理同传统的人事管理有何区别?

3. 人才争夺的时代背景和国际背景如何?发达国家为什么还要争夺人才?

注释:

①薛澜、李腾:《知识促进发展——第二届全球知识大会后记》,载《光明日报》2000年4月3日B4版。

②③④⑤⑥⑧赵曙明:《德鲁克管理学说引进中国》,载《中华读书报》1999年2月3日第9版。

⑦金振蓉:《企业管理正酝酿着革命》,载《光明日报》2000年3月31日A2版。

⑨⑩尼古·施特尔:《知识世界》,载《德国》(双月刊)2001年2~3月号。

⑪何塞·路易斯·科代罗:《智力革命》,载委内瑞拉《宇宙报》2000年11月1日。

⑫⑬⑭⑮张秀芳:《如何管理知识型员工》,载《人才瞭望》2000年10月。

⑯约翰·伯恩:《寻找年轻的天才》,载美国《商业周刊》1999年10月4日。

⑰达尼埃尔·科昂:《人力资本的时代》,载法国《世界报》2000年1月13日。

⑱⑲刘义焕:《论人是管理之本》,载《中国行政管理》1999年第8期。

⑳陈庆修:《以人为本的时代》,载《中国改革报》2000年3月1日。

㉑戚鲁、杨华:《从人本思想到能本思想》,载《人事管理》1999年第12期。

㉒参见张井《从"人本主义"到"智本主义"》,载《羊城晚报》2000年2月5日B3版。

㉓参见《今日话题》,载《光明日报》2000年7月12日A4版。《与"资本家"平起平坐》,载《人才瞭望》2000年第12期。

㉔㉕《提出"知本家"的概念科学吗?——关于"知本家"的一些争论》,载

《羊城晚报》2000年5月20日B3版。

㉖王通讯：《知识经济呼唤新人才》，载《人事管理》2001年第1期。

㉗㉘张文军：《人力资源管理与人事管理的区别》，载《行政与人事》1996年第10期。

㉙㉚《学会两手本领》，载英国《金融时报》1998年1月25日。

㉛参见全志敏《人力资源管理与传统人事管理的异同》，载《行政人事管理》1999年第11期。

㉜郝银：《知识经济时代人才人事工作怎么做》，载《行政人事管理》1999年第12期。

㉝㉞㉟李世聪、莫山农：《论知识经济与现代企业人力资本开发》，载《学术研究》2000年第11期。

㊱㊲㊳㊴吴德贵：《现代人才资源开发应处理好九大关系》，载《行政人事管理》1999年第9期。

㊵朱广林：《知识经济与人才资源开发》，载《人事管理》2000年第12期。

㊶参见李效云、张宏伟《21世纪人力资源管理新趋势》，载《人事管理》1999年第12期。

㊷《饭碗里的科学技术和知识资本》，载《光明日报》2000年12月14日B2版。

㊸参见冼尧源、李杰虎《美国职称制度管窥》，载《行政人事管理》2000年第4期。

㊹罗伯特·塞缪尔森：《全球老龄化的阴影》，载美国《华盛顿邮报》2001年2月28日。

㊺参见《减少人口老化对经济发展的负面影响的三种设想》，载法国《世界报》2001年3月18日。

㊻玛丽·沃尔什：《改变多年趋势，美国人延长退休年龄》，载美国《纽约时报》2001年2月26日。

㊼㊽世界银行：《关于老年人保障新建议》，据法新社华盛顿2001年6月6日电。

㊾李凯：《中国养老金问题》，载美国《华尔街日报》2000年10月30日。

㊿据埃菲社纽约2002年2月28日电，关于上述情况的报道为引用联合国人口司司长夏米的谈话。

㉛参见蒋斌仁《五类人才将成为未来需求热点》，载《人事管理》2000年第1期。

㉜《深圳高级技能人才缺乏》，载《粤港信息日报》2001年3月19日第1版。

㉝参见薛冬、林志锋《中科院将试行"协议工资"延揽帅才》，载《光明日报》2001年4月22日第1版。

㉞㉟㊱参见《信息技术人才短缺时代》，载香港《亚洲新闻》2001年5月18日。

(57)《提出信息技术立国的日本摇摇欲坠》，载《日本经济新闻》2000 年 11 月 18—19 日连载。

(58)《印度成功地阻止了它的信息技术（IT）人才的外流》，载法国《世界报》2001 年 3 月 5 日。

(59)黄文宁：《人才大战方兴未艾》，载《书摘》1996 年第 3 期。

(60)乐洋：《人才争夺战硝烟漫神州》，载《羊城晚报》2000 年 2 月 29 日 A8 版。

(61)参见《为争夺人才而战》，载英国《金融时报》2000 年 8 月 13 日。

(62)参见斋藤孝光《欧盟主要国家展开信息技术人才争夺战》，载日本《读卖新闻》2000 年 8 月 13 日。

(63)萨思南·桑盖拉：《管理人员短缺启动“人才大战”》，载英国《金融时报》2000 年 2 月 1 日。

(64)石河：《日趋激烈的人才争夺》，载《光明日报》2001 年 3 月 13 日 C1 版。

(65)(66)(67)《跨国公司挟巨资抢滩中国研究开发》，载纽约《世界周刊》1999 年 11 月 28 日。

(68)(69)戴维·弗朗西斯：《经济繁荣背后的一支安静的力量：移民》，载美国《基督教科学箴言报》2000 年。资料来源未注明月、日。

(70)参见竹子《美国向全球搜括人才》，载台湾《海峡评论》2000 年 3 月第 111 期。

(72)山崎友宏：《为“新的增长”而强化体制——美国加强 21 世纪竞争力的战略》，载日本《日刊工业新闻》2001 年 3 月 26 日。

(73)(74)参见《美国是如何争夺国际人才的》，载《广东人事》1994 年第 10 期。

(75)(76)张宝昆、谭开林、黄琪珍：《从托福考试看国际人才竞争》，载《行政人事管理》1999 年第 9 期。

(77)(78)长尾弘嗣：《欧美就高技术移民开展争夺战》，载《日本经济新闻》2001 年 5 月 6 日。

(79)王学锋：《全球抢滩中国智力资本》，参见并摘自《谁来网络中国》，中国青年出版社 2001 年版。

第五章　知识管理中的中心岗位
——知识主管（CKO）

内容提要　作为一种新型管理，知识管理中的中心岗位是"知识主管"。这一岗位的设置很有必要，对于任职者有特殊要求；否则，难以承担和完成其任务。其重点工作在于人力资源能力的培养、开发、转换、挖掘、不断和永远创新。知识主管与知识员工的关系，表现为平等、友好、经常沟通、深入了解，以激励为主。

任何一种新型的管理，其中心岗位也需要有新的设计。在知识管理中，目前开始流行的做法是设置知识主管（CKO，乃英语 Chief Knowledge Officer 的缩写）这一中心岗位。因为尚在起步阶段，没有现成的、成熟的一整套经验。但从种种迹象看来，根据发展知识经济实施知识管理的需要，则是不约而同的，对知识主管人选的条件及其所担负的主要任务等大体一致。相信在今后的继续发展中，还将会不断总结新经验，使这方面的工作更合乎要求。

第一节　知识主管岗位的设置和对任职者的要求

在实施知识管理中，将知识主管作为中心岗位来设置，有其客观的必然性。既然知识经济的发展以不断创新的知识为主要和基本手段，那么，设置知识主管这个中心岗位，便是顺理成章和完全可以理解的。任职者的条件，当然要看能胜任所承担的任务而定。这是一个前无古人的全新的岗位，无疑也会随着知识经济和知识管理的发展，日益明确对它的要求。

一、知识管理需要设置知识主管

管理需要相应的组织机构和管理人员，知识管理也不例外。但是，不同类型的管理需要不同类型的机构和人员，自亦不言而喻。因此，在探讨知识管理需要设置知识主管之际，很有必要先对知识管理的有关情况，如含义、工作范围、基本特征、运作方式等有所了解，然后即可有针对性地明确对机构设置和人员选用的具体要求。

在关于新一代知识管理的讨论中，美国哈佛大学商学院教授摩顿·汉森和博洛·冯·埃坦热建议企业尝试称为 T 型管理的一种方法，要求管理者改变他们的行为以及运用时间的方式。"T 型管理者，一方面打破传统的组织层级，流畅地与各个企业单位分享知识（即 T 的水平部分）；另一方面又能认真追求本身事业单位的绩效表现（即 T 的垂直部分）。成功的 T 型主管，必须习惯与这种双重责任所带来的压力共处，并在压力中胜出。"①这里，设置知识主管似已呼之欲出。

为什么要靠管理者来分享知识？为什么不干脆建立一套最先进的知识管理系统？上述建议者接着回答道："原因在于这种系统有利于传递明显的知识（如提供日常业务所需的工作范本），却难以传递隐含性的知识（用来产生深入见解以及解决问题的创意方法）。内隐性的知识要靠直接的人际互动来传递。光靠文件的交流，永远无法促成合作、产生深入的见解。"②这就需要成功地培育 T 型管理者。

为了帮助企业创造一个让 T 型管理者施展身手的环境，建议者根据实践经验归纳出几项原则，如成立"同侪小组"以共享知识，注重成果；内部建立电子黄页系统，提供不同领域的专家同仁名单，以利交流等。在知识分享活动中，大致有四类做法，即合作、牵线、贡献意见和听取意见。在有效促进水平管理又不会增加管理层级方面，也有几种方法，如创造明确的诱因、建立经济指标透明度、将跨单位的互动制度化等。③这些对于促进知识分享、鼓励管理者求助和形成良性循环，都有积极作用。

根据综合考察，知识管理具有明显的特征：一是突出知识的作用，其重要性空前提高；二是运用集体智慧，力求做到集思广益；三是以人为本，尽量调动发挥人的积极性；四是实行知识共享，包括显性和隐性知识；五是鼓励创新精神，尤其重视集体创新；六是强调精神激励，旨在挖掘潜在能力；七是注重长远利益，贵能有战略眼光；八是提高全员的责任心、事业心和自觉性；九是平等参与管理，发扬当家做主精神；十是在各种体制和人员之间形成良性循环。

知识管理是有上述这些特征的管理，因而实施这种管理的难度很大。尽管如此，它正在彻底打乱美国、日本和欧洲的组织机构，"企业就像牢牢抓住救生筏一样牢牢抓住了知识管理"④。

要牢牢抓住知识管理，设置知识主管（CKO）这一中心岗位的需求于是应运而生。"在美国，知识管理是继'企业重组'之后最为热门的新概念……可以说，CKO 的出现是进入到知识经济时代的必然结果。"⑤这是事实。

显然，在知识经济时代，基本经济资源不再是传统的资本、自然资源和比较简单的劳动力，而是知识。因而可以认定："CKO 的职责正是把知识变成可使用的资源。"⑥关于与相近似的信息主管 CIO（Chief Information Officer 的缩写）的区别，在下一章讨论知识管理与信息管理的联系与区别时再议，其具体任务亦随后列专题讨论。

在谈到知识主管的具体任务之前，对这个工作岗位在知识管理中的重要性及其难度有所认识很有必要。对于被称为"知识管理"的这场知识运动，"它竭力鼓吹人的技能、知识专长和各种关系是一个机构中的最宝贵的资源"。它所依靠的知识主管是一种新型的管理人员，"这是一个对打破等级制度、发挥全体职工的知识和技能，并且在像万维网这样的网络上传输这些资产有着巨大影响力的人"。情况正是这样，"一个机构愈是业绩平平，知识的外流就愈加厉害"。因而大多数知识主管有难以抑制的强烈愿望，"应该是通过一种工作来造就自己"⑦。这种工作就是知识主管的本职工作。

"对 CKO 来说，最重要的成功因素是得到 CEO 的支持，并且使其在企业内倡导知识管理。一般已经设立 CKO 职位的公司，对知识管理都比较重视，但 CKO 仍需努力，使其主管的这项尚未成熟的工作被提高到应有的地位上去。从实践看，CKO 必须通过自身的工作，使最高层管理部门确信知识管理的作用，以达成一种信任关系。"⑧显而易见，知识主管工作的重要性，要以知识管理的价值和效益来证明，并从而争取到高层领导更积极的支持。

此外，知识主管还应该同其他部门管理人员保持良好的合作关系，才能顺利地和有效地开展工作。例如，信息主管和人力资源经理，是知识主管的同事。他们的任务与知识管理的关系很密切，但信息主管"难以把信息上升到知识高度，而人力资源部门在促进知识的发展、共享方面能力有限，而且关于知识管理的很多内容都是这两个部门所不曾注意或无能为力的，因此设立 CKO 及其部门是有必要的，且三方必须共同合作"⑨。对于其余部门，原则上和实际上也都应该如此。特别是在作为一个全新工作岗位的现实情况下，许多工作关系尚未十分明确，甚至无章可循，这就既需要有开拓精神，又必须谨慎从事。

可见，胜任知识主管的人选物色不易。我们将安排专题探讨知识主管的任职条件，也可以借此机会得到启发，至少是早做准备。

二、知识主管的任务

根据为发展知识经济而实施的知识管理的一些特征和要求，我们已经大体上可以得到关于知识主管的任务的概念。如果说，前已述及的"CKO 的职责正是把知识变成可使用的资源"这句话过于笼统，那就不妨首先从如何去"变成"逐步展开。

毫无疑问，作为全新的工作部门和岗位，知识主管一职还没有普遍公认的和比较成熟的有关规定。大家都处在试行阶段，有待不断总结，然后趋于明确。基本情况虽然是这样，但仍然有迹象可寻。这里也只能是按可能得到的资料，试做若干举例性质的介绍。挂漏在所难免，也很难说已经尽列其要。

（1）知识主管要对知识管理工作表明非常负责的态度。"事实上，专业的知识管理人才对企业知识管理成功与否具有重要的意义。著名知识管理专家、知识管理权威性著作《营运知识》的作者达文波特教授就曾指出：'在公司内的某个群体对知识管理工作负起明确的责任之前，知识不可能得到良好的应用。'"[10]管理不能有名无实，这是就总体而言。无论情况怎样，必须先管起来。

（2）知识主管要制定明确的知识管理程序和知识管理方案。"为了做到这一点，他们首先要对企业高级管理人员进行逐个了解，弄清楚他们之间可能存在着的差距。"据估计，"在知识管理中，技术成分约占 20%，而文化交流占 80%，所以 CKO 必须同时通晓技术和环境学。设计投资项目时，他既要根据技术指标，也离不开社会环境状况。通常 CKO 都具备两种重要的才能：领导和管理，他能把 CEO 的意图付诸实施"[11]。这里已涉及任职条件问题。

（3）知识主管要对知识资源进行有效的管理和促进知识创新。"知识管理即以知识为核心的管理，它是以知识经济为背景，对组织的知识资源进行有效管理的过程。其目标是使组织实现显性知识和隐性知识的共享，促进知识创新,并最大限度地激发员工的智力资源。"[12]知识经济之所以呼唤知识管理,其主要原因和内容实在于此。

(4) 知识主管要带头努力学习,树立榜样,并组织员工积极勤奋学习、建立制度、形成风气。"领导者必须不断加强自身素质修养,率先垂范,以自己的良好知识素养、丰富的知识经验,对下属产生全面而深刻的非权力性影响力,从而成为高质、高层次的领导,胜任知识管理的要求。"通过学习,也可以改变知识结构和培养创新能力。

(5) 知识主管要勇于面对和善于解决形势变化发展中的新问题。首先,管理对象将发生质的变化。劳动者将普遍具有较高的文化素养和劳动技能。知识的生产、流通、消费、转化、储存、增值、回报等问题已普遍引起了人们的关注。其次,管理目标趋前化。争取科技优势将成为首要的目标。最后,管理环境扩大化。外环境将向世界延伸,内环境将向多维空间发展。此外,知识主管还将面临一些新的宏观性的社会问题。[14]

(6) 知识主管要着力于各种重要有关事项的评估和管理。"知识管理的作用在于培育集体创造力。知识作为无形资产日益变得重要起来,声望、商誉、商标、专利、注册设计、联系网络以及员工的经验与技能等等知识资产或智力资本,都需要评估和管理。"[15]对于这类事项的评估和管理,并非轻而易举,不可随便应付,更须公平、公正,足以服人。

(7) 知识主管要加强与各有关方面的联系。"知识管理就是要促进企业内部、企业与企业之间、企业与顾客之间、企业与高等院校和研究单位之间的联系,加强知识联网,加快知识流动,其目的就是要推动创新。知识管理应创造有利于创新的良好环境。"[16]也就是说,这些联系、联网、流动,都是为了有助于创造良好环境以推动创新。

(8) 知识主管要认真建设适宜开展知识管理的物质环境和精神环境,或者叫硬环境和软环境,包括制定各种有积极意义的规章制度和上述的加强与各方面的联系等。"人才在不利环境中很难发挥其聪明才智,很难实现人力资本应有的功效。……从精神环境来说,大家是否能够和谐相处,是否有一个好的企业文化和进取向上的团队精神,都是很主要的因素。……在个性化的工作环境中,知识型员工的激情会得到最大限度的发挥。"[17]

(9) 知识主管要力求实现知识共享和培养合作精神。"知识经济的一个基本观点是,在人们互相交流时,知识得到发展。对一个企业来说,如果一个人的知识不能同现有知识联系并且不能为别的员工所利用,知识是没有价值的。"[18]为此,要有知识资源和利益的共享机制,使合作精神得到充分发挥,以形成在竞争中的重要优势。

(10) 知识主管要狠抓创新,争取做到全神贯注和全力以赴,创新不止。人们都说创新是知识经济的灵魂和动力,实在是中肯之言。创新是与研究分不开的,因而必须重视和支持研究工作。"明智的经营者认为,他们不能在经济放慢的过程中停止创新。比方说,他们认为,如果砍掉研究经费,他们会妨碍公司的长期发展。……自从成立以来,英特尔每年都在增加研发预算,不论是经济萧条时期,还是经济繁荣时期。"[19]完全可以这么说,创新才能改变萧条和使经济更加繁荣。

三、知识主管的任职条件

基于知识主管的岗位设计及其所承担的任务,我们已经大体上可以领会知识主管应该具备一些什么任职条件了。几乎可以这么说,凡是知识经济所指望知识管理办到的事,知识主管都当仁不让或责无旁贷。可见,要求虽不能过苛,但也不可过低,而是应该比较高或相当高的。

从对岗位的上述理解和目前的实际情况综合来看,知识主管的任职条件值得注意的有如下 28 个方面。

(1) 知识主管不能不学无术,而应学识渊博、丰富,具有多学科、跨学科的背景。即知识面较宽、视野较广、较少局限性和狭隘性。对于所从事的专业领域,更要非常熟悉。

(2) 知识主管应不满足于已经掌握的知识,而是深信学无止境者,精益求精者,仍坚持不断努力学习,成为员工中实行终身学习的模范。

(3) 知识主管要有较多和较好的管理与领导的实际工作经验,而不是仅有书本知识,或停留于空发议论,只是"纸上谈兵"。最好是经历过较多不同工种、职位或环节。

(4) 知识主管不能缺少较好的声誉和信用,这需要一定的时间去积累和表现,非一朝一夕之功。员工的尊重和信赖程度对工作很有影响。

(5) 知识主管的年龄一般不宜过轻,现在较多的是在四五十岁左右。从学有所成到取得实践经验,以及显示工作能力和树立信誉等,有一个不可能太快的过程。

(6) 对知识主管的性别要求必须男女平等,只凭任职条件,绝不重男轻女。事实证明,"女强人"大有人在。在任现职者中,女性同样干得出色。

(7) 知识主管贵能思路开阔,高瞻远瞩,要着眼于长远利益和深刻影响。眼前问题固然应妥善解决,但不纠缠于一人、一时、一事,而忽略全局、将来和更大的发展前景。

(8) 知识主管对所在企业的企业文化应有较深的了解,并弄清全体人员的知识结构。这是进行知识管理的带基础性的要求。

(9) 知识主管的个人品德至关重要。除各事有章可循外,还需要以德服人。如公正不阿,对工作有高度热情,积极做贡献,不争功、不诿过、不斤斤计较个人得失等。

(10) 知识主管在工作中应展现出足以服众和果有实效的各种能力。如对微妙情况的洞察力、对复杂问题的分析力、对棘手事项的判断力等。

(11) 知识主管应对本单位的需求心中有数。如缺少什么知识,如何获得所需知识,怎样使已有知识发挥作用等。不是消极满足于拥有知识,而是开拓进取,将知识价值激活。

(12) 知识主管要在培育人、启发人、保护人等一系列工作上下功夫,实现集体创新,显性和隐性知识共享,挖掘潜力,充分发扬团结合作精神。

(13) 知识主管不仅须突出要求有创新能力,同时须强调要求有应变能力。在形势变化发展较快和竞争、挑战日益加剧的现实环境中,及时调整、改变战略、战术是常有的事。

(14) 知识主管的重要基本功之一,是努力培养和逐步形成共同的价值观。这是团结合作精神的坚实基础,向心力、凝聚力由此而来。

(15) 知识主管应使善于激励成为自己工作的强项。无论是在学习、研究当中或交流、讨论之际,都抱实事求是的科学态度和互相促进的原则精神,为共同目标的实现出谋献策。

(16) 知识主管要把扩大、加深、发展、增长、运用知识和保障知识产权等的有利条件和环境,作为基本建设来进行,不可掉以轻心。

(17) 知识主管应虚怀若谷,诚恳和认真听取各种不同意见,尤忌先入为主,偏听偏信。在重大决策中,更要坚持兼听则明和集思广益,维护决策科学化、民主化的公认原则。

(18) 知识主管对人、对事的评估,既要出以公心,又要客观谨慎,还要预防可能因评估不当而引起的副作用和后遗症之类的不良影响。

（19）知识主管应以建设学习型组织为己任，并不遗余力地去进行。除前已述及的以身作则外，还要有行之有效的有关制度和各种物质保证设施，如学习场所、设备、工具，等等。

（20）知识主管要有较高的事业心、责任心、积极性、主动性和自觉性，对本职工作全神贯注，全力以赴，常能观微知著，由表及里，发现问题。

（21）知识主管必须处理好内外公共关系、人际关系。由于本单位并非孤立于社会，知识管理以人为本，公共关系、人际关系正常、融洽是做好工作的重要条件。

（22）知识主管应有对暂时挫折和局部失败的承受力，坚忍不拔，积极对待。既不因胜而骄，也不因败气馁。冷静总结，沉着应付。

（23）知识主管的感染力是前述影响、榜样、声誉、信用、品德等的总和，是无声的号召、动员或命令和潜移默化的催化剂，可能达到心领神会的默契境界。

（24）知识主管的语言表达能力应受到重视。其中包括在知识经济中和经济发展全球化趋势下对外语的需要。

（25）知识主管应在善于识人的基础上用人，用其所长，避其所短，必要时还要补其所短。各种人才的调配、组合，使之各展其长、各得其所，不能不说是一种知人、用人的艺术。

（26）知识主管要密切留意世界范围内各方面成功和有益的经验，进行参考、借鉴，也避免重走别人走过的弯路并吸取各种教训。

（27）知识主管应重视健全竞争机制。日本媒体已有报道，竞争成为中国发展的动力。[20]在知识经济条件下更加如此，集体创新正是为了在剧烈的竞争中取胜。

（28）知识主管的求贤若渴还表现在及早留心选拔新的好苗子，给予精心栽培，使之茁壮成长，早日成才。

关于知识主管的任职条件，随着时间的推移，还可能不断有新的变化，需要增补。但是，截至目前，发展趋势已经表明，对它的需求将不会降低，而是越来越高。因此，可以认为，加紧物色、培养新一代和更新一代知识管理中的主要角色——知识主管的人选，是时代所赋予的历史使命。

第二节 知识主管的重点工作

知识主管的具体任务很多，不应该也很难平均使用力量。但是，如果平时对工作中的轻重缓急不事先有所考虑，对什么是重点工作心中无数，那就难免只忙于应付日常工作，而抓不到要害和忙不到点子上，到头来也就不能收到预期的成效。因此，关于知识主管的重点工作问题，值得讨论。在不同的具体情况下，工作重点可能有所不同，这里提出的主要是带有共性和经常性的问题。

一、人力资源能力的培养与开发

把人力资源能力的培养与开发列为知识主管的重点工作，应该说是有根据的。2001年5月15日至16日在北京召开的亚太经合组织（即APEC）人力资源能力建设高峰会议的主题"新经济、新战略：合作创新，开发能力，共促繁荣"便是一个较新的明证。不仅会议名称标明"能力建设"，而且会议主题突出"合作创新，开发能力"。

为什么定出这样的会议主题？会议筹委会主任、中国国家人事部时任部长张学忠在记者对他的专访中回答说："一是应对新经济挑战的客观要求。……所有这些问题都要求加强人力资源能力建设，提升人力资源的整体能力。""二是适应APEC人力资源开发深入发展的现实需要。……重新认识人力资源能力建设的地位和作用，提出新的战略目标和举措。""三是反映人力资源能力建设利益各方的共同愿望。新经济的发展使人力资源能力建设成为需要政府、企业界、教育学术界共同努力解决的问题。"[21]这表明会议主题的形成有其深刻的社会原因和鲜明的时代背景，而不是随意的或偶然的。

在谈到上述会议对人事工作的启示时，有人列举了11点在关于人力资源建设理念方面的体会[22]。其中无不直接或间接涉及能力的培养与开发："人才资源是第一资源的理念。……能力建设，在综合国力竞争中越来越具有决定性意义。""人力资源能力建设是经济工作的重要领域理念。""国家人才战略理念。……能力建设对经济社会的发展具有基础性、战略性、决定性的意义。""制度创新理念。""人事工作者能力提升的理念。""多方合作的理念。人力资源能力建设是一个全面性的问题，必须加强合作。""建立学习型社会的理念。""加快改革,提高人力资源能力建设的理念。""加大人力资源开发投入的理念。……这是加强人力资源能力建设的一项积极措施。""利用新技术开发人才资源的理念。……要把开发利用信息网络技术,作为人力资源能力建设的重要手段……""培养创新精神和青年人才的理念。……把创新精神、开发创新能力作为人力资源能力建设的重要任务。"非常清楚,所有启示无不围绕能力的培养和开发而得来。

这里,有两点也许早已为人们所共识,再做解释有可能显得多余。为了使习惯上似乎约定俗成的概念明确,还是说清楚好。首先,说的是人力资源中的"人力",现在指的已主要不是像"人力车"一样靠的是"体力",而是指"脑力""智力""才力""能力"。除人力资源外,有时也称为人才资源、智力资源。其次,通常所说的人才,应当看作有才能者的简称,有才有能,才能统一。所谓"能者为师""选贤任能""一个能人救活一个厂""能人之外有能人"等,这些能者、能人,自非无才、寡才之辈。"才力""能力"用得不很严谨。当然,若定要加以区别,也未尝不可,无非比较抽象和具体程度有别,一般却颇为灵活。如技术人才岂可没有技能,干才当有较强的能力,雄才、奇才离不开各种超常的思维能力、分析能力、判断能力等等。

不过,有时重视和强调能力,是避免用传统意义去理解知识。知识经济和知识管理所指的知识,是真正发挥巨大积极作用的知识,而非孤立自在、消极无为、脱离实际的知识。因此,适当突出对能力的要求,有助于减少和澄清一些可能发生的误会。

在前述高峰会议上,江泽民同志在他所做的重要讲话中明确指出:"开发人力资源,加强人力资源能力建设,已成为关系当今各国发展的重大问题。"又说:"社会的不断发展,为充分发挥人的能力打开了广阔前景。……每一次技术发明和运用,在提高社会生产力的同时,都为人的能力提高带来新的推进。……加强人力资源开发,加强人力资源能力建设,从来没有像今天这样重要、这样紧迫。"[23]他还分别提到知识、智慧、人才、人才战略、人才资源之类。尤其重要的是他所提出的五点主张:树立发展新理念,加紧人力资源能力建设;构筑终身教育体系,创建学习型社会;普及信息网络,优化学习提高手段;弘扬创新精神,培养青年人才;坚持互利互惠,加强交流合作。[24]讲话对我国人才战略的实施,必将产生深远的影响。

紧接 APEC 人力资源能力建设高峰会议之后,中国国家人事部举办了人才战略高级研讨班。在研讨班上,关于巩固完善创新中国公务员制度的发言中,就有"以能力建设为核心,深化培训制度"的专题。在认为要抓好的几项工作中,包括"抓好 MPA(公共管理硕士)教育规划的指导,培养一批高学历、高素质、复合型的高层次行政管理人才。"㉕因其与本书第十一章关于"企业实施知识管理必须有公共管理的配合和支持"的内容有关,所以受到注意。

话又说回来,"知识经济是建立在知识、智力和人的创新能力基础之上的经济。它以越来越多的人的创新能力物化到产品和劳动中去为特征。……注重人力资源开发及其能力建设的实质,就是强调知识经济时代的经济发展、社会发展和人的发展对人的能力尤其是对人的创新能力的依赖,就是强调人要依靠能力尤其是创新能力来实现其价值"㉖。关于创新问题的重要性,前面已经多次提到,因为还要另列专题,这里不再多说。

看来,人力资源能力的培养与开发,理所当然是知识主管的带基础性的重点工作之一。还应该认为,这项工作处于首当其冲的地位,即其他重点和一般工作均将在此基础上相应地展开,使之不断深化、提高,服务于知识经济并更有活力地向前发展。

二、人力资源能力的转换与挖掘

在知识经济时代,人力资本重于物质资本,人力资源成为社会经济发展的第一资源。知识从社会生产的一般性和中介性因素逐渐演变为直接的生产力的说法,以及科学技术是第一生产力的论断,已日益普遍地得到共识和公认。但是,对这些"重于""第一""直接",有一个怎样正确理解的问题。

这里不妨举两个例子:一是"知识就是力量"。在强调知识的重要作用之余,把这句话具体化一下,便不免要看是什么知识可以发挥什么力量。还有很重要的一点,就是如何才能变成力量。因为"就是力量"并不意味着自然而然或自发自动实现,其中总还需要人们明确点什么和做点什么,如有针对性地进行转化、加工之类。二是"时间就是金钱"。古语中早有"一寸光阴一寸金,寸金难买寸光阴"之说,比"就是金钱"更重视得多。但即使是"时间=金钱"这个公式能够成立,也不是那么简单和容易兑现。究竟时间值不值钱和值多少钱，不同的情况有极大的差别。因人、因事、因时、因地而异是普遍现象，自不待言。

知识经济或以知识为基础的经济中的知识，也大致是这样。即并非泛指一切知识和将知识完全视同物质原料单纯投入。也就是说，对于知识是有选择的，还要按知识起实际作用的方式和规律去用于发展经济。"在知识经济社会里，人们主要是通过人力资源、智力资源和人才资源的开发，来开发自然资源以创造新的社会财富的。如从石头中提取并制作信息科学技术所必需的计算机芯片，从沙子中提取并制作信息通信技术所必需的玻璃纤维等，都需要人的知识、智力和创新能力。在这里，人力的价值高于自然资源。"[27]不言而喻，资源只是作为统称，其实无论是人力资源还是自然资源，又各自有不同的种类和价值。

于是，为了便于理解和掌握，在提出知识经济、知识社会、知识时代、知识管理等的同时，人们谈到知识就涉及和联系智力、智慧、智能、能力等一系列的名词概念，以拓宽和加深对知识含义的认识。试以能力为例，它没有也不可能脱离知识，知识的作用亦必表现为能力。因而，正是迎接知识经济的挑战，需要加强人力资源能力建设。

"根据江泽民同志在亚太经合组织第八次领导人非正式会议上的讲话精神，'人力资源能力建设'，主要包括以下两个方面内容：一是'要注意培育和提高人力资源开发的能力，加快人力资源开发能力的培育'；二是'需要采取有效的措施，把人力资源转换和提升为一种能力'。前者指的是'开发能力'，后者指的是'转换能力'。"[28]如此说来和由此可见，人力资源未经能力开发与转换，还不能起到资源的现实作用。应当引起注意和深思的是，转换还要提升。这就意味着有更高的要求，希望能收到更大更好的效果。

对于转换和提升能力的必要性，完全可以理解。常识告诉我们，获得知识少不了读书、学习和接受各级和各种教育。然而，书本知识和学校环境所受的训练，能否学以致用和用得如何，还有待在实践中检验其真正的本领或才能、能耐。"半部论语治天下"，不是说背熟了就行。画符念咒只能骗人，而治不了病。《孙子兵法》人人可读，但有的是"纸上谈兵"头头是道，实战起来一败涂地。作战双方的统帅都熟读兵书，结局仍有胜负之分。学校教育曾有过"高分低能"的现象，社会上也有过"有学历，无能力；有文凭，无水平"的讽刺，这都说明衡量真才实学的尺度，是在发挥应有作用中所显示的能力。

关于在知识管理中要实行知识共享的问题,前面已经述及。共享的知识有两种,即显性知识和隐性知识。前者实行较易,后者则较难和更重要,是知识共享中的重点和发挥集体智慧及进行集体创新的可贵组成部分。实质上,那是属于挖掘潜力一类的工作。

就隐性知识、能力的拥有者而言,不能与人分享也许出于两种情况:一是自觉地自保,即没有对己无损的环境和条件,或缺乏知识产权的保障,或由于独家占有观念的驱使,成为绝不公开的"家传秘方",或"绝招""绝活"。二是尚不自知的潜在能力,只有在适当的启发、激励之下,才令自己也感到惊奇并迸发出来。针对这两种情况,都需要做深入细致的思想发动和环境设计、建设工作。

以上所说的隐性知识、能力,指的是现有人员中的事。后者经过选拔录用,可以相对来说是显人才。现在普遍大量争夺的,也多以显人才为对象。但又不尽然,在一个单位是"草",到另一个单位是"宝";在一个单位是"虫",到另一个单位是"龙",以及"墙里开花墙外香""外来的和尚好念经"等现象,说明还存在潜人才有待挖掘的问题。其中也可能有"本地姜不辣"的偏见。

这里令人联想到"猎头公司"。有人写道:"很多人认为猎头是专干挖墙脚的事,事实上猎头是对社会人力资源进行最合理的配置!"[29]持反对态度者可能不以为然,但从人尽其才和各得其所的角度来评论,未尝不可作如是观。比较而言,其中也包括挖掘潜人才的因素。

习惯上把潜人才比作"藏龙卧虎"。遗憾的是,除上述视"龙"为"虫"外,也有把"虎"当"鼠"的。当事者受屈尚在其次,首先应看到的是社会经济发展和共同事业的损失。因此,在挖掘潜力之际,必须同时注意隐性知识、能力和潜在人才。

此外,自古至今,"怀才不遇"和"野有遗贤"的事史不绝书。现在人才竞争遍及全球,且有愈演愈烈之势。希望和相信在未来社会发展的更高阶段上,真正能够做到:"充分挖掘人本身具有的潜力和资源,为社会做到人尽其潜;充分提高和发挥人的现有能力,为社会做到人尽其能;有效配置和合理使用人力资源,为社会做到人尽其才;培养和提高人的专业技能,为社会做到人尽其长;避免能力和人才的浪费,为社会做到人尽其用"[30]。

三、永远创新

在关于管理的探讨中,几乎无不提及一个重点话题,就是创新,更突出集体创新。说创新是发展知识经济的灵魂、生命、要害、关键、动力、基础等的都有。不管怎样形容,无非是至关重要的意思。并且不是一次、一时创新,而是永远创新;不是局部、有限创新,而是全面创新。要观念新、思路新、技术新、方法新、体制新。总之,只有不断创新,才能经得起竞争和挑战,立于不败之地,不致被淘汰出局。

我国早有把变化迅速称为天天更新、月月不同的成语"日新月异",我们也懂得"新陈代谢"是不可抗拒的规律。古籍中关于新的论述很多,如"周虽旧邦,其命维新"[31],后来变旧法而行新政便叫"维新"。又如"日新其德"[32],也是意在天天更新。还有"汤之盘铭曰:'苟日新,日日新,又日新'"[33],真可以说已达到刻意求新的程度。但是,前人的精神可嘉,只是出于历史的局限性,更新极其缓慢,不像知识经济对创新的要求具有如此迫切的现实意义。

说有迫切的现实意义,是指不创新就不能立足和发展,更不用说兴旺发达。这种不进则退的逆水行舟的逼人形势,对谁都是一样。除奋力创新勇争上游以外,别无选择。因此,在顺利前进的情况下要勇于创新,处于不利的环境中更不能忽视创新。而且,创新是摆脱困境的希望所在,可能收到"出奇制胜"的效果。以下是几个比较有说服力的不同背景的中外企业关于创新方面的实例。它们的情况虽存在差异,但重视创新的理念却不谋而合。

美国思科公司实现超常的持续发展的成功秘密在于:追寻的是人才资本资源开发与经营创新,科技创新来源于大量掌握知识和不断更新知识的企业人才,以及公司尊重员工的创新精神。

我国海尔公司激活企业科技创新,使海尔高新科技产品层出不穷。公司建立了海尔大学,实施企业国际化经营走出去的本土化战略,大量培训国外海尔科技与经营人才,服务于海尔国际化经营。

我国春兰公司等创新产品均一直市场俏销,并确保不断创新,提高高新科技产品的市场占有量和高效益。公司建立了科技研究院,跟踪世界上最先进的技术,重点研究开发5~10年后的市场前瞻产品。

美国宝洁公司是家传统产业企业,但大大加快了科技创新与品牌创新进程，成为全世界日用消费品生产中产品开发创新最多的公司。公司充分尊重员工的自主与创新性，激发其创新热情，为企业创新不断注入活力。

美国科用公司是小企业，其超快发展令人瞩目。他们认为：创新机制与创新精神是企业科技创新与发展的永恒动力。公司建立了科技创新激励机制和淘汰机制相结合、动力与压力共存的"灵魂"创新机制，"允许失败，不允许不创新"成为企业创新精神的追求。

美国微软公司强调，当今企业能保持快速的技术创新，已成为决胜市场的关键。技术创新是目的，而制造"危机"则是一种手段。唯有时刻保持"危机感"，才能为企业技术创新营造一种特有的氛围，从而不断焕发出企业全体员工的创新活力。[34]

惠而浦公司在面临订货开始大幅缩减，由于遭到经济放慢的打击而裁减职工10%和停止许多业务的情况下，其领导人不是让员工坐以待毙，而是激励他们发挥创造力，努力开发新一代家电，提出新建议的人可以得到赠货券。[35]

再以我国彩电业的出路问题为例。现在，发展数字电视是一个必然趋势，谁能始终保持科技创新的意识，谁拥有了研制数字电视的核心技术，谁就能确立自己在未来彩电市场竞争的新优势。[36]所以，结论是：中国彩电业的出路是创新。彩电业是这样，其他行业、领域也莫不如此。

在本书下一章，将专题探讨知识管理与信息管理的联系和区别。这里谈到创新，不能不提前指出，知识管理是学习型组织的特征，它的作用在于培育和提高组织内部个人和集体的创造力。知识主管与信息主管有明确的分工，其工作重点不在于信息技术与信息资源的开发利用，而在于培育集体创造力和推动创新。知识管理应创造有利于创新的良好环境。[37]

创新能力如此重要，我们不能掉以轻心。党和国家领导人在有关场合的重要讲话中，几乎无不强调这一点。例如，前面提到的在亚太经合组织人力资源能力建设高峰会议上的讲话中，江泽民同志就以"弘扬创新精神，培养青年人才"作为他的五点主张之一。他说："培养人们的创新能力，是人力资源能力建设的重要任务。根据经济发展、社会进步和科技进步的发展要求，把培养创新精神，开发创新能力，作为人力资源能力建设的重要任务，积极加以推进。特别要注意培养青年人才，支持他们创新创业。"[38]应当看到，我们迫切需要人的创新能力，必须大力倡导。

与此相联系的是，知识管理也一定是创新管理。本来，"创新管理有三种互有联系的含义：一是对创新活动的管理，二是管理要创新，三是创新型管理。这里指的是最后一种含义。创新型管理的前提和结果必然是管理创新，同时这种管理的内容理应包括对创新的管理"[39]。显而易见，知识管理正是兼这三种含义而有之。它既是管理创新活动和进行管理创新，本身又是创新型管理。

让我们再看：创新型管理不同于守旧型管理，它把创新贯穿于整个管理过程，使管理随着技术、市场等环境的变化而变化，但它也要求整个组织及其组成人员是创新型的，把创新作为其活动的主旋律。创新是一个国家兴旺发达的不尽动力，创新管理体制有助于企业促进全面创新，由单项创新转向综合创新、个人创新转向集体创新。[40]这完全可以作为对知识管理的写照。

此外，关于可持续发展管理、关于从"硬"管理为主向"软"管理转化等观点、理论、原则，在知识管理中都有所反映。说到底，知识管理是创新型管理，因而它吸纳、融合各种创新的思路和实践经验是应有之义。

第三节　知识主管与知识员工的关系

在传统的人事管理中，由于等级分明，上下级之间的关系，通常较普遍的是指挥与服从、命令与执行，或者请示、报告与批准、同意。"公事公办""不怕官，只怕管""官大一级压死人"，较少甚至毫无平等商讨的余地和气氛。即使不在官场，也可能官气逼人。但这在知识管理中不行，知识主管与知识员工之间是一种新型的关系。必须平等对待，以利于合作共事。

一、平等友好相处

根据知识管理的性质、特征、任务及其主要要求等，知识主管与知识员工之间应当平等友好相处。知识员工都具有较高的科学文化水平，维持这种新型的同事关系不仅必要而且可能。除非知识主管不懂得自己所负的责任，或不打算做好本职工作，才不去注意"尊重知识，尊重人才"和不团结广大知识员工共图事业的发展。可以断言，那样的知识主管即使不很快下岗，也很难久于其位。因为问题非常简单：设置知识主管所为何来？

前面说过，知识管理必须善于运用集体智慧。这个集体不是抽象的，而是具体的，最主要的是全体知识员工。如果他们不能得到应有的尊重，不能调动和发挥原有的积极性，甚至抱消极应付的态度，那么，可供运用的集体智慧必将大打折扣。从总体上和长远来看，这个损失很大、贻误很深；反之，倘若他们心情舒畅、齐心协力、热情高涨、群情振奋，就必然是一番生动活泼、生机盎然的兴旺光景。

再说知识共享是知识管理的进一步要求。对于集体智慧的理解，不能停留和满足于认为是表面上个体简单相加的总和。因为假如大家都不愿意实行知识共享，即对与别人分享自己的知识不感兴趣，则集体智慧的运用便受到严重的局限而不能深入。亦即不能互相交流、启发、促进，收到水涨船高的效果，达到共同丰富、进步的境界，增强总体的竞争力和共同受益。

如所已知，要求共享的知识有两种：一是显性知识，二是隐性知识。比较起来，前者的共享易于后者。隐性知识之所以难以共享，可能在有意和无意之中有种种考虑。其中较多的，当属于自保性质。这与前述的潜力的发挥情况，大体相同。对此需要耐心去做的，完全是人的思想发动和引导工作。有效和成功的实践，便是从不愿到乐于将隐性知识实行共享。当然，还要继之以和辅之以建立有关制度，来保证无损于实行者的切身和长远利益，甚至超过其一直"守口如瓶"的实惠（包括物质和精神两个方面）。

对于集体智慧的运用和实行知识共享，尤其是隐性知识的共享，光靠发号施令不行，有时还可能适得其反，徒增阻力。公认可行和有效的办法，是知识主管与知识员工平等友好相处，为逐步深入地做好工作创造必要的良好的条件和环境，并且要真心诚意和始终坚持。不是"心血来潮"式的偶一为之，如蜻蜓点水，那将不能形成比较深厚和牢固的基础。不可虚与委蛇，像例行公事，那将给人以装模作样的印象。而交浅言深，历来为知识界所忌。可见平等待人和建立友谊的事，最重要的是知识主管应有平易近人、和蔼可亲的气质和由衷地对工作需要怎么做有正确的认识。

在上一章，我们刚探讨过知识管理是以人为本的管理。有些相关的内容，如管理者的素质和管理对象等，这里没有必要再做过多的重复。应当指出的是，知识主管处在第一线并直接同知识员工打交道。其被期望发挥的作用，非别人所能代替。知识管理的成功与否，知识主管是关键人物。我们安排专题探讨，正是为了要突出这一点。因此，知识主管本人和别人都千万不能有任何误会，以为与知识员工平等友好相处，只是为了个人沽名钓誉，博得好感，培养私人友情，那就大错特错，因为这至少是所在单位关系全面和长远利益的事，而非一己之私。大家如能有此共识，工作也就好做很多。人们常说的向心力、凝聚力也由此而来。

有了高度的合作精神、优良的团队精神，在运用集体智慧实现知识共享的基础上，才有可能做好另一件更重要和难度更大的事情，即集体创新。比作画龙点睛也好，说是击中要害也罢，这才是知识管理最需要做出满意回答的核心课题。关于创新的极端重要性，我们已经在"永远创新"的专题中反复强调了。

我们不能忘记，国际著名的管理学一代宗师彼得·德鲁克（Peter Drucker，亦曾译为杜拉克）教授，早在20世纪50年代中期就曾首先提出了"知识工作者"这一概念。40年后的今天，知识工作者已逐步发展成为现代社会中的一个新兴阶层，成为企业中的一个特殊团体。他还预见到，未来的企业组织将不再是一种金字塔式的等级制结构，而会逐步向扁平式结构演进。企业组织内部成员间的关系，将是一种平等的伙伴式的关系。知识工人与组织的关系将呈现出一种新形式。他认为，企业有效决策者决策时，应根据的信息包括"能力信息"。在管理效益评估方面，包括对"创新效益"的衡量。[41]没有"能力"，无法"创新"；"创新"正是"能力"的最佳表现。而"平等的伙伴式关系"，又与此有密切联系。即使不直接构成因果关系，但对知识员工来说，其影响不难领会。

我国著名经济学家厉以宁教授在谈到更好地发挥人力资源三原则之际，其第三个原则是："适应原则，也称认同原则，即主观与客观、主体与客体相统一。适应原则能够自觉地发挥人力资源的作用。"接着又说："只有认为公平，才有认同。"除从经济学角度去解释"公平"外，他还从管理学角度解释："公平来自于认同，即个体对群体的认识产生认同，现代企业文化建设主要是培育员工对企业的认同感，调动员工的积极性。……应该培育每一个人对单位、企业和社会的认同感，从而充分开发每一个人的人力资源。"[42]知识主管与知识员工平等友好相处，虽不能保证后者一定会产生认同感，但有助于培育认同感的作用，似应予以肯定，因为不能设想在不平等友好相处的情况下讲什么认同。

有资料介绍:"一位公司总裁指出,'我们碰到的最棘手,但又是最基本的问题,就是大部分的科技专才需要学习与人相处的技巧'。良好的人际关系是做好管理工作的基础,意欲走上管理岗位的技术人才必须在这方面下功夫。"[43]一般来说如此,知识主管更是这样。不能与人平等友好相处,人际关系便好不起来,还不说必须让别人了解自己和自己去了解别人,需要创造有利的条件。

二、经常沟通、深入了解

知识主管与知识员工之间的平等友好相处,不能仅表现于态度上或形式上。体现、证明、维护这种平等友好,还需要进行经常沟通和深入了解。倘使只小心谨慎注意到应平等友好,而常是或总是相对无言,岂不索然无味?何况还很有可能引起或加深误解,以为是虚情假意,莫测高深,甚至怀疑是心怀叵测。那就更加会事与愿违、有悖初衷了。

事实上,在真正平等友好相处的过程中,经常沟通必将在自然和坦然的氛围中进行。没有装腔作势,毫不矫揉造作。日积月累,彼此的了解也随之加深。这种沟通,不限于会议上的交换意见,或者诸如此类的"正式"谈话,而较多的是日常的对话和谈心。也就是不拘一格,有很大的随意性。有时也有事相商,或对某些共同感兴趣的问题展开讨论甚至争论。可以坦陈直到固执己见,但谁也不以势压人,不影响平等友好相处。

要想成为一个称职的、成功的管理者,如果不善于沟通,就要认真学习沟通技巧。在双向沟通中,善于展示、表达自己的思路也很重要。"许多科技专家经常拥有一些绝佳想法,但可惜的是,他们在展示想法时,不是让人感到枯燥,就是引不起听众的兴趣。"这种善于展示自己的技巧有很大的实用价值,当然绝非油嘴滑舌、花言巧语令人反感的那一套,而是合乎逻辑的、有科学分析的、明白易懂的说理或情况介绍。

有这么一条经验:"成功的管理者善于利用任何有用的观点。他把有用的观点和他应该进行到底的工作记下来。……一旦记录下来,你的思想就解放出来,可以进入下一个想法,然后又是再下一个想法。"[44]问题不在于怎样记录下来,而应注意"有用的观念"从何而来。其来路无非是三个方面,即自己想起的、阅读得来的和别人发表的意见。这最后的一条来路,只有经常沟通才能畅通无阻和源源不断。这就叫功夫在乎平常,有时在闲谈之中,也会出现"有用的观点"。

试从反面来看：国外有一位著名的企业家，曾针对"白领阶层"归纳出 12 条成功经理人的戒律，有趣的是分别以一种动物或物体做比喻。其中有半数与沟通有较大联系，举例如下：无法与人合作的荒野之狼，即此类人丝毫没有团队精神，不愿与别人配合；不愿沟通的贝类，即此类人有了问题不愿意直接沟通或羞于讲出来，总是紧闭着嘴巴，任由事情坏下去，没有诚意；不注重资讯汇集的白纸，即此类人对外界讯息反应不敏锐，不肯思考、判断分析，也不愿搜集、记忆有关讯息，懒得理会"知己知彼，百战百胜"这句名言；没有礼貌的海盗，即此类人讲话带刺，不尊重他人，做事或散漫或刚愎自用，根本不在乎他人；缺少人缘的孤猿，即此类人嫉妒他人，只对别人的成就飞短流长而不愿意向他人学习，以致在需要帮助时没人肯伸手援助；没有知识的小孩，即此类人对社会问题及趋势从不关心，不肯充实专业知识，很少阅读专业书籍及参加各种活动。[46]凡此似已不用再做任何解释。仅就这 6 条戒律而言，有其一即足以导致失败。

在有益的经验中，借助和得力于沟通的更多。如日本著名企业家松下幸之助所总结的企业领导管理员工的 21 点技巧，除少数几点与沟通的关系稍远或较间接外，其余均有赖沟通去取得成效："1. 让每个人都了解自己的地位，不要忘记和他们讨论他们的工作表现；……3. 如有某种改变，应事先通知，员工如能先接到通知，工作效率一定比较高；4. 让员工参与同他们切身利益有关的计划和决策；……6. 实地接触员工，了解他们的爱好、习惯和敏感的事物，对他们的认识就是你的资本；7. 聆听下属的建议，他们也有好主意；……9. 尽可能委婉地让大家知道你的想法，没有人喜欢被蒙在鼓里；10. 解释'为什么'要做某事，如此员工会把事情做得更好；11. 万一你犯了错误，立刻承认，并且表示歉意，如果你推卸责任，责怪旁人，别人一定会瞧不起你；12. 告知员工他们所担负职务的重要性，让他们有安全感；13. 提出建设性的批评，批评要有理由，并找出改进的方法；14. 在责备某人之前，先指出他的优点，表示你只是希望能帮助他；……16. 言行一致，不要让员工弄不清到底应该做什么；……18. 假如有人发牢骚，需赶紧找出他们不满之处；19. 尽最大可能，安抚不满的情绪，否则所有的人都会受到波及；……"[47]对于知识员工，应该通过沟通，了解更深。

上面提到员工中有人发牢骚反映不满情绪的问题，必须及时正确处理;否则,负面影响扩大,会使人心涣散,可能达到不可收拾的地步。做这方面的工作,仍然需要进行有效的沟通,弄清真相,然后妥善解决。关于如何处理员工的抱怨,经验表明:①乐于接受抱怨——抱怨无非是一种发泄,他需要听众,只要你能让他在你面前抱怨,你的工作就成功了一半。因为你已经获得了他的信任。②尽量了解起因——除了从抱怨者口中了解事件的原委以外,管理者还应该听听其他员工的意见。过早地表态,只会使事情变得更糟。③平等沟通——管理者首先要认真听取抱怨者的抱怨和意见,其次对抱怨者提出的问题做认真、耐心的解答。④处理果断——应采取民主、公开、公正的原则。让当事人参加讨论,保证管理的公正性。采取处罚措施,尽量做到公正严明。[48]

知识主管与知识员工之间保持经常沟通、进行深入了解,是做好工作不可缺的根本要求之一。所有运用集体智慧、实行知识共享、进行集体创新等,都必须这么做。

三、激励为主

对知识员工实行以激励为主的原则,是由知识管理的要求来决定的。前面已多次列举的如运用集体智慧、实现知识共享和进行集体创新等,均需要以激励为主。激励通常包括物质和精神两大方面,但在知识经济条件下,随着生产、经营管理等方式发生变化,激励的方式和内容也有许多不同于过去之处。

在物质激励方面。过去比较单一的或简单的是现金和实物(如房屋、汽车等)激励,也有带薪休假和免费旅游之类。现在已增加了不少新的方式,如技术入股、职工股份期权制、以知识产权为参股方式等,并且仍在不断发展之中。

在精神激励方面。过去也比较偏重形式,如记功、表彰,发给奖状、奖章、奖旗、奖杯、奖牌,公布光荣榜,等等。现在则已深入到情感激励和更高的精神层次,以适应对工作节奏加快、竞争力度加强等紧张生活有所缓解和放松的精神需求。

此外,还有介乎物质激励和精神激励之间、或兼两方面的因素而有之、着眼于发展和未来的激励方式。例如,"调查发现,当问及职工经理人员最大的需求是什么的时候,他们认为不是房子,不是工资,也不是汽车,而是获得培训、充电的机会。这里讲的培训不单是'老师讲,学生听'，包括亲自体验一流企业的文化、管理模式的机会，包括紧跟世界一流企业技术与管理新动态的机会，从而使自己作为人力资本不断地升值"[49]。

因为知识经济是以人的智力尤其是创新能力为动力的经济，所以员工必须接受终身教育已经是大势所趋。对新型企业来说，"培训成为重中之重，吸引人才、激励人才，为员工提供一个自身发展、自我实现的优良环境，成为公司实现未来战略不可缺少的重要先决条件。试想，如果一个企业能指导员工的职业生涯设计与员工共同努力，促进其职工生涯计划的实现，并提供各种条件，使员工的知识技能始终保持在国际前沿水平，还有什么比这更能打动员工的心呢？"

动心和提高工作热情虽仍属于精神激励的范畴，但是令人神往的发展前景则是值得为之奋斗的。这种激励其实是意义更重大、更深远，也更有力。当然，为此要做的事情也很多，如制订好计划，建立好机制，强化和优化有关管理，包括创造适宜的条件和环境等。

强调以激励为主，并不意味着激励就是一切，或把激励看成万能的，激励不能不考虑其实际影响和效果，如果影响是消极的，效果是负面的，则这种激励有不如无，甚至起的是破坏作用。其中包括激励的目的是否明确，标准是否得当，具体执行是否公正等。

应当十分明确，激励是为了调动和发展员工的积极性、合作精神、奉献精神，做好本职工作，共谋集体事业的发展和成就。不是为激励而激励，只是人有我有，聊备一格。因而不去精心设计，而是照抄照搬，依样画葫芦，徒具形式和流于形式。那将尽失激励的来源意义，绝不可取。

激励应有标准，标准必须适当。过高则高不可攀，最优秀者尽最大努力也难以达到，实际上形同虚设，起不到激励的预期作用。过低则易趋于滥，也没有积极促进的意义。适当的意思，在于客观可行，经过相当的努力方能实现。俗语有"跳起来摘桃子"的比譬，而非举手可得。

执行激励要公平、公正，还要公开，即须有透明度，而非"暗箱操作"。过程和结果，都要令人心服。任何徇私舞弊，都是对激励工作的严重玷污，都足以败坏激励员工的信誉，把好事办坏。如果有这类情况发生，一定要坚决查处；否则，恶劣影响极难挽回。

关于激励制度和方法，很值得认真和过细研究。例如，评审大权仅由领导者掌握，员工可能因存疑而信心不足。又如名额过多，感兴趣者的面也就不宽。最差劲莫如旨在"息事宁人"或"皆大欢喜"的"轮流派奖",好像很"公平",确实是"人人有份"。可是,那已使"奖"变质、变味,根本不会有什么激励作用。更加甚者,当推美其名曰"一视同仁"而实际上是大拉平的发等额"奖金",结果是比"大锅饭"更"大锅饭",更平均了,究竟是"奖"什么呢?

话又说回来,在知识经济的发展进程中,物质激励对知识员工的作用正明显逐渐减弱,而有转向日益重视精神激励的倾向。关于这一点,以下的材料有助于做补充说明:"美国管理学者玛汉坦姆普在研究中发现,员工对激励方式的个体偏好顺序为:"个体成长,占33.74%;工作自主,占30.51%;业务成就,占28.69%;金钱财富,点7.07%"[50]。这里说的是知识员工,至于非知识员工,则又当别论。不过,有一点必须明确,即知识员工与非知识员工在激励问题上应有所区别,不宜一概而论。如像人们常形容的那样来个"一刀切"或"一锅煮",效果必然不佳。主要原因是科学文化素质上的差异,其期望自不相同。知识员工的特点常表现于关心企业的业绩、自己的工作是否被肯定、有没有发展前途、工作中的意见受不受到重视,以及留心学习和成长的机会等。

与激励制度联系得很密切的,是绩效考核。绩效考核工作做得好,对激励的顺利进行有直接帮助。因此,绩效考核应有明确的标准,在实施中必须保证公正与公平。要使员工了解企业对他们有些什么期望和要求。绩效考核如仅当作"例行公事"去做,便失去其积极作用。也就是说,通过考核可以增进企业与员工之间的相互了解,促进协调,改善各种关系,以利于加强团队精神和工作水平的提高。只是由上级考核是不够的,还要同级和下级参加,则考核的准确性较有保证。这种有"360度绩效考核"之称的做法,对作为激励的依据,在员工的印象中也可以从过去的"那不过是头头们操纵"转而增加其透明度和可信度。

思考题:
1. 知识主管有哪些任务和任职条件?
2. 对于知识主管的重点工作是人力资源能力的培养等如何理解?
3. 为什么知识主管与知识员工之间必须平等、友好相处?

注释：

①②③摩顿·汉森、博洛·冯·埃坦热：《T型管理者》，载台湾《天下》杂志2001年5月号。

④⑦尼尔·格罗斯：《挖掘公司丰富的人才资源》，载美国《商业周刊》2000年8月28日。

⑤⑧⑨李昌立：《知识管理的开拓者——CKO》，载《万科周刊》1999年11月8日（总346期）。

⑥⑪叶婧：《知识经济时代的新岗位——CKO》，载《羊城晚报》2000年5月9日D1版。

⑩秦歌：《网络经济时代企业需要“知识管理”》，载《光明日报》2001年5月9日C2版。

⑫⑬申俊龙：《知识管理中的领导者素质》，载《人事管理》1999年第12期。

⑭叶菲菲：《知识经济呼唤高素质领导者》，载《重庆行政》1999年第3期。

⑮⑯㊲㊴㊵乌家培：《未来管理五大趋势》，载《光明日报》1999年5月5日第11版。

⑰⑱(51)张秀芳：《如何管理知识员工》，载《人才瞭望》2000年第10期。

⑲㉟参见卡罗尔·希莫威茨《如何创新不止》，载香港《亚洲华尔街日报》2001年5月23日。

⑳参见铃置高史《竞争成为中国发展的动力》，载《日本经济新闻》2001年3月13日。

㉑夏子、齐兵、仁宣：《以人为本　共促繁荣》，载《人才瞭望》2001年第7期。

㉒参见方铁《亚太经合组织人力资源能力建设高峰会议对人事工作的启示》，载《人才瞭望》2001年第7期。

㉓㉔㊳参见江泽民《加强人力资源能力建设　共促亚太地区发展繁荣——在亚太经合组织人力资源能力建设高峰会议上的讲话》，据新华社2001年5月15日电。

㉕尹蔚民：《在实践中巩固完善创新我国的公务员制度》，载《人才瞭望》2001年第7期。

㉖㉗㉘㉚韩庆祥、张军：《知识经济时代要重视能力培养》，载《光明日报》2001年2月20日B1版。

㉙张世安：《猎头：不是挖墙脚》，载《人才瞭望》2001年第8期。

㉛《诗·大雅·文王》。

㉜《易·大畜》。

㉝《礼记·大学》。

㉞参见杨金风《中关知名企业家“知识经营”奇招借鉴》，载《人事》2001年3月刊。以上从思科公司起，引文均同此出处。

㊱参见李东生《中国彩电的出路是创新》,载《光明日报》2001年7月30日B2版。

㊶参见赵曙明《德鲁克学说引进中国》,载《中华读书报》1999年2月3日第9版。

㊷一哲:《厉以宁谈人力资源三原则》,载《人才瞭望》2001年第5期。

㊸㊹《技术人才怎样成为成功的管理者》,载《人才瞭望》2001年第6期。未注明作者或编者。

㊺《管理者最重要的是做事》,载《人才瞭望》2001年第6期。

㊻参见丽彤《成功经理人戒律》,载《人才瞭望》2001年第5期。

㊼潘旭编:《管理员工21点技巧》,载《人才瞭望》2001年第11期。

㊽参见潘旭编《如何处理员工的抱怨》,载《人才瞭望》2001年第11期。

㊾㊿王学军:《论新经济时代的员工激励》,载《光明日报》2001年7月13日C4版。

第六章　知识管理与信息管理的联系和区别

内容提要　本章主要讨论知识管理与信息管理的联系和区别。一方面，管理离不开和不限于信息管理；另一方面，信息管理还不能代替或等同于知识管理。知识管理既得益于信息技术和经过改善的信息管理方法，知识与信息之间又不断转变和相辅相成。二者都存在较好的发展前景。

前面已经探讨过信息经济、网络经济、数字经济、高技术经济、新经济等与知识经济的关系以及关于知识管理的一般情况。本章以"知识管理与信息管理的联系和区别"为题，主要是从管理的角度，在二者同时存在的环境中，看它们应如何分工、合作。不是谁高谁低或谁比较重要的问题，而是力求配合得好，使知识经济能得到更加顺利的发展。虽然也曾经发生过将知识管理同信息管理混为一谈的事，但实践已逐渐予以澄清、纠正。

第一节　信息时代的到来

不久以前，曾经有过一个时期，关于信息革命、信息时代等议论，成为全世界最热门的一个话题。这都是由于信息技术或信息技术革命的兴起而出现的。也因而有信息经济、信息管理，以及紧随其后的知识经济、知识管理。但是，在发展特别迅速的情况下，人们对信息经济和知识经济、信息管理和知识管理之间的关系，也常闹不清。本节试图从信息时代的到来说起，最后落实到知识管理与信息管理的联系和区别。

一、信息技术的兴起

说来未免话长，还是从信息时代的关键技术——多媒体开始。当第一台多媒体计算机在1984年问世的时候，并没有引起人们的注意。但到了

20世纪90年代初，多媒体技术流行，成为世界高技术竞争的焦点。"多媒体与信息高速公路成为第三次信息革命的核心。专家们称，80年代是个人计算机年代，90年代是多媒体时代。"①多媒体技术的应用日益普及，多媒体产品日益丰富，市场前景广阔，受到世界各国的高度重视。新的信息服务越来越多，至1995年初，美国人在家上班的已约有4000万人，约占全美国劳动力的30%。美国已有在家上班者协会，"研究显示，通过电脑在家上班较一般坐班者生产率高出20%"②。信息技术带来的变化，可见一斑。

谈到信息技术的未来，1996年初就有人在文章中列举了到2025年改变我们生活的92个方向。与18世纪蒸汽机在英国出现并引起工业革命相比，文章作者认为，"今天我们对于计算机和电信引起了一场新革命是没有什么怀疑的，而且对于这种新的变革将比它的先行者对人类的影响更加深刻也是没有什么怀疑的"③。时隔5年多，其中不少预测正逐一成为事实。不过，其中许多还有待今后20年的实际生活去证明。

信息技术兴起的影响深远。信息时代是崭新的时代，也需要有符合时代要求的新的思维方式，亦即必将引起思维方式的变革。有人将东西方文明的发展进行比较，认为，"值得亚洲人省思的是，两次现代人类生产力及生产方式的战略性变革都发源于西方。……曾在'农业时代'领先世界的亚洲，由于彼时失去了进一步解放生产力的远见和动机，导致痛失历史良机，发展严重滞后"④。"原因首先来自于思维方式。……突破'重维持，恐创新'的思维框架，努力将'发展手段'与人生目的合而为一，鼓励社会中的科学实证实验和公平竞争，是亚洲赶超信息时代，并可能领导下一次人类重大变革的前提保证。否则，亚洲将永远难逃'亦步亦趋，被动跟随'的霉运！"⑤真是言简意赅，语重心长，很值得我们深思。

关于亚洲的情况，西方也有人认为应当抓住信息革命的机遇："没有人能够肯定，在21世纪即将来临之际，亚洲将如何对付它所面临的压力。亚洲可能选择正确的方向，抓住信息革命的机会和利用这次机会促进经济繁荣和更深层次的政治改革。否则，它可能错过迎接挑战的机会。"⑥从亚洲各国的有关动态来看，对于这一点似已有默契和共识。以下根据手边的资料做些介绍。

新加坡大力推动信息技术产业的发展，使从业人数激增，政府予以大力扶持。到1994年底，已经有大约9.2万人在信息和通信技术行业工作。

两年内预计将会增加 10%～12%，到 2001 年预计将达到 11.4 万人。到 2010 年，这一数字将增加到 25 万。1996 年仅有 6% 的新加坡家庭进入了因特网世界，1999 年这一数字已经猛增至 42%，而个人计算机的拥有率则增加到 59%。⑦我们都很清楚，新加坡的总人口不多，25 万可是个大数字。

印度在信息技术方面，利用软件业创造了奇迹，在全球软件技术中的领先地位非常明显。其人才流向全世界，包括德国和新加坡在内的许多国家，都向其寻求帮助。印度本身也希望利用软件业的繁荣取得收益并带动本国经济。印度许多传统家族企业的市场份额不断下降，而信息技术公司却占据了领先位置。其最大的软件和计算机公司威普罗（Wipro）的股票在印度股市直线上升，公司总裁阿齐姆·普雷姆吉被评为世界第三富商。⑧

时任马来西亚总理马哈蒂尔·穆罕默德在第二届全球知识大会上的演讲中，称该国正准备"跃入"将重新构造其公司和社会的信息时代。他说该国政府将于 2000 年底采纳知识经济总体规划。他曾率先提出将吉隆坡南部的芝贝尔贾亚市建成信息技术中心。他还表示了对信息时代的一些担忧，如贫富之间的知识差距和经济差距、经济剥削、社会混乱以及帝国主义与殖民主义新时代的危险等。⑨

日本报刊有文章认为，信息技术革命的影响是极其深远的。可以和 100 年前发明电相提并论，甚至可以说比发明电的意义更大。它毫无疑问将成为经济长期发展的起爆剂。更为重要的是，信息技术革命不仅能提高经济的生产率，它的影响还涉及政治、社会、文化等各个领域。⑩也有人提醒不要过分炒作信息技术革命，并警告大家："在信息技术领域不要被美国牵着鼻子走！"⑪但不管怎么说，日本决定在全国 3000 多所邮电局、市町村政府、商工会议所等开设 IT 学习班，聘请 4 万讲师，以便使全体国民都能掌握电脑和 IT 技能的事，已公诸报端。⑫不仅如此，日本已确定 2001 年至 2005 年度科技计划基本草案，并提出国家信息技术战略，如能实现，几乎所有家庭都能使用"高速"网络。

中国全国职工计算机知识普及应用学习活动组委会有关负责人介绍，中华全国总工会、国家经贸委、劳动和社会保障部、国家信息化推进工作办公室联合发出文件，决定开展迎接新世纪全国职工计算机知识普及、应用学习活动。这是新中国成立以来规模最大的一次全国性、群众性学习与普及现代新技术的活动。目标是力争用 3 年时间实现全国中青年职工计算机学习普及率达 50%。对象是全国所有企业、事业单位和机关的在职干部和职工群众。至 2000 年 9 月初，参加人数已在 1000 万以上。[14]时任国务院总理朱镕基指出："积极运用现代科技手段，特别是先进信息技术，加快政府管理信息化进程，是适应国民经济和社会信息化发展的迫切要求，各级政府、各个部门都要把推进行政管理信息化作为一件大事。"[15]

二、信息技术与信息经济

没有信息技术的发展和发达，就不会有信息经济的出现。说信息经济是信息技术革命的必然产物，也是一样。从实际情况来看，美国的新经济奇迹，正主要是由信息技术创造的。德国刊物有文章指出：美国经济各个部门开始了一个新时代——信息技术时代。"勇敢的新经济"成了到处流传的时髦用语。人们一心希望，信息技术革命能使经济持久、均衡地增长。但是，在这个"美好的新经济"中发生通货膨胀的危险绝没有排除。很显然，信息技术是产生美国新经济奇迹的更为重要的原因[16]。

美国新经济奇迹的集中表现，是劳动生产率的迅速和大幅度提高。米·鲍曼和奥·格尔译曼在《提高限速》一文中指出："最重要的是信息技术革命对生产率带来的推动。劳动生产率的提高多年来在 1% 左右爬行。现在显然有一种趋势：过去三年中增长率上升到 2% 以上，今年第一季度甚至上升到 4%。"[17]文章作者紧接着又说："这些推动生产率提高的力量所产生的结果是：工资可以更快增长，而不会加快通货膨胀。就连谨慎的格林斯潘也在谈论'可能常规的经济模式将掩盖几年的结构性变化'。""其实甚至可能掩盖许多年。这是因为生产率的推动力可能延续几十年。例如……保罗·戴维发现，美国经济充分利用电气化的潜力整整花了 40 年……认为，信息技术'可能类似这么长久'。"[18]

法国报纸也有文章描述了一种新型的"信息资本主义"的来临，在谈到美国"新经济"时指出："新技术（信息技术和网络）在企业中占据了它应有的位置，因特网正在消除劳动市场上的此疆彼界。这两种变化的结果是生产率得到了极大的增长。在美国，生产率的年增长率达 4%，是被人们称为'辉煌年代'的 60 年代的两倍，是 70 年代和 80 年代的 4 倍。"[19]同样被提到的是 4% 的增长率，但增加了具体的形容和分析。

关于信息经济与知识经济的关系，我们在前面已有所说明。这里不妨再明确一下：应当说，（它们）在宏观上、在整体上是一致的，最占位置的是信息产业，特别是软件产业。有的学者将信息比作同心圆的外层圆，将知识比作同心圆的内心圆，信息是知识的基石，知识是信息的内核。信息经济是向"知识管理"的高深阶段迈进的经济。[20]其他如网络经济等，就不再赘述。

毫无疑问，知识经济当然离不开信息和信息技术。人们在议论信息经济及其特征时，非常自然地谈到与知识的联系：如果现在的预测准确的话，那么在未来10年，人类的全部工作中将有4/5与信息有关。换句话说，越来越多的人工作，将是把数据转化成知识。数据信息尤其是知识处理，对其他生产要素的有效使用发挥着越来越关键的作用。对竞争有决定意义的将只有知识，无论它是通过人才以活的形式还是作为软件以电子化形式表现出来。[21]

在谈到以创新为基础的信息经济时，也不能不落实到知识，起决定作用的生产要素不再属于资本所有者，而属于员工：这就是装在他们脑袋里的知识。一个组织的唯一竞争优势将取决于其学习的能力，即从现有知识尽可能快地产生新知识的能力，也就是创新能力。[22]这简直令人难以区分是在说信息经济还是说知识经济了。

让我们还是回到信息技术对经济发展的影响上来。面对美国的现实状况，日本方面的感受颇深：由于信息技术革命，产业结构发生了重大变化。伴随着信息通信技术的进步，美国的高技术产业在美国各地建立起新的产业据点，成为支撑美国繁荣的原动力。[23]他们在对比之下，明确指出：美国的经济继续扩大，而日本却进入因企业重组而造成的大失业时代。在20世纪最后的10年中，区分日美两国好坏的因素是什么呢？是以因特网为中心的信息技术革命。美国利用信息技术革命的浪潮，迅速摆脱了经济停滞不前的局面。这就是把变化视为挑战机遇的冒险精神。信息技术革命已经成为繁荣的重要力量。[24]这就是他们的结论。

其他如网络经济也好，数字经济也好，问题的关键或焦点，在于信息技术发达的程度。世界银行在1998—1999年的报告《知识与发展》中指出，"信息是每一个经济的生命线""知识是发展的关键""知识就是发展"[25]是有事实根据的。据联合国技术经济贸易信息网新闻的报道，至1998年，在国际互联网1.3亿用户中，发展中国家只有1000多万人，占7.8%；而发达国家有1.2亿人，占92.2%。在发展中国家每440人有一个国际互联网用户,而在发达国家每 6.8 人中就有一个国际互联网用户。[26] 这种差异必然反映于经济发展状况之中。

那就让我们再看一看,在技术差距下的世界是怎样的一个新格局呢?"地球上一小部分人——约占世界人口的 15%——提供了世界上几乎所有技术革新。而占世界人口差不多一半的第二部分人,能够在生产和消费中采纳这些技术。剩下的约占世界人口三分之一的那部分人,则与技术无关,既无法在国内进行创新,也无力采纳国外技术。"[27] 怎样才能把新的技术带入受排斥地区呢?具有极大讽刺意味的是:"世界银行每年提供的科技贷款和拨款还不及美国一家大型制药厂用于研究和开发的预算的十分之一。"[28] 这是当前国际上比较突出和严峻的问题之一。反对全球化浪潮值得人们深思,是该予以正视和采取必要措施的时候了。

三、信息经济与信息管理

任何一种经济形态都需要有与之相适应的管理,信息经济也是如此。发展信息经济必须实施信息管理,正同发展知识经济必须实施知识管理一样。但二者之间既有联系也有区别,不能看作一回事。随后即将分别进行探讨,这里先谈信息经济与信息管理。不难觉察和不无趣味的是,在关于信息经济与信息管理的探讨中,已无可避免地涉及知识问题。这在前面介绍关于信息技术与信息经济时,已不止一次碰到过了。

对信息经济以前的企业经营管理形式来说,在发展信息经济的条件下当然要加以变革。因为,"现有企业经营管理形式是在约 125 年前开始采用的,目的是有效地组织商品生产。现在它已无法适应信息经济的要求。对知识要素的管理比单纯的企业管理重要得多"[29]。这里说的是"对知识要素的管理",我们可以理解为知识从数据、信息转化和知识作为信息去扩散、传播。

原来意义上的信息管理是就信息本身而言。"信息"这个词是从英语的 information 翻译引进的,曾经译作"情报",也有称为"资讯"的。在现代管理中有"管理系统就是信息系统"的论断,在信息经济中更不待言。进入信息时代、信息社会,面临信息激增、信息革命,要开发信息资源、建设"信息高速公路"、发展"信息网络",等等,成为盛极一时的热门话题。

关于管理离不开信息,对任何管理领域都适用。在为发展信息经济而实施的信息管理内容方面，主要是发展信息经济所需要的信息和开展管理所不可少的信息。无论是哪一类的信息，也都存在信息要管理的问题；否则，信息虽多，但杂乱无章，仍难以运用或不能收到应有的效果，甚至蒙受时间、经费、人力、物资等的浪费和损失。

必须明确，管理信息为管理工作服务，而管理工作总服务于一定的具体业务。因此，为信息经济服务的管理者应当对发展信息经济有什么要求有较多、较好的理解，才能发挥应有的作用；否则，再有怎样强烈的做好工作的愿望，亦将如俗话所说的"隔靴搔痒"，管不到点子上。这就略如学校管理要懂得办教育的规律和特点，才能有针对性地或自觉地、主动地掌握有关和有用的信息去把学校办好。

信息管理的一般原则是：为专业和管理工作服务；对信息加工以整理和分门别类，以便于检索、共享；应努力做到规范化、制度化；保持相对的独立性不受干扰；有监督机制和法律保障；管理要求有效、高效运作；提供信息讲究和注重及时、准确、对口适用、经济实惠和经常更新等。

信息管理的过程管理包括：信息的获取、加工（整理）、筛选、分类、排序（编号）、比较（分析）、计算、系统化、条理化、贮存、传输、利用等。其中主要是掌握信息源、信息流、信息量等部分。最佳状态是能够经常保持源广、量足、流畅。不仅数量丰富，而且质量较高，利用方便。信息分类也不只是简单的、单一的、绝对的，而是多角度、多交叉，充分考虑到较易于检索和利用。由于信息管理的内容相当复杂，所以，用电子计算机来管理已经成为不可逆转的必然趋势，是时代潮流和世界潮流。用信息技术于信息管理，可谓名正言顺。

在信息管理方面，过去常见的除管理信息系统（MIS，即 Management Information System 的缩写）之外，还有决策服务系统（DSS，即 Decision Service System 的缩写）和计划预算系统（PPBS，即 Planning Programming Budgeting System 的缩写）等。信息技术不断有新的发展，在管理实践中也日新月异，新鲜事物层出不穷。现在，因特网在信息技术中似乎是最有前途的联络和沟通工具，它将使企业的运转和人际关系发生革命性的变化。[30]

随着信息技术的迅猛发展，信息设施也发展得很快。产品更新的周期大为缩短，新型号没有多久就陈旧、落后。国际互联网已在世界范围内展开，互联网络用户激增。这些情况表明，信息管理需要有先进的信息设施。

　　与先进的信息设施相适应，高素质的信息专业人员的需求也随之大增。倘若设施先进，而专业人员的素质不高，即难以胜任。前已述及的国际人才争夺战，其中主要或大部分是信息技术人才。在一条"德国将引进信息技术人才"的报道中，2000年初，"信息与通信技术产业协会估计，德国的计算机和电信公司中，总共有7.5万个空缺的岗位"[31]。试想德国尚且如此，其他国家和地区可想而知。

　　信息不是为搜集而搜集，不是为贮存而贮存，无法沟通的信息作为信息的价值，也就成了问题。因此，信息沟通是信息管理中的一个非常重要的环节。计算机在信息沟通中的作用，应予高度重视。有人把信息沟通的英语，用计算机（computer）和沟通（communication）两个词各取其一部分而合成为compunication，并非拼写有误，而是借以表示二者已达到难解难分程度的一种文字游戏。

　　关于信息沟通，可以进行专题研究。这里所要强调的是沟通必须有效，应力求避免和减少沟通欠佳、无效尤其是误解（更糟糕的是正反、是非颠倒）。具体要求是沟通必须准确，不能发生误导。在沟通全过程中的每一个环节，直到尽可能注意到的所有一切有关细节，都要做最大努力以保证不发生任何差错，特别要防止重大失误。这是一项需要非常认真、过细的工作。如果中间环节出现错漏，便将一错到底；若是到达终点最后出错，便是前功尽弃。在信息沟通过程中，传输（发送）和接收的双方，都应当有极端负责的态度，随便、大意不得。遇到沟通欠佳、有误的情况，应立即采取补救措施，并留意总结，不断改善、提高沟通能力，满足形势发展的要求。

第二节　知识管理与信息管理的联系

　　从历史发展的时间先后顺序来看，信息技术革命推动了信息经济的发展，需要进行信息管理。知识经济和知识管理继之出现，已表明它们之间存在联系。但并非知识管理取信息管理而代之，亦非前者是后者改头换面或换汤不换药，而是根据发展的需要出现和并存。既有分工，又须合作。难免或有交叉，仍可协调前进。这里先谈二者之间的联系。

一、信息管理的延伸与发展

信息管理先于知识管理而存在，是一个不争的事实。但在它们之间，不是互不相干的。在一次关于知识管理的讨论会上，有人认为，"要想在知识经济中求得生存，就必须把信息与信息、信息与人、信息与过程联系起来，以进行大量创新"。紧接着一位与会者指出："正是由于信息与人类认知能力的结合才导致了知识的产生，它是运用信息创造某种行为对象的过程。这正是知识管理的目标。"[32]这里说得很清楚，知识是由人类认知能力经过对信息的"加工"或"转化"而成。在这种情况下，信息并不直接等于知识，但也不是与知识的产生无关。因此，信息管理与知识管理有需要密切配合的关系。

此外，"信息和知识管理之间存在密切联系，其主要原因是，组织中的员工不断地把知识改造成各种形式的信息（如备忘录、报告、电子函件和简报等），从别人那里获取信息以丰富自己的知识。知识和信息之间的这种不断的转变是必要的，因为人们总是无法人对人地共享知识"。这里所说的情况，是将知识作为信息去传播，可能较好地实行知识管理中关于知识共享的要求。在知识共享的基础上，还可以进行知识创新。这也是知识管理借助于信息管理之处，信息管理亦从而得以更加丰富自己的工作内容。信息技术作为技术，可以而且应当为管理服务。如果说"在知识管理中，技术成分约占20%，而文化交流占80%"[34]的话，那么，其中的技术成分，最主要的应是信息技术。

简单回顾一下信息管理的发展过程，将对我们在探讨信息管理与知识管理的联系问题之际，有所启发和帮助。随着信息技术的推广应用与信息资源的开发利用，管理信息化正在往广度和深度发展，并进入了管理活动与业务活动综合信息化的新阶段。管理信息化的新发展，进一步促进信息管理的普及和提高，导致信息管理在整个管理中地位的提升。可以说，若无信息管理，也就谈不上任何管理了。[35]这是一般的实际情况。

依此类推，知识管理也是管理，一般来说已经不可能不需要信息管理。更加重要的是，它们还有内在联系。"值得注意的是，已经出现了信息管理向知识管理演进的发展趋势，而且知识经济日趋重要。虽然人们对知识管理的认识仍未统一，但是对知识作为一种重要生产要素在经济发展中的作用日益增长因而需要加以管理的认识却是相同的，对知识管理日趋重要的认识也是一致的。知识管理是信息管理的延伸与发展。"㊱这里有一个对"延伸与发展"如何理解的问题。从实际出发，即凭事实、看实践。这种"延伸与发展"不是以信息管理不复继续存在为条件，而是在仍旧保持发挥其原有作用的情况下，出现了与之有内在联系的新型管理——知识管理。二者虽有联系，但也有区别（随后即将探讨），不能等同。

提出"延伸与发展"者的原意是这样表述的："如果说信息管理使数据转化成为信息，并使信息为组织设定的目标服务，那么，知识管理则使信息转化成为知识，并用知识来提高特定组织的应变能力和创新能力。知识管理是信息管理的新阶段，它要求……通过信息与知识……的共享，运用群体的智慧进行创新，以赢得竞争优势。"㊲关于使信息转化成为知识，前已述及。这里所说的"新阶段"，也同上面对"延伸与发展"的理解一样，不是信息管理从此消失。在20世纪90年代开始设置的知识主管没有代替原有的信息主管，而是有明确的分工，这便是明证。

我们看到，不仅信息主管没有消失，而且为了做好本职工作，知识主管还被要求加强包括信息主管在内的相互配合和处理好部门间的关系，也就是要密切与信息主管的联系和沟通。值得注意的还有，信息主管是一般公认的知识主管，首先应该与之保持良好的合作关系者，其次是人力资源管理。为什么呢？"因为从知识管理角度看，上述两方面应该是知识主管的同僚，其任务都是发展公司的知识，与知识管理有很大关系。知识主管们的任务是促进信息的采集、传递和共享，人力资源部门的任务是帮助公司的每一位员工发展其知识。但是，信息主管难以把信息上升到知识高度，而人力资源部门在促进知识的发展、共享方面能力有限，而且关于知识管理的很多内容都是这两个部门所不曾注意或无能为力的，因此，设立知识主管及其部门是必要的，且三方面必须共同合作。"㊳

尽管知识主管作为一个崭新的工作岗位，其与各部门之间的工作关系尚有待逐渐进一步明确，但在各有关方面，尤其是企业中的高层人员对它的重要作用有了较深的了解之后，知识主管必将更融洽地整合到公司现有的管理体系之中，"并真正成为沟通公司有关信息、知识等职能部门的枢纽"㊴。知识主管与信息主管之间的分工合作关系，也大体上是如此。工作上的矛盾、不协调、不平衡的情况是会有的，需要有一个不断调整的过程。

我们注意到在尚未实施知识管理的情况下，有一种对已采用了先进的信息技术，仍有信息化程度不足之感的现象。揆其原因，就是在正常管理系统中还缺少点什么。研究表明，那是需要开展知识管理的征兆。在条件成熟的时候，知识管理就会突破概念阶段而进入现实生活，活跃于管理舞台。"对于企业信息化建设来说，知识管理开辟了崭新的一页，实际上它是企业在当今知识经济、市场竞争环境下，加强企业的快速响应能力、创新能力、技能素质和运作效率的必然选择。"⑩既然如此，可见知识管理的方兴未艾并受到举世瞩目，是有其时代背景的。

二、时代呼唤知识管理

发展知识经济实施知识管理，是必然的发展趋势和客观要求。在信息化建设中，企业发生在生产和管理的信息系统方面有不平衡的现象。据分析，这是由于管理系统跟不上造成的。随着信息化建设的迅速发展，人们已经认识到以下的这种情况："办公自动化和电子协作系统等建立在企业网络基础之上的管理应用系统，都亟待向更深度应用的方面发展，这个深度就是知识管理。事实上，在当今的知识经济环境下，知识管理已成为企业提高竞争力的核心。知识管理为企业带来的好处之一，就是企业能够充分利用实时的知识，企业信息系统将不再是事后才反映企业运作效果，而是加入到企业运作的过程中，让企业提高运作效率，提高竞争力。"⑪

实施知识管理，当然需要有相当的基础。属于硬件的基础设施不用说了，还要有信息技术的广泛应用，包括办公自动化、因特网和重视加强有关人员的培训，直到终身教育机制的建立等。这样，知识管理的开展便有水到渠成、瓜熟蒂落之势。可见，应当认为："知识管理是企业管理、信息化建设的进化过程，而不是推翻原有体系另起炉灶的革命。因此，企业实施知识管理，应遵循循序渐进的原则。"⑫此言有理。

一个常为人们所津津乐道的对比，是美国的微软公司和通用汽车公司。前者作为有形工厂的规模较小、原材料库存量较少，是一家小公司；而后者作为工业时代的堡垒，其全球设施和库存量均居世界首位，是一家大公司。但是，前者的资产价值达2000亿美元，而后者的资产价值只有400亿美元，竟然是5∶1。这到底是怎么一回事？原因何在？如何解释？原来情况是这样的："随着公司越来越重视无形资产而轻视有形资产——或者说越来越重视知识而轻视库存——关于成功的整个定义都已经发生变化。眼下衡量成功的尺度是创新能力。公司若要取得成功，就必须积蓄自己的智力资源。这是实施知识管理的动力。……公司将发现，它们在知识经济中如果离开了知识管理，就不可能具有竞争力。"[43]我们知道，知识管理要实现知识（包括显性知识和隐性知识）共享，还是要通过知识管理去实现。这是因为，"知识管理有助于对显性知识和隐性知识进行处理，并把这些知识用一种适合于用户和商业环境的方式表现出来"[45]。

截至目前，知识管理仍然是新生事物。如何进行知识管理和争取做好知识管理工作，全世界都正在积极探索，还需要继续努力去开拓。正如"第一个火车头"不知怎么制造，但还是制造出来了。虽然在开头远不是那么完善，不断加以改进就是了。可贵的是创新精神，而这也正是知识管理所要求的最主要之点。除公认的一些基本原则外，重要的是通过具体实践总结、提高。例如，在一篇文章中介绍格林斯其人，对我们就很有启发。

说的是知识管理行当中有头号赚钱高手之称的格林斯，在1997年领导了英国石油公司即目前的BP阿莫科公司的一个项目，"其任务是通过分享最好的做法、重复利用知识、加快学习过程以及诸如此类的手段，来改善公司的业绩。……利用第一年的时间深入钻研，对所采取的做法进行了一些调整，当年节省了2000万美元"[45]。真可谓旗开得胜。但同以后的金额相比，这里还只能算是一个比较小的数目。

1998年，"他们开始一心一意地干了起来，全年使公司的财务盈余增加了3.26亿美元，这些是可以归功于知识管理的账面节约资金，此外很可能还在账面以外产生了4亿美元资金，总计金额将超7亿美元"[46]。

对于知识管理如何实施没有系统认识的格林斯，"他一直在探索、寻找实施的途径，因为他坚信知识管理对企业的重要性，他要通过行动证实一个结果——一个不了解知识管理的人从事知识管理的事实"。果然，实践出真知。以下是他取得成功的几点经验和体会。

在从事自己相对比较陌生的项目时，他总要先去从同行那里学习经验，学习能够节约成本的秘诀。他们总结出的第一个准则就是：动手之前先学习。他和他的工作小组用了6个月的时间学到所要学的东西，不仅使油田顺利投产，还少花8000万美元的投资。

格林斯以研讨会的形式，邀请专家和有经验的人参加讨论，"虚心向发明人问了一些具体问题，他们很高兴地回答了这些问题。这样，格林斯巧妙地获得了成功。这是知识管理的第二条准则，格林斯将其称为同行协助"。在一般情况下，别人是不会透露技术秘诀的。

格林斯认为，"联系（connect）是最为重要的准则，知识管理的运用就是将分散、独立的部门有机地组织起来……使本企业在不同地域的机构都得以资源共享，形成虚拟团队精神"。显然，没有好的沟通联系，什么共享或团队精神均将无从说起。

还有两点很值得我们注意：①格林斯认为，"不管是成功的决策还是失败的投资，都要事后认真反思，多问几个为什么，这样会使知识管理真正落到实处"。②格林斯认为，"个人的力量是有限的，如何让企业的每个部门学会知识管理的方式，并且能够灵活运用，才是知识管理的主要内容和本质意义"。

时代呼唤知识管理，这是不可逆转的大趋势。尽管万事开头难，我们还是要勇敢地起步或试步。但也要虚心谨慎，一定抱着学习、请教的态度；坚决保持与上下、左右、内外各有关方面进行有效的沟通联系，并养成随时总结经验教训的习惯；练好善于观察、思考、分析各种问题的基本功，尤其要着力于发挥集体智慧的巨大作用。

三、知识管理曾得益于信息技术和经过改善的信息管理方法

在探讨知识管理与信息管理联系问题的时候，我们应当看到，知识管理的一些做法，曾经得益于信息技术和经过改善的信息管理方法这一事实。认清这一点，将更有助于我们加深理解它们之间的联系。

从科技和管理发展的历史进程来说，或者从根本上来说，没有发达的、成熟的信息技术和经历不断改进的信息管理方法，就不会有日益普遍进入现实生活的知识经济和知识管理。它们之间最深刻的联系，都源于人类的智慧。因为信息技术、信息管理和知识管理等，都是人类智慧的创造性的成果。

说到知识管理，有人认为，"一些公司的出色之处在于，它们大力开发这样一些能力：搜集和整理关于知识的信息，提供广泛的获取机会，以及对其进行远程传输。……知识管理真正的显著方面分为两个重要类别：知识的创造和知识的利用"[47]。这里有以下两方面的问题需要借助于信息技术和信息管理来解决。

（1）"关于知识的信息"，不是别的什么信息。搜集、整理、广泛获取、远程传输等，都是作为信息来对待的。那么，信息技术和信息管理的

作用也就不言自明。不能设想,可以置现成有效的设施和方法于不顾,而另辟渠道。

(2) "两个重要类别:知识的创造和知识的利用"。①知识的创造,诚然是知识管理的重要任务。但是,除了人的思维能力、认知能力、创造能力外,还要有数量大、质量高、门类多、方面广、传送快的信息作为"原料"或"素材",以便加工、转化和创造。于是,信息技术和信息管理便大有用武之地。不是帮不上忙,而是可以帮大忙。②知识的利用,要集中,要共享,要储存,要传播,并便于检索、查询,等等,上面已经述及,作为"关于知识的信息处理",信息技术和信息管理也就都用得上了。完全可以这么说,只要信息技术还有生机活力,信息管理也不会受到冷落。

我们记忆犹新,前面刚刚讲过,如信息技术是美国生产率增长动力,或信息技术创造美国新经济奇迹,信息技术革命促进经济繁荣,各国引进并争夺信息技术人才,等等。这些情况都足以表明信息技术不仅正在大用特用,而且还继续加强。在时间上和空间上均较近的例子,如印度正在加速建设信息技术基础设施,已着手普及因特网电话服务和铺设光缆网。虽然印度在软件的开发和出口方面受到世界关注,但是要想使国内的信息技术市场发展成熟,全面完善通信基础设施是不可或缺的。其铺设光缆的工程全部完工后,加上因特网电话,就可以确保通信容量相当于现在的40多倍。由于把数据通信通过网络体系利用到电话上时,可供几个人同时通话,因此能够以较低的成本解决电话线路不足的问题。从2001年度开始,印度政府设立了10亿卢比的信息技术振兴基金,以支持信息技术相关企业。该基金优先用于信息技术基础设施领域和硬件部门。[48]这叫作双管齐下,或者叫"软硬兼施"(软件加光纤网)。如果怕误会或不好听,叫"软硬兼顾"也行。

知识管理需要信息技术作为硬件基础,前面早已述及。事实证明,对于知识管理的评价,从来不忽略信息技术和信息管理方面的因素。知识管理领域的卓越成就,总是离不开、少不了后者所做出的配合、支持和得力贡献。

让我们重温一下联合国经济合作与发展组织对知识经济所做出的著名定义:"知识经济就是以知识和信息的生产、分配、传播和应用为基础的经济。"一般简略的说法,则是以知识为基础的经济。其实,在知识经济的建设和发展过程中,信息(包括技术和管理)工作始终紧密结合在一起。

再说,在生产中以高技术产业为支柱的知识经济,其最重要的资源依托是高新科技。按联合国组织的分类,高新技术主要有信息科学技术、生命科学技术、新能源与可再生能源科学技术、新材料科学技术、空间科学技术、海洋科学技术、有益于环境的高新技术和管理科学(软科学)技术。[49]列于首位和末位的两项,是有普遍意义的,与知识经济和知识管理更直接相关。尤其是在知识管理的具体运作中,它们的关系经常颇为密切。

如果说,"知识管理可以说是一门对知识进行管理和运用知识进行管理的学问。它的任务主要是管理好智力资本,运用集体的智慧提高应变能力和创新能力。……知识创新成为新时代知识管理的核心。而知识创新的内容主要是技术创新、制度创新和管理创新"[50]。那么,在进行实际管理和种种创新之际,也无不需要信息科学技术和信息管理对事前的准备、事中的协助和事后的跟踪给以支援。

我们还可以通过一个实例来说明问题。说的是施乐公司凭借其"在知识管理领域的卓越成就",受到了Teleos公司和KNOW网络的共同认可。前者是一家独立的知识管理技术研究组织,后者是一个网络团体。其团员之间相互分享最好的知识实践。自1998年该奖项创立以来,施乐一直名列前10位世界最佳知识型产业(Most Admired Knowledge Enterprises,简称MAKE),2000年施乐被授予MAKE荣誉室成员称号。它在知识管理方面取得成功的具体做法如下:

(1) 重视研究知识管理的发展趋势。
(2) 建立企业内部网络。
(3) 建立企业内部知识库。
(4) 重视对公司智力资源的开发和共享。
(5) 改变传统的营销方法。[51]

在这五项当中,"网络""知识库""开发和共享"固然与信息技术和管理有关,其余两项也有用得着它们之处。

第三节 知识管理与信息管理的区别

常识告诉我们,倘若知识管理与信息管理完全相同或基本相同,便没有可能自立"门户",继续存在和发展。在事实面前,有联系不等于无区别,反之亦然。知识管理与信息管理正是既有联系也有区别,而且区别足以分清它们之间有不能互相代替的、各自的主要任务。由于曾有人对此产生过误解,所以谈谈二者的区别,以利于各就各位,各尽其责,分工同时合作,对此仍很有必要。

一、知识管理不限于信息管理

在信息时代、信息社会、信息管理声名大噪之际,人们对于知识管理曾经颇为陌生。这不足为怪,因为凡事总有一个认识的过程。两位信息管理教授为此发表专文,文章的题目非常鲜明——《知识管理仅仅是出色的信息管理吗?》,并开门见山地指出:"知识管理概念几年前出现的时候,正值管理者们对时髦工商用语的怀疑情绪十分高涨。他们很想知道,知识管理是否仅仅是信息管理的一个档次提高了的不同的标签。然而,从几个方面讲,真正的知识管理远远不仅限于信息管理。"[②]因为两位作者都是信息管理的专家、权威人士,所以他们能够一针见血,击中要害。而且,他们显得比较客观,更增强了意见的可信度。

上述意见的重点,在于"远远不仅限于"的论断。至于"从几个方面讲"的内容,下文除述及信息和知识管理之间存在密切联系外,着重指出前面已介绍过的知识管理真正显著方面的两个重要类别,即知识的创造和知识的利用。还有一些方面,知识管理不同于信息管理,"而且它们根本不依靠电脑或电信网络(顶多是略微触及)。不幸的是,这些方面难度最大,其在使组织出类拔萃过程中的作用也最大"[③]。这里所指的"难度最大"和"作用最大"的那些方面,实际上说的就是知识的创造和利用。关于"根本不依靠电脑或电信网络(顶多是略微触及)",应当是与信息管理比较而言。特别是在知识的创造和应用中,发挥关键性和决定性作用的是人的智慧、能力。所谓"顶多是略微触及",则所触及的,已经是信息技术和信息管理的事了。

在关于"什么是知识管理"问题的讨论中,主张它同信息管理不能混为一谈的言论是常有所闻的。例如，"要了解知识管理，首先要把它同信息管理区别开来。公司方面常常错误地认为，制定一个有效的信息管理战略也就体现了它们在知识管理方面的行动。……实行有效知识管理所要求的远不止仅仅拥有合适的软件系统和充分的培训。它要求公司的领导层把集体知识共享和创新视为赢得竞争优势的支柱"[54]。这里最后所强调的"支柱"，与前述两位教授的意见在原则精神上是一致的。

可是，"如果公司里的雇员为了保住自己的工作而隐瞒信息，如果公司里所采取的安全措施常常是为了鼓励保密而非信息公开共享，那么，这将对公司构成巨大的挑战。相比之下，知识管理要求雇员共同分享他们所拥有的知识，并且要求管理层对那些做到这一点的人予以鼓励"[55]。这两个"如果"和紧接着的"相比之下"，已进一步将知识管理与信息管理的区别加以阐明。

在培养和设立信息工程师与知识工程师的问题上，也对知识管理与信息管理的区别有所反映。企业过去设立信息工程师或专门负责计算机运行的部门，有了信息中心或专门的信息技术管理机构。企业现在设立知识工程师的职位，并逐步建立企业的知识管理机构，将对企业实施知识管理产生推动作用。与信息工程师不同，知识工程师需要对企业员工的技能和工作效果负责。[56]例如，知识管理对员工的考核，除直接业务外，还要考核其技能和工作能力及所体现的利用知识水平对单位知识财富的贡献大小。而若由信息管理部门来担任这项任务，那就要"从根本上改变信息工作者事后决策辅助性工作的角色"了。这也是两者的很大区别之一。

诚如以下一段话所说："从字面看，CKO 和 CIO 有共同之处，但从职能范畴的深度和广度来看，两者有较大的不同。CIO 有着特定的职能，即信息技术决策、信息技术实施和信息技术的管理。它所涉及的范围较窄，还不能涵盖知识管理的方方面面。"[58]因为前面已经有较多的介绍，这里不再就其"方方面面"重复列举了。但应强调指出，"CKO 的主要职责之一就是制定明确的知识管理程序。为了做到这一点，他们首先要对企业高级管理人员进行逐个了解，弄清楚他们之间可能存在着的个人知识差距，据此制定知识管理方案"[59]。在这种管理程序、方案之中，也就会把工作范围、内容与目的要求等做较详细的说明。我们也由此可以看出，知识管理与信息管理二者在任务、目标上的差异所在。

很能说明问题的是这种情况："许多公司不遗余力地用关于知识的信

息来将其知识库的'货架填满'。但是雇员必须应用和利用知识,不仅要经营好今天的企业,而且要为明天的企业研究出新的高招。知识的应用和利用是一个复杂的问题。"[60]有知识不用或不会用,正像人们所嘲笑的"书呆子""两脚书橱"。因此,"使得知识管理不同于信息管理的另一方面,同人们应用和利用知识而非信息的方式有关"[61]。前人慨叹的"百无一用是书生",其实,除了可能是无用的知识外,在很大的程度上是说"书生"没有发挥知识作用的能力。知识管理就是要不仅创造知识,而且使知识通过应用显示其价值。

话再回到主管上来。"某些企业把知识管理视为信息管理的延伸,从而试图把信息主管错误地改为知识主管。这将在不知不觉中把知识管理工作的重点放在技术和信息开发上,而不是放在创新和集体的创造力上。……虽然知识管理的首要目标不是技术,但是公司将发现,它们在知识经济中如果离开了知识管理,就不可能具有竞争力。"[62]这里所说的"延伸"同前面说到的不同之处,在于"错误地改为",而实际上是"冒名顶替"。十分明确的是:"知识管理并不是一门技术,而是各种可行解决办法的一种综合,它作为一个单一系统能够满足每个成员的具体需要。"[63]这是信息管理所不能代替的。

二、知识与信息之间的不断转变和相辅相成

综上所述,我们已经看到知识管理与信息管理之间的联系和区别。正是因为情况是这样,它们存在分工合作、相辅相成的关系的必要和可能。其具体表现为知识与信息之间的不断转变,并在转变的过程中有所更新、提高、增长、扩大和加快发展,形成如"滚雪球"之势的良性循环。

人们曾大为惊叹知识更新的频率空前加快,知识量激增的程度也不断地打破纪录。那是与信息技术日益发达和信息量激增分不开的,在各种信息来得又多又快的情况下,对新知识的产生是最有力的促进。这是举世公认和无可否认的事实。

与此同时,知识又作为信息,通过先进的信息技术,得到前所未有的迅速和广泛传播。并能较好地储存和非常方便地检索,使人们易于实现知识共享、丰富、补充自己的知识。还在互相参考、借鉴、启发、促进的情况下,进行知识更新、创造,向高层次、高水平迈进,新颖的、精密的、尖端的科学技术和管理知识也就不断涌现。

实践证明，知识管理与信息管理当如珠联璧合、相得益彰。不是知识管理兴起，信息管理便趋于衰微或相形见绌，而是共同发展，互相带动。那种以为知识管理就是信息管理或以为信息管理就是知识管理的想法，原因是昧于两者的联系和区别。没有联系，便各自为政或格格不入；没有区别，便职责不清或顾此失彼。所以，在讲联系时，勿忘有区别；在讲区别时，勿忘有联系。只有在保持联系和区别的同时，才能各得其所、各展其长，协调、协作，从而达到人们所预期的上述境界。

例如，知识管理必须重视创造知识。知识的创造并非新话题。但它最近一直是工商领域中重新加以调研的主题。一些日本大公司和欧美公司依靠知识的创造来促进长期创新和提高经营的业绩。在这方面做得好的日本十分注重"默然知识"（基本上是难以用文字表达的知识）。它们推动知识创造，是通过对产品和战略的大胆设想，加上提倡知识和信息的共享、透明度和积极的利用。[64]

知识的创造必须重视人的因素。"既然知识主要寓于员工之中，而且也正是员工决定创造构想，对其加以利用和分享，以获得经营结果，那么，知识管理就不仅仅是管理信息和信息技术，而且也是管人。"[65]这一点很重要，不强化人的因素的作用，创造知识即有可能流于空话。至于这里所说的"管理信息和信息技术"，并非取信息管理而代之，而是指与知识管理有关的信息和信息技术。

与此相联系的是，知识管理不同于信息管理，它通过知识共享，运用集体的智慧提高应变和创新能力，因而需要建立激励雇员参与知识共享的机制、设置知识主管、培养企业创新和集体创造力。在实行知识共享中，显性知识易于整理和进行计算机存储；而隐性知识则难以掌握，它集中存储在雇员的脑海里，是雇员所取得经验的体现。"在公司内部共同分享知识从许多方面来说是一个巨大挑战，这个挑战丝毫不亚于同一个竞争对手共同分享知识。"积累知识管理方面的知识并使之能随时得到运用，是企业面临的最大挑战。[66]这里不能不引起我们注意的是，知识共享是一个"巨大挑战"，运用知识是"最大挑战"。不是也不用咬文嚼字，而是在层次上确有不同。因为共享固属不易，运用尤为重要。共享为了运用，否则失去意义。说是"最大挑战"，是掌握了分寸的。

知识管理面临的挑战还不止于此。"有许多技术选择方案可以用来管理显性知识，但是能用于隐性知识管理的技术却很少。这是当今公司面临的最大技术挑战。"[67]前已述及,知识管理并不是一门技术。说是"最大技术挑战",也未尝不可。尽管一方面认为,"要实行知识管理,最基本的是建立一个能为公开交流提供完好基础设施的网络。……在万维网内,公司必须确定各项具体技术在知识链的每一个环节中所起的作用。公司应该注重那些能有助于发现和交流的技术"[68],但在另一方面也不能不承认,"建立反应能力需要实现工序自动化、劳动合作和专家基础系统"[69]。还应该懂得,"雇员之所以重要,并不是因为他们已经掌握了某些秘密知识,而是因为他们具有不断创新和创造新的有用知识的能力"[70]。此外,还要注意,"造就杰出知识主管的是灵活性和对智力的战略性运用意识。……那种认为人在没有先例可循的情况下能够训练有素地丰富、支配和管理不断发展的知识中心的观点未免要求太高。……设立知识主管……对于商业运作过程的作用就如同信息主管对于技术开发的作用"[71]。由此可以看出知识管理与信息管理的分工合作关系。对知识管理而论,其中最主要的工作,是信息管理无能为力的事情。

具体来说,目前IT界主要有三种知识管理方法,其中有一种是基于数据仓库的知识管理,它是一些事实性的知识,属静态的知识。而企业在提高竞争力的过程中,最关心的是技能知识,是能够实时帮助员工更聪明工作的知识,达到提高工作质量的目的。[71]这就是说,静态知识易得,动态知识难求。孰轻孰重,一清二楚。

让我们回到前面谈到过的关于知识主管的任职条件和素质要求,其中包括为什么要有开阔的思路、丰富的知识背景,从事过较多种工作(因而有较多实践经验),等等。[72]原因就在于要做好知识管理的领导工作,需要具备这些条件,尤其是较高较好的综合素质和领导能力,才能胜任、称职。

三、知识管理与信息管理的发展前景

从知识管理和信息管理的发展前景来看,总的说来,不是分道扬镳,而是齐头并进。不是互为消长,而是荣枯与共。不是因为有了知识管理,信息管理即如俗话所说"没戏了",而是仍然大有可为、大有可观。知识经济愈发达,知识管理愈展开,愈需要高水平的信息技术的支撑,也就愈要得到信息管理的配合。事实上,信息技术的发展潜力很大,知识管理还刚刚开始。创新永续、学无止境。至少在可以预见的将来,会更加枝繁叶

茂，反映在人才需求和争夺方面，也将日趋剧烈。

前面已多次引用过的一篇关于迎接知识经济、实施知识管理的美国刊物文章中，即曾以专题论述未来展望，其要点可归纳为以下10个：①建立知识型企业是一项复杂的任务；②公司内部及与竞争对手合作将是常事，彼此联合将日益普遍；③公司将把重点放在核心能力上，并与其他专门知识的外部供应商合作；④未来的竞争者们将共同开拓和培育市场，也因此展开竞争，以便占有一定的份额；⑤跨学科和跨地点的协作小组日益普遍；⑥等级制度将被淘汰；⑦最好把核心能力同雇员的优点统一起来；⑧合作性竞争是一个根本变化；⑨以上将为被传统束缚住手脚的企业敲响警钟，要看到知识管理浪潮，勿失良机；⑩技术正以空前速度改变几乎每个产业，知识管理将很快成为一个热门的前沿领域。[73]

关于创新问题，随后还将有专章讨论。这里从展望角度，也不妨先介绍有关意见。有学者认为，"当前，强调要建立和发展国家创新体系，这很重要，但创新体系只有以企业为主体才有真正的活力。知识管理就是要从企业内部、企业与企业之间、企业与顾客之间、企业与高等院校和研究单位之间的联系，加强知识联网，加快知识交流，其目的就是要推动创新"[74]。看来似乎是可并行不悖，而联网是共同的，已涉及信息技术的应用。

人们对技术、知识及其发展前景是怎么看的呢？美国联邦储备委员会主席艾伦·格林斯潘的意见有代表性：信息技术的发展是提高美国工人生产率的主要因素。这个时期，与我们历史上其他时期的不同之处在于，信息和通信技术起了非凡的作用。这些技术的影响可能赶上其至超过电报在"南北战争"之前和在此之后的影响。增长的动力是一个突出的技术创新浪潮。技术及其应用出现了不可逆转的发展——之所以不可逆转，是因为知识一旦获得就几乎永远不会丧失。[75]这个"不可逆转的发展"，已足以回答我们在本段开头所提出的问题。

在谈到把新技术带入受排斥地区，使之在与世界经济接轨时，虽然存在财政费用问题有待解决，但是不能不看到，"信息技术提供了又一个良好机遇，因为信息技术可以克服因距离遥远而造成的许多不利条件"[76]。

关于经济衰退与投资回收，信息技术也起了明显的作用。现在美国公司大量使用电脑，对需求的预测更加接近当时的实际。公司的仓库储存量大量减少，因而整个经济受景气周期影响的可能性也大为减少。电脑和信息技术的其他投资在短短几年内便能回收。投资效益对不可预见的利息变化的依赖性大为降低。[77]

关于在知识时代"社会、企业、事业等都被要求是学习型"的说法，已得到日益广泛的共识。而学习也不再是过去的一套陈旧的办法，信息技术显示了积极的推动作用，"网络的普及只是个时间问题，再过一些年，因特网会像电视一样普及。关键在于使用网络的能力。我们在美国的一些学校可以看到，那些在家里已经获得网络基本知识的学生，在因特网的帮助下进步得更快，而其他的学生（被称为'慢学者'）则进步得很慢。因特网并没有帮助他们开发组织信息的能力"[78]。对此，在改革开放初期，我国到发达国家去的比较坦率的访问学者和留学生深有体会：除了要提高外语水平外，还要补电脑课。不然，就一定会影响学习研究的效率。

被公认的事实还有很多。例如，知识和信息资源不仅不会被耗尽，而且在使用过程中甚至可能增多。信息产品的价值衡量标准与物质产品不同。物质产品通常"物以稀为贵"，数量越少价值越高。而信息产品和信息工具却恰恰相反，经常是使用越普及，其价值就越高。[79]

由于创新周期趋短，企业处于两难：一方面，产品的老化速度越来越快；另一方面，生产新产品必须具备新的能力和条件，需要的时间也越来越长。公司不可能储存足够多的专家，都使用自己的人才。因此，未来的公司与外部专家保持着联系，组成一个网络。这种网络式的价值创造共同体被称为虚拟公司。[80]

因此，必须对企业组织结构进行重组，按功能和等级划分的传统组织结构，正在被由许多规模较小但自主性增大的单位组成的网络取代，具有更强的学习能力。取代僵化行政程序的是一个开放的信息和思想市场，其中没有起阻碍作用的等级排列和分工界限，任何形式的直接交流都将成为可能。[81]此外，还有生活工作方式的变化等。

因特网属于一个虚拟的、潜在的世界。"我们正面临着一部新的'机器'。……生产能力不是由其发明者事先确定的，而是取决于其操作者的智慧和革命精神。这是一部可以把使用的自由推向极限的很'柔韧'的机器。"[82]这有点"神乎其神"，但也不无道理。

思考题：

1. 知识管理为什么离不开和不限于信息管理？信息管理为什么不能

等同于知识管理？

2. 在信息技术兴起、信息时代到来以后，为什么说时代呼唤知识管理？

3. 如何理解知识管理和信息管理不是互相代替，而是相辅相成？

注释：

①安鹏：《多媒体：信息时代的关键技术》（上），载《参考消息》1995年12月26日第7版。

②《美国兴起"在家上班制"》，载《广州日报》1995年2月11日第12版。原注"摘自《编译参考》"，但未注明刊期、作者。

③《信息技术的未来——到2025年改变我们生活的92个方向》，载美国《未来学家》双月刊1996年1—2月文章。

④⑤韦迭：《资讯时代与新思维》，载新加坡《联合早报》1998年1月6日。

⑥《抓住下一次机会》，载英国《金融时报》1999年12月28日。

⑦据法新社2000年3月5日新加坡电。

⑧据德新社新德里2000年3月5日电。

⑨据法新社吉隆坡2000年3月8日电。

⑩行天丰雄：《IT革命是政治的新武器》，载日本《读卖新闻》2000年7月9日。

⑪牧野升：《不要过分炒作信息技术革命》，载日本《产经新闻》2000年8月9日。

⑫据日本《读卖新闻》2000年9月3日报道。

⑬㊽据《日本经济新闻》2000年11月7日、22日报道。

⑭据《光明日报》2000年9月8日A2版报道。

⑮朱镕基：《积极运用先进信息技术努力建设廉洁高效政府》，载《中国行政管理》2000年第10期。

⑯⑰⑱㊼参见米·鲍曼、奥·格尔译曼《提高限速》，载德国《经济周刊》2000年6月9日。

⑲㊆参见《因特网创造了一种新资本主义》，载法国《解放报》1999年7月5日。内容是"'新经济'方面的导师曼纽尔·卡斯泰尔的答记者问"。

⑳参见刘淑敏《大力发展信息经济》，载《光明日报》1999年7月19日第12版。

㉑㉒㉙㊳㊵参见乌尔里希·克洛茨《新的工作岗位不是通过更多的分工来实现》，载德国《法兰克福汇报》1999年7月26日。

㉓㉔参见《信息技术革命引导世界》，载日本《产经新闻》2000年1月24日。

㉕中国财政经济出版社1999年版，第72、103页。

㉖参见乌家培《网络经济及其对经济理论的影响》，载《学术研究》2000年第1期。

㉗㉘(76)杰弗里·萨克斯:《一幅新的世界地图》，载英国《经济学家》周刊2000年6月24日。

㉚(82)参见《因特网，促进就业的新动力》，载法国《回声报》2000年2月14日。

㉛据法新社德国汉诺威2000年2月25日电。

㉜㊸㊹(54)(55)(62)(63)(72)《迎接知识经济》，载美国《福布斯》杂志1998年4月22日。

㉝㊼(64)(65)(67)(68)(69)(70)(71)参见托马斯·H. 达文波特、唐纳德·A. 马钱德《知识管理仅仅是出色的信息管理吗?》，载英国《金融时报》1999年3月8日。

㉞(58)(59)(72)叶婧:《知识经济时代的新岗位——CKO》，载《羊城晚报》2000年5月9日D1版。

㉟㊱㊲(74)参见乌家培《未来管理五大趋势》，载《光明日报》1999年5月5日第11版。

㊳㊴㊺李昌立:《知识管理的开拓者——CKO》，载《万科周刊》1991年11月8日（总346期）。

㊵㊶㊷(56)(57)(71)参见秦歌《网络经济时代企业需要“知识管理”》，载《光明日报》2001年5月9日C2版。

㊻同㊳。以下关于介绍格林斯的引文和情况，均参见该文。

㊾㊿参见徐宏毅《知识管理——科技进步的必然结果》，载《江汉论坛》2001年第7期。

(51)据《人民日报》2000年6月14日讯，并参见㊾徐宏毅文。

(52)(53)(60)(61)见㉝托马斯·H. 达文波特、唐纳德·A. 马钱德文。前者是美国波士顿大学商学院信息管理教授，后者是瑞士国际管理发展研究院信息管理教授。

(75)据美联社华盛顿2000年6月13日电。

第七章 知识管理与按生产要素分配和保障知识产权

内容提要 本章主要讨论知识管理与按生产要素分配和保障知识产权。由于按生产要素分配是知识管理的根本原则，不解决好这个问题，知识经济便不能成功。与此相联系的是保障知识产权，两者都需要有法制基础和法律保障，包括各种配套的法律法规和司法必须公正等。

知识在知识经济中所处的地位和所发生的作用，已经是众所周知的事。但如在按生产要素进行的分配中得不到体现和知识产权不能予以切实的保障，则知识经济的发展即难以顺利前进。所有知识共享、集体创新等要求，均将不能落实。知识管理最主要的任务，也无法展开和完成。知识主管成了有点像是难为"无米之炊"的"巧妇"。因此，本章所讨论的问题事关重大，不可掉以轻心。

第一节 按生产要素分配是知识管理的根本原则

按生产要素分配，可以说是经济发展中的"老规矩"了。但是，问题在于，各种不同的经济形态的生产要素也不同。工业经济的生产要素不同于农业经济，知识经济的生产要素不同于农业经济和工业经济。如果还照老一套办，新的经济形态就不可能破土而出，更谈不上茁壮成长。知识经济的生产要素是什么，知识管理就应该根据它来进行分配。

一、知识经济的本质

根据前面已经不止一次地谈到过的定义来看，知识经济应以知识的生产为核心（因为没有生产也就说不上分配和利用）。则其本质当在于创造性的脑力劳动，因而表现为如下的三个本质特征：脑力劳动者是知识经济的劳动主体,创造性的脑力劳动是知识经济发展的核心动力,智力资源是知识经济的第一资源[①]。以下简要阐述相关内容。

(1) 关于脑力劳动者是知识经济的劳动主体。在过去的经济形态中,脑力劳动者并非不重要,而是其地位和作用经历了一个从不显著到逐渐显著的漫长过程。农业经济转变为工业经济,不可忽视人的创造发明的智力因素。从劳动分工上看,也反映了脑力劳动者的比重日益加大的迹象。科研人员、设计人员、管理人员、商业人员和金融人员的出现,是工业经济发展的表现,也是知识经济萌芽的标志。随着软件业信息技术的发展,由于计算机、机器人的产生,并直接嵌入物质生产过程中,这些脑力劳动者在直接的物质生产过程之外,集中在技术、信息生产的环节之中发挥作用。于是,脑力劳动者成为知识经济的劳动主体。

(2) 关于创造性的脑力劳动是知识经济发展的核心动力。在信息技术革命的条件下,脑力劳动有创造性脑力劳动和复制性脑力劳动之分;而创造性脑力劳动中复杂的创造性脑力劳动,同简单的创造性脑力劳动也有差别。不管怎么说,在知识经济时代,创造性脑力劳动是唯一的生产手段和价值来源。主要表现于:①创造性劳动是脑力劳动者的必由之路。②创造性脑力劳动是人们谋生的主要手段。创造性越弱,社会承认的价值越少。③创造性劳动是劳动者的根本任务,永远不会停留在原有的水平上。④创造性劳动是开辟商场的动力,新技术市场永远是朝气蓬勃的市场。

(3) 关于智力资源是知识经济的第一资源。从严格和比较意义上来说,在来源和作用层次上,智力高于知识,因为知识是智力劳动的结果。不仅如此,对知识的运用和不断创新,又非发挥智力的作用不为功。我们清楚地看到历史事实是:作为经济资源,农业社会主要是争夺土地;工业时代初期,人们主要是争夺自然资源,抢占殖民地;在工业经济向知识经济过渡的历史阶段,人们主要是抢夺创新人才。发展知识经济主要是靠人的智力和积极性。我国的现状是农业经济、工业经济和知识经济(尽管尚属初露端倪)三种经济形态并存,超常发展虽然不易,但历史机遇也确实存在,需要我们做更大的努力。

摆在我们面前的问题是:在农业现代化没有完全实现、工业化和工业现代化正奋力向前之际,知识经济发展的必然趋势不可阻挡,超常发展的可能性怎样才能变成现实?所谓超常发展,有时也称之为跨越式发展。顾名思义，也就是要打破常规，或可以跨越某些一般必经的和较长的阶段。这里有以下三方面的情况可以考虑。

这第一种情况说的是：社会经济发展有其客观规律，一个阶段接着一个阶段，应按部就班、循规蹈矩，慢慢来，急不得。对于超常发展或跨越式发展，总觉得不放心、靠不住，认为还是照别人走过的老路走下去比较稳妥，也比较省事，似乎没有风险。可是，后果如何呢？不仅永远落后，而且每况愈下，灾难更加深重，危机四伏、险象环生，连继续生存都发生问题。历史和现状已经并正在说明和证明这一点：经济全球化使发展水平差距拉大，穷国反而增多，不能不令人深思。形势和环境不容许这么办，只有下定决心，鼓足勇气，急起直追，才能抓住历史机遇，应对时代挑战，而不致败下阵来，甚至落得个被淘汰的悲惨结局。

这第二种情况说的是：既然有超常发展或跨越式发展的可能，何不丢掉"包袱"，直奔知识经济，放手大干？这样一来，岂不是迎头赶上，后来居上，不亦快哉！想得倒也很"美"，只是太简单了。所谓"包袱"，当然指的是农业经济和工业经济。这里需要回到发展规律上来，应当看到它们之间的有机联系，不能割裂和孤立看待。正如撇开农业，"单刀直入"搞工业化就行不通，因为没有粮食、原料、资金、市场等的配合和支持。同样的情况是，知识经济并非凭空而来，没有相当的基础和条件，想"独沽一味"，也是不成的。硬件固不待言，软件尤其是人才的培养和积累，与过去的经济发展和教育、科学、文化水平直接相关。即使在人才的争夺中，综合国力强的就比较占优势。

这第三种情况说的是：摒弃上述两种偏颇或极端的思路，审时度势，实事求是，面对三种经济形态并存的现状，统筹兼顾。在抓紧实现农业现代化、工业化和工业现代化的同时，应积极准备迎接知识经济和着手进行试点工作。这就是前面已讨论过的，在力争基本实现第一次现代化的时候，把关于第二次现代化的事情及早提上议事日程。利用和发挥好我们的后发优势，第一次现代化的进程一定会大大加快和提前实现。一个非常明显的事实和十分浅显的道理，就是先进的和发达的科学技术，特别是管理科学和信息技术等，可以服务于农业现代化、工业化和工业现代化，而在历史上是没有今天这样的条件的。我们曾以移动电话已活跃于经济欠发达的穷乡僻壤地区为例，实际上还有很多有助于促进经济发展的新科技因素，就不用列举了。

根据知识经济的本质，看看知识管理的主要任务，联系到我国知识分子队伍的不断壮大，"从中华人民共和国成立前不足五万人，发展到目前已有三千多万人"[②]。这是我们继续前进的有利条件之一。数量还在增加，素质还在提高，是一支大有可为、大有希望的队伍。

二、知识经济成功的原则要求

关于知识经济和知识管理，无论是在理论方面还是在实践方面，我们的发言权不多是可以理解的。因此，较多引用、介绍国外的资料是无可避免的事。谈到知识经济成功有些什么原则要求，更加需要听听对此已有经验和研究者们的意见。

1996年，美国《未来学家》双月刊在关于信息社会展望的专文具体指出到2025年改变我们生活的92个方向。[③]虽然来日方长，但就这几年的实际情况来考察，其中已有不少预测性的意见，可以看出果如所料的趋势或苗头。对于评估知识经济成功的原则要求，不无可供参考之处，以下列举部分主要内容。

- 全文照录似无必要，不妨选择较有针对性的例子来说明情况和问题。
- 文章开头的大意是：蒸汽机出现在18世纪的英国，无人想象被称为工业革命的新发明是发生全面历史性变革的一部分。但今天人们对计算机和电信引起的新革命及其将比先行者对人类影响更深均无所怀疑。
- 全球网络现已为史无前例的最大机器，还将扩大许多倍并从根本上改变今日所知生活。
- 计算机将日益接管我们的思维任务。
- 信息技术在工业化国家激增并迅速扩散。
- 信息技术的社会文化结果极为重要，很难预料又常令人吃惊。
- 人类活动（含个人和组织）将全球化。
- 地方文化萎缩，将出现新型文化和语言。
- 可在家中工作，乡村和度假地可能兴旺。
- 社团可能根据生活方式和种族而增多。
- 信息媒体使人脱离社会，易有反社会行为和犯罪。
- 教育提前，教育经验和教育产品大增。
- 知识可在图书馆和数据库获得且速度惊人。

第七章　知识管理与按生产要素分配和保障知识产权

- 残疾人将是以信息技术为基础的教育的特别受益者。学生作业和论文的信息源惊人。
- 将出现全球大学，教师仍为人们所需。
- 技能和知识的更新速度将更快。
- 信息技术将取代人的许多工作而更受推崇。
- 全球生产力扶摇直上，营销成本降低。
- 几乎不再需要中级管理人员监督和报告。
- 企业需要筹划如何最佳利用信息技术。
- 全球金融系统复杂性日增亦日趋脆弱。
- 政府对计算机空间只有有限的控制。
- 电子系统将使更多公民参与政府行动。
- 计算机技术将在同犯罪和暴力斗争中发挥越来越大的作用。
- 人的注意力可能成为世界最宝贵的资源。
- 知识产权将成为首当其冲的问题，甚至可能引发战争。
- 保持隐私将更困难。人际关系将不稳定。
- 生产力增长可能使自然资源供不应求。

如果说上述情况对知识经济成功的原则要求还不够直接有关的话，那么，关于知识管理成功的要素就是成功的知识经济所要求的了。即：知识管理需要许多学科的结合，从人力资源、人力开发到公司重新策划和信息技术。没有技术，知识管理就不可能进行。吸引高级经理注意的是运用知识管理的潜在好处。一次调查发现，95％的公司总裁认为，知识管理是他们公司获得成功的至关重要的因素。[④]知识管理活动所涉及的面很广，但共同的主题则是共同运用知识和信息。"从最先进的角度看，知识管理就是试图给不能编码的东西编码，然后作为公司资源加以利用"[⑤]。

知识管理为什么那么难呢？总裁们被告知，对这种知识的成功管理将带来巨大的好处。但是，许多人发现，这种奖赏很难获得，通向它的道路险象环生，充满厄运。[⑥]为什么呢？知识管理只有在一种一致的气氛中才能发挥作用。决定一家公司竞争优势的关键因素，是其把隐性知识——做事的本能或直觉的方法——转化为别人能够懂得的一个明确的概念。"创造一个使这些东西表现出来的环境很重要"[⑦]。看来，其难处就在于能否在友好和融洽的气氛中交流隐性知识[⑧]。倘能较好地做到这一点，便是知识管理的巨大成功。

话又说回到知识主管的素质上去。知识主管的任命是为了启动、推行和协调知识管理计划。知识是一个竞争优势的可持续的来源，对各公司来说，利用它是至关重要的。大多数公司都不善于管理知识。[9]因此，知识主管既要有"领导"素质，也要有"管理"素质，"必须是富于创业精神和主动性的人，了解哪些技术能够有助于知识的获得、存储、探索，尤其是共享。……鼓励人们集体开发知识、共享知识"[10]。这样，知识管理才能获得成功。"知识经济的关键虽然是尖端、前沿的科技知识，但若仔细分析，则会发现健全的教育体制才是发展知识经济的基础。"[11]

关于知识经济成功原则的议论很多，基本上可以说是大同小异。有人总结出新经济的领导者应该坚持的十项原则[12]，对于知识经济也同样适用：①要有眼光，形成理论和发展战略、商业模式；②坚持设想和乐观主义态度；③抓住并利用变革所赋予的机遇；④确定目标，认清努力方向；⑤组织精英队伍，打成一片，充分发挥自己；⑥关心和深入了解顾客，及时给予惊喜；⑦竞争要出其不意，要勇于创新；⑧赢得顾客信任，使对手无法乘虚而入；⑨时刻准备再创业，今日成绩留不住；⑩应该有全球眼光。

三、按生产要素分配的理论和实践

从以上各章节的内容，特别是在关于知识经济的本质及其成功的原则要求的讨论中，我们已经可以看出，知识经济的生产要素是什么和应当怎样进行分配了。

不过，这里仍有必要对按生产要素进行分配的问题有所认识，暂不先急于简单回答在知识经济条件下应当如何如何。由于我国现阶段还远没有全面进入知识经济大发展的历史时期，人们对于"按劳分配"的原则印象很深。在关于分配方面的理论和实践上，有一个不断更新观念和采取相应步骤的过程。

这要从中国共产党第15次全国代表大会的报告说起。在江泽民同志所做的大会报告中，为完善分配结构和分配方式，强调了"两个坚持"，就是："坚持按劳分配为主体、多种分配方式并存的制度。把按劳分配和按生产要素分配结合起来，坚持效率优先，兼顾公平，有利于优化资源配置，促进经济发展，保持社会稳定。"这是公认的在分配理论上的一次重大突破，必将引起在分配制度和分配实践中的显著改革。

对于上述报告内容，香港媒体在"述评"中指出："这是适合社会主义初级阶段这一中国最大实际的，必将极大地调动人们的生产积极性，促进生产力的发展。……这一论述，按生产要素分配方面有突破性……从而促进生产力的发展。……今后必将有更多科技人员踊跃'下海'……这就迫使科研体制加快改革，以适应新的变化。"[13]这是已经被证实了的预见。

应当肯定，"分配问题始终是社会再生产过程中一个重要的理论问题和实践问题，它关系着人们的切身利益，是经济发展最重要、最深厚的动力源。在深化经济体制改革，建立社会主义市场经济体制的过程中，必须十分重视并处理好这个问题"[14]。

按生产要素分配有其客观必然性。它与市场机制、所有制结构、价值创造和形成、社会再生产等具有和保持一致性。按生产要素分配，承认各种生产要素的所有者都是市场主体，社会存在着不同利益主体，因此不得不按生产要素进行分配。按生产要素分配的标准是多维的，不但要看每一种要素所投入的数量，更要看各种要素组合所实现的社会价值。只有从社会新创造的价值中拿出一部分给予生产要素的所有者应得的份额，才能鼓励他们积极投入，才能使生产要素供给扩大和配置优化。[15]否则，社会再生产便不能继续维持，也不会有什么经济的发展、繁荣，整个社会的存在就出现危机。按生产要素分配的客观必然性，即在于此。

我国多种经济形态和成分同时存在的现实状况，表明社会利益结构也不是单一的而是多元化的。因此，把按劳分配与按生产要素分配结合起来，很有必要并完全可以理解。这里有一个如何看待生产要素和社会财富分配的关系问题。

例如，众所周知的事实是："随着科技的进步与发展，知识的价值越来越为人们所重视。15年前世界富豪前10名几乎被石油大王所囊括，而现在前10名已有一半以上被信息等高科技产业所染指。以微软、英特尔、IBM为代表的知识经济产业，正用新经济形态焕发的生命力动摇资源经济赖以存在的根基。"[16]在发达国家，这种情况也具体反映在脑力劳动者和体力劳动者工资待遇的差异上，甚至显得非常悬殊。

有资料介绍，在发达国家拥有大学文凭的人收入一般相当于普通工人的4倍左右（原联邦德国为4.33倍、英国为4.24倍、法国为3.98倍）。至于那些在科研机构从事开发研究的技术中坚，其收入更为可观。[17]

在我国,简单劳动和复杂劳动收入水平倒挂的现象虽渐有所改变,但还没有得到合理解决。"根据有关方面在南京市所做的初步调查,每卖出一盒5元的盒饭,至少可获净利2.50元。这样一对夫妻只要每天卖出30~40盒盒饭,就可获得相当于教授的收入。"[18]且不说什么"导弹"和"茶叶蛋"、"手术刀"和"剃头刀"的对比,也不能只看到个别少数"特聘"的"高薪"就认为都是一样了。

在发展知识经济的要求下,按生产要素进行分配,有助于迅速改变知识与财富分离的状态,并将大大促进科技兴旺发达和经济繁荣昌盛。当然,因为这是一个热门话题,所以仍有思想障碍则不足为奇。

这方面的思想障碍,有研究者列举了三个问题。它们是:按生产要素分配是不是否定了劳动价值论和按劳分配原则,按资分配是不是等于剥削,按生产要素分配会不会导致两极分化。回答为不是、不会。其主要论点是:广义地说,按生产要素分配包括按劳分配,作为对投资者的补偿,并非剥削,用之全民或集体,亦非剥削。即使是私营企业主的收入,也不能都视为剥削,其中有劳动收入、风险补偿等,当然也有一定量的剥削收入。收入差距相对扩大,不会导致两极分化。通过宏观调控,可以使差别保持在一个合理的限度内。[19]

随之而来的还有许多具体措施,如明确分配标准、制定实施方案和把握主要原则等,对上述思想障碍和顾虑的减轻或消除,都有积极作用。其中要注意把握的主要原则有以下五点:①宏观指导,微观搞活。允许灵活多样。②配套改革,整体推进。统筹规划进行。③严格考核,科学评价。提高考核质量。④效率优先,兼顾公平。公平不是绝对的。⑤试点先行,逐步完善。总结经验,规范提高。[20]

第二节 经济增长的法制基础

在工业社会、市场经济、投资环境等涉及经济增长的有关条件中,对于法制建设的要求显得非常突出。说市场经济是法制经济,是符合实际情况的。没有较好的法律保障,发展经济必将困难重重。在知识经济时代,更加需要健全的法制基础。在剧烈的竞争中,新旧定义的"文盲"不行,"科盲"不行,"法盲"也不行,就是这个道理。

一、市场经济的法律保障

市场经济如果没有明确的和切实的法律保障，经济就不能有序发展，就不能进行公平的竞争，投资者也会徘徊、观望、疑虑，下不了投资的决心。发生这样或那样的纠纷，都需要能够依法得到合理的解决，否则便会出现混乱，难以保证正常秩序。消极影响所及，不仅经济增长无望，还很有可能导致停滞不前，甚至严重倒退，直到部分破产、瓦解和全面彻底崩溃。在某些国家和地区，这类事情仍时有所闻。

相信大家都听说过或者自己也说过一句叫"无法无天"的常用感叹语。它所反映的，是一种对破坏法制、违背法律、伤天害理等罪恶行为的义愤和极表不满的情绪。它也在一定程度上，反映了人们对严格法治的憧憬。在一般社会生活和活动中如此，在经济生活和活动中犹然。因为后者经常并直接关系到切身利益、个人生计、身家性命、国计民生、综合国力和国家民族的兴衰。

因对经济增长理论所做出的杰出贡献而获得诺贝尔经济奖的美国著名经济学家罗伯特·索洛，应该被认为是对这方面最有资格发表意见的权威学者了。作为国际经济协会的执行会长，他在哈瓦那举行的古巴和拉美经济学家会议上所发表的演讲中，曾经这样断言："没有实现生产和收入持续增长的放之四海而皆准的灵丹妙药。"但是他认为："有些基本条件可以成为持续增长的基础。"这些基本条件中的第一个就是："一个社会想取得持久的经济增长，需要有法制基础，以保证合同的效力，在法律纠纷中保护个人和团体，保证获得必要的信息，规定经济行为的明确界限。"为什么呢？罗伯特·索洛认为："任何一个现代经济都必然是向未来延伸的交易网，它的结果在很大程度上可能是不确定的。游戏规则的建立，就是要避免不必要的不确定性。也许我不知道债务人和雇主是否会给我钱，这就叫商业风险。法律制度就是向我提供一定的保障。"[21]他接着指出，任何法制基础都同管理基础联系在一起，后者就是政府机构。必须要有一个能够执行法律和规则的可以信赖的、公正的和诚实的政府机构，法制才能得到有效的运作。

罗伯特·索洛所说的基本条件共有五个。除上述第一个条件讲的是法制基础外，其余四个条件即竞争、开放经济、税收制度、为落后者提供保障等。实际上也无不直接或间接与法制有关。

据一篇关于国际资本向中国投资的文章介绍:"美国《华尔街日报》日前报道,由于中国即将加入WTO,北京取得2008年第29届奥运会主办权,美国金融界正掀起一阵中国投资热。但受投资者保护措施不完备、银行系统不健全、资本市场发展不成熟等诸多因素的制约,海外投资者参与中国资本市场的机会并不大。"[22]这是有关情况的一方面。但是,与此同时,文章作者紧接着指出:"随着市场的放开,海外资本大规模涌入国内市场只是迟早的事。"那么,外资为何不敢大规模进入中国呢?除上述制约因素外,"原因之一可能是国内资本市场还不是一个可以自由流通的市场,且有非常严格的政策性限制。比如信托法还缺位,现行的《公司法》对技术入股、无形资产入股等相关规定还不利于风险资本的退出,在电信增值服务领域对外资还有诸多限制等"[23]。其中分明涉及法制基础问题。

事实上,我们不能把法制经济狭隘地理解为仅仅限于与经济有关的法制,而应当看到所有同发展经济有关的事,都要依法办理才是。试以正在发展中的社会中介组织为例,其所存在的不容忽视的问题,如结构尚欠合理、管理职责不清、热衷以权牟利、人员素质欠佳等,需要严格审批程序、健全法律法规、加强执法监督、建立自律机制等[24],几乎无不事关法制,甚至主要是法制问题,更不用说其他如公共秩序之类了。

二、司法必须公正

法制基础的重要性既已如上所述,但如执法不严格、司法不公正,则再完备的法律体系,也会形同虚设,被视为具文而不能收到预期的效果。因此,把司法公正作为良好的、坚实的法制基础能否起到应有作用的关键或试金石是可以理解的。

对于法治社会,人们公认应当遵守"有法可依、有法必依、执法必严、违法必究"的原则。其中除了法律本身要公正外,所有依法、执法和对违法的追究,均须体现公正无私和不偏。"严"首先严在公正的尺度和态度上。"公民在法律面前一律平等"的宪法原则,实质上就是要坚持公正。

我国古代早有"王子犯法,与庶民同罪"的说法,那只是说说而已,不能信以为真。因为同时还有一说,叫作"刑不上大夫",何况王子呢?时代不同了,现在讲司法公正,就是要动真格;否则,不说别的方面,仅经济正常发展、增长便会困难重重。

以我国加入世界贸易组织一事为例,法律所面临的挑战即包括对司法体系和实践(执法情况)发出的挑战。事实正是这样,"尽管外国公司进入中国市场最令人瞩目,司法问题无疑也将变得突出。世贸组织成员国不仅要遵守该组织的经济制度,而且要符合其法律规定。中国的司法体系离世贸组织的标准仍存在一定差距,如果中国不遵守世贸组织的规定,很有可能会出现很多争端"[25]。我们必须认真进行研究,充分做好这方面的精神准备和实际行动准备。

问题在于差距何在,要有针对性地解决问题,必须具体明确,有哪些地方没有达到世贸组织有关贸易协议规定的标准?对此,以下的三点意见可供参考。

(1)中国司法体制的透明度。作为世贸组织最重要的协议——《关税和贸易协定》,"要求成员国以'统一、公正和合理的方式'执行法律。但由于中国法院是由地方政府提供财政支持的,地方官员常常会影响司法裁决。腐败猖獗,很多执法人员教育程度低下,职业道德涣散,这些都是问题"[26]。如果这种情况属实和不予改变,其结果就必然是"法院的权力无法凌驾于其他国家机关之上,它对当局的专断行为几乎没有任何约束"。这里有重要理论问题和实际问题值得探讨。中国必须实行法治和加强法制建设,则已肯定无疑和正在继续努力。

(2)使中国法律与世贸组织的规定保持一致。"有必要采取重大的立法措施,包括对中国宪法进行修订。法院的地位必须提高。甚至中国官员对法律的看法也需要进行深层次修整。他们在心理上偏爱那些允许灵活执行的法律法规——这就牺牲了精确性,并扩大了行政决策权。"说到对宪法进行修订,这个措施是够重大的了。要实行法治,司法改革必须加大力度,这倒不仅仅是为了参加世贸组织的缘故。

(3)如何减少中国与其贸易伙伴国之间的摩擦。其中不可避免的会有司法因素,但也有原则问题。有些争端还有待世贸组织根据协议规定秉公解决。

国际舆论对中国加入世贸组织的议论很多,角度各不相同,但是总会涉及政府、法律。例如,"依然实行旧体制的国有企业和农业部门必将受到国际竞争的冲击。中国已经开始在结构改革上经受考验"[27]。国有企业和农业部门的结构改革,就必然与政府行为和法律规定有密切关系。以下从三个方面来说明。

(1) 在市场接轨方面。"上海市在房地产交易中取消外国人和中国人购买住房的差别，实行统一房价。这是一项瞄准入世的措施，政府允许拥有居住权的外国人以与中国人相同的条件购买住房。"[23]应注意这是经"政府允许"的事。"世贸组织'国内外无差别'原则要求对中国企业和外国企业、国产商品和进口商品一视同仁。这一原则正在迫使中国告别旧制度。"这就不用解释，此举必须得到政府认同。中国政府对"企业所得税法修正草案"的审议工作已经进入尾声，预计基本税率将统一为25%左右。对中国企业来说，减轻税收负担是有利因素。以上这些完全是法律方面的举措。在市场接轨方面，还有不少例子，难以详述。

(2) 在企业重组方面。上海汽车工业总公司收购了柳州五菱汽车公司76%的股份，拥有大小100多家汽车厂的中国汽车产业，终于在政府主导下拉开了产业重组的序幕。随着"入世"的临近，中国基础产业也纷纷在政府主导下进行重组。关于私营企业，加入世贸组织是实现飞跃的良机。中国政府最近发布一项通知，允许私营企业拥有进出口权，这是一个重大变化。迄今为止，金融机构在政府的支持下避免了破产。为了强行使缺乏继续营业资格的金融机构"出局"，中国人民银行正在悄悄地制定中小银行"破产"规定。这方面的例子也不再多举了。

(3) 在发展农业方面，有一个要扬长避短的问题。在加入世贸组织后，受到最大冲击的中国产业是农业。中国的一些农产品也有很强的国际竞争力，蔬菜就是一个典型。可以预料，中国的农产品出口在"入世"后会增加，5年后将创造151万个就业机会。面对冲击和挑战，要制定中国农业结构改革的基本战略，何者采取攻势，何者采取守势，规模也有大有小，还要减少缺乏竞争力的耕地，如实行"退耕还林"。在加入世贸组织的谈判中，中国直到最后都坚持要求允许其提供与发展中国家同等的农业补贴。最终，中国成功地让世贸组织同意其提供相当于农业产值8.5%的农业补贴。中国本来是发展中国家，尽管谈判是长期艰巨而复杂的历程，这一坚决要求是正确的、正当的，终于获得同意也就符合该组织的规定了。

三、健全有关制度

与法律、法制相联系，在现代社会生活和各种活动的方方面面，有各种各样的制度。政治、经济、法律、社会、文化、教育……无不有一系列、一整套的制度存在着、运作着。制度是否适宜和优越，关系到工作成果和生活质量。有时为了建立、维护、巩固或发育、削弱、摧毁某种重要制度，要经过不懈的努力、斗争，甚至大动干戈，付出重大的、流血的代价和经历漫长的岁月，才能如愿以偿，获得成功。这种情形时有反复，也是自古以来人类社会并不罕见的历史现象，至今仍不时或正在某些国家或地区"上演"。

一般来说，新的制度将适应新的需要而建立起来。旧的、已经过时的、失去作用的旧制度，就要予以取消。但是事情往往不那么简单，破旧立新常非轻而易举。有实际利益代表者之间的矛盾、冲突、较量，表现为明争暗斗。一个国家、一个地区、一个领域以内如此，世界上、国际上亦然。"冷战"虽然说是结束了，保留"冷战"思维、迷恋"冷战"格局者却仍大有人在，便是明证。

一般而论，在具有决定性影响的制度坚强有力的情况下，通常制度上的改变或高速调整并不太难办到。至于有所改进和加以健全，则更是力所能及的事。这里也有一个环境和形势使然的重要因素，只要有关方面达成共识和协议，事情就好办得多。中国"入世"以后需要健全各种有关制度，可以说是应有之义。

说到这里，还要补充的一点是，所谓有关制度，不只限于经济方面，而是凡对经济发展有影响的制度，都应进行配套改革，具体内容就不展开了。

让我们集中到经济方面来。有一位被视为"离经叛道"的"异端分子"——世界银行的总经济师、世界上最有影响的美国专家之一约瑟夫·斯蒂格利茨，是一个很重视制度的人。他认为好的经济政策需要有稳定制度做保证。说到第三世界经济的发展，他强调指出："这些国家首先需要的是有一个稳定制度的框架。"[29]也就是说，稳定制度是一个首先要解决的具有前提性的问题，然后才能谈经济的发展。

接着在谈到世界银行正在对旨在解决贫困国家问题的一整套办法进行试验时，斯蒂格利茨认为："光有一项好的经济政策是不够的，还必须同时有司法制度作为保障，要与贪污腐败做斗争，要发展教育。"[30]发展教育就必然要注意教育制度。他说："今天，经济界人士对制度方面的问题给予了更多的重视。亚洲危机，特别是俄罗斯的危机，使人们看到了在涉及经济发展的问题上，如金融机构、腐败以及破产法的重要性。"不言而喻，这里就包括了金融制度等问题。

当过克林顿顾问的斯蒂格利茨，是提出对资本进行控制的首批人士之一，这种主张已经在世界银行和国际货币基金组织内部开始实施。他指出："世界银行及国际货币基金组织的专家们曾经说过，经济取得成功的关键是使各方面取得巨大平衡，要实现经济的自由化发展，实行私营化。亚洲国家按照这个去做了，但并未取得成功。"这番话很有针对性，大有用事实说话和事实胜于雄辩之意。

他意犹未尽，举一个更有说服力的例子继续说："中国人决定，没有必要这么做。他们没有实行私营化，他们集中精力搞了一些新的企业；他们没有实行贸易自由化，而是努力提高企业的竞争能力。而这样做的结果是，中国作为一个经济形势最好的国家已经出现在世人面前！中国的贫困率已由原来的66%减少到了22%！大家都看到了他们取得的这个成绩。"这里要加以区别的是，私营化与允许私营企业的存在和发展不是一回事。根据他的逻辑和言下之意，上述成绩的取得，是政策对路和离不开稳定制度所做的保证。

"从理论上说"，他在盛赞中国成就之余接着说："企业的私营化应能减少贪污腐败的发生。但是我们看到，如果没有一个制度的约束，私营化也可能出现相反的情况，可能加剧贪污的发生。"这对寄希望于私营化去解决贪污腐败者是一帖清醒剂。反贪防腐必须在制度上下功夫。理论要通过实践来检验，对有些似是而非的论调，应当理论结合实际，进行深刻的分析、探讨。

对于制度建设，在现代管理中比过去重视的程度已大大提高。没有健全、合理的领导和管理等制度，实际工作的运作及其有效性便失去具体的依据，甚至正常和经常的活动也难以开展和进行。由于效率不高、出现混乱等现象，无不与缺乏制度、制度不健全或不被认真遵守有关，所以制度所起的规范、引导、制约、监督等作用是无可代替的。换个说法就是，管理能否上轨道、事业能否顺利发展、从业人员的积极性能否调动起来等，制度是具有决定性的因素之一。

必要的制度建立起来以后，必须坚决维护和执行。若由于情况发生变化，或实践证明原来的制度有不切实际之处，可以进行修订，但仍须按制度规定的程序办理。最重要的是制度应合法、合理，合乎科学和合乎实际；还要在各种制度之间注意配套、协调（不互相矛盾），以及保持相对的稳定性和连续性。

在正式制度的建立和修订过程中,应当广泛征求有关方面的意见和建议,力求运用集体智慧,做到集思广益。为了慎重行事,有的制度还有试行阶段。为了表示制度的严肃性,常要求以明文书面形式公之于众。开始实施以后,要继之对执行情况和效果进行反馈、观察、考核、评估。倘若出现问题,应及时跟踪查出原因、分清责任,采取有效对策和补救措施。由于制度本身不够完善和由于违反制度、不严格执行制度所产生的缺点和错误,在性质上有原则的区别,因而处理起来也有明显的不同。总之,没有明确的共同遵守的制度,现代管理将无法进行。

第三节 保障知识产权

保障知识产权与按生产要素分配有直接的和必然的联系。它原属于法律、制度的范畴,因为具有特别重要的意义,所以安排一节来做专题讨论。前面两节所分别谈到的关于按生产要素分配是知识管理的根本原则和关于经济增长的法制基础,都为本节的内容做了思想和理论方面的必要准备。我们开门见山,接触保障知识产权问题,也就不会感到突然。事实上,这也是知识管理的关键之一。

一、知识产权问题概述

2001年8月7日,江泽民在北戴河的重要讲话中[30],不止一次提到"自主知识产权",把知识产权同高新科技、核心技术,以及祖国的发展和安全的技术保障联系在一起,知识产权的重要性真是不言而喻了。

通常人们所说的财产,大致可分为三类:不动产、动产和知识财产(也叫知识产权)。所谓知识产权,指的是权利人在科学技术、文学艺术等类领域中所创造出的智力或精神成果享有独占权的总称,一般有工业产权和版权两部分。工业产权所涉及的,主要是在人类一切活动领域中的发明专利、科学发展、工业品的外观设计、商标、服务标记以及商业名称和各种标志等。版权所涉及的,主要是文学、艺术、科学作品、表演艺术工作者的表演、唱片、广播电视节目和电影等。

从法律的角度来观察,知识产权具有以下三个主要特征:一是地域性,就是依照一个国家的法律所取得的权利,因而只能在该国境内有效,受到该国法律的保护。二是独占性或专有性,就是只有权利人才能享有,别人若未经过即得到权利人的许可,不得行使其权利。三是时间性,就是在一定期限之内有效,各国关于知识产权的法律均对此有明确规定,期满以后该项权利即自动终止。为了保护人类的智力或精神成果,对发明、创新有所促进,早在一百多年以前,国际就已经开始建立了保护知识产权的制度,先后签署的有《巴黎公约》《世界版权公约》《商标国际注册马德里协定》《专利合作条约》等国际条约。为了协调知识产权的国际保护,"国际保护工作产权联盟"和"国际保护文学作品联盟"的 51 个成员国于 1967 年 7 月 14 日在瑞典首都斯德哥尔摩共同缔约建立了"世界知识产权组织"。后来该组织于 1974 年 12 月成为联合国的专门机构,至 1995 年 1 月共有 133 个成员国。中国于 1980 年加入这个组织,已陆续参加了保护知识产权的主要国际公约。

自 1983 年开始建立的中国知识产权制度,发展较快,保护知识产权的法律体系已基本形成;相继颁布和实行的有商标法、专利法和著作权法等法律法规,以及成立国家专利局、版权研究会和知识产权研究会等。1992 年 1 月,中美两国政府签署了《关于保护知识产权备忘录》,后来还继续进行谈判。1994 年 6 月,我国政府发表了《中国知识产权保护状况》白皮书,阐明了中国已经建立的包括专利、商标、著作权在内的比较完整的知识产权制度。[32]

从所有权的角度来观察,不同的经济形态有不同的成为核心的所有权。如在农业经济中,核心问题是土地所有权;在工业经济中,核心问题是资本的所有权;而在知识经济中,核心问题则是知识的所有权。这也就是说,知识产权是知识经济的核心问题。无论是一个国家、一个企业,或者是一个人,最重要的是拥有知识产权,才能保证持续发展。倘若没有自主的知识产权,即使一时富有,以后也会变得一无所有。前面引用江泽民同志在北戴河的讲话中一再强调要具有或拥有的,正是这个自主的知识产权。美国发展快和国势强,关键在于有雄厚的知识产权实力,因而开发新产品的能力也很强。因此,我们要提高在国际上的竞争力和综合国力,就一定要努力提高国家、企业、事业等全面和持久的创新能力,这是不断产生自主知识产权的必由之路和永远不会枯竭的源泉。[33]

鉴于在实际生活中还有不尊重或忽略知识产权的事,为了唤起人们对知识产权的关注,一位应该称得上是有心人的记者,专门访问了这方面的权威人士。后者着重谈到了尊重知识产权的意义及其三大作用和知识产权与市场竞争的关系等，对于我们颇有启发和参考价值。以下是采访摘要。

接受采访的是时任我国国家知识产权局局长的姜颖。采访一开始，姜局长就强调指出："知识产权是支撑知识经济发展的一种重要的制度，知识经济的发展一刻也离不开知识产权制度。"然后分别谈到三点：①保护知识产权对保护发明创造者积极性的作用；②保护知识产权对于科技信息传播的作用；③保护知识产权对科技发明的作用。[34] 作为处于此项工作第一线的主要领导者，应当是既了解实际情况，也掌握具体资料，因而很有说服力和发言权。

在极大地激励人们发明创造的热情方面，非常清楚的数字对比所表明的事实是："我国专利法实施 14 年来，专利申请由 1985 年的 9411 件猛增到 1999 年的 13 万多件，增长了 314 倍多就是证明。"

在使得科技信息得以迅速传播方面，那是由于这样的事实："任何需要采取该发明的人，都可以及时以适当代价取得实施许可。而一般说来，发明创造的许可使用越快、越多，对发明人或拥有人越有利。这两方面积极性的结合，极大地促进了发明的商品化，促进经济和社会进步。"

在有利于科研开发中抢时间、争主动，加快科技进步的步伐方面，"世界知识产权组织的研究结果表明，在研究开发的各个阶段中充分运用专利文献，能节约 40% 的科研开发经费和 60% 的研究开发时间"。

此外，"为开展国际交流与合作，就必须有一个各国共同遵守的规则，知识产权制度就是这方面的一个规则。它为市场公平有序的竞争提供了良好的法律环境"[35]。

二、有关保障知识产权的法律、法规

关于要保障的是哪些知识产权和有些什么具体的法律、法规，在前面的概述中已有所涉及。但是，长期以来，对于知识产权的内容究竟应该怎样确定，是存在争议的。广义的知识产权包括一切人类智力劳动创造的成果，狭义的知识产权一般包括《建立世界知识产权公约》中划定的知识产权范围中的科学发现权以外的所有知识产权种类。这种狭义的范围仍十分广泛，且呈开放性。[36] 关于广义和狭义的说法是一种情况。

另外一种情况是，世界贸易组织在其《与贸易有关的知识产权协议》

中，从贸易角度出发界定了知识产权的范围：版权与邻接权、商标权、地理标志权、工业品外观设计权、专利权、集成电路布图设计权，以及未披露信息的专有权。[37]尽管还不完全一致，但是大体上可以达到一定程度的共识，重要的是对知识产权主要特征的认识逐渐趋同。关于这一点（即主要特征），在概述里已经提及。不过，除地域性、独占性或专有性、时间性之外，注意私人性和无形性也很有必要：知识产权是一种"私人权利"，知识产权的无形性是与有形财产权相比较而言的，其表现形态与有形财产权不同且更为复杂。[38]

这里要单独说明一下的是"邻接权"，它通常指作品传播者的权利，是独立于著作权之外而又与著作权邻近的专有权利。一般包括表演者对其表演享有的权利，录音录像制作者对其制作的录音录像制品享有的权利和广播电台、电视台对其制作的广播、电视节目享有的权利。如表演者对其表演享有下列权利：①表明表演者身份；②保护表演形象不受歪曲；③许可他人为营利目的录音录像，并获得报酬。我国著作权法将出版者对其出版的图书和报刊享有的权利也列为邻接权的一种。

现在再说回到知识产权的特征上去。因为保障知识产权必须弄清其本质，刚刚说到的私人性之所以应予注意，即在于此。这也就是说，知识产权从属性上来说是财产权、民事权，因而是私权。法律无论用什么手段来调整，无论由谁来主管，都不能改变其私权的本质属性。在民事权利领域，权利百分之百属于权利主体，而没有什么主管机关可以干预。因此，我们在立法时，必须凸显知识产权的私权本质，并围绕这一点来调整利益关系。[39]如果在认识上模糊不清，就难免在保障知识产权的立法和执法过程中，易于出现法律的不公平性和知识产权受干预甚至被剥夺的可能性。果真会有这么严重吗？以下请看由实行部门立法所导致的一些现象。

先说部门立法极易造成法律的不公平性的原因。"从客观上说，部门受知识眼界的局限，缺乏法律的体系观和大局观，片面性在所难免，结果造成立法难成体系。从主观上说，部门起草法律会自觉或不自觉地偏重于考虑和追求部门利益，往往形成部门间的利益冲突，结果难以保障法律的公平。"[40]在这种利益冲突中，受伤害的将是民事主体的基本利益，并且各部门通过各种层次的立法争取权利，很有可能产生腐败。

再说政府主管部门干预和剥夺民事主体的知识产权的现象。"原因主要有两方面：一方面，知识产权主体缺乏对其权利的足够认识，面对主管机关违法干预其民事权利的做法，缺乏法律知识的支持；另一方面，个别情况下，主管部门有意无意地模糊或淡化知识产权的民事权利本质，编织理由，为其干预民事主体民事权利的违法行为制造依据。"[41]部门立法还是主要根源。

还有更严重的是，个别主管部门竟得到法院同意行使起司法权来。"这种做法，一方面违反了法律，把国家赋予法院的司法权拱手让给行政机关；另一方面又剥夺了法律赋予公民的诉权，这是对社会主义法制的严重破坏。这些经验教训，或许对我们修改知识产权法律有所启迪。"[42]

我国具体的保障知识产权的法律如《中华人民共和国专利法》《中华人民共和国著作权法》《中华人民共和国商标法》等，在2000年就都进入了修改程序。过去的关于知识产权的法律、法规，有些计划经济留下的痕迹虽可以理解，但是必须适应市场经济发展的需要，并力求使之与国际接轨，符合世界贸易组织在法律方面的共同要求。

有消息说，为发挥知识产权制度在新形势下激励创新、保障权益、规范市场、营造环境的作用，中国政府将在以下五个方面积极调整科技领域的知识产权政策。

（1）要进一步完善通过知识产权促进科技创新的利益激励机制，改变计划经济模式下存在的"平均分配"的做法，充分发挥科技人才的积极性和主动性。

（2）要加快建立促进科技创新和知识产权管理有机结合的良性机制，把加强知识产权保护和管理，作为科技管理体制创新的重要内容和主要指标之一。

（3）加快自主知识产权业的发展，这是我国高科技发展的必由之路。为适应我国"入世"和国际竞争的需要，要通过开展高科技领域的知识产权宏观战略研究，促进我国自主知识产权产业的形成和快速发展。

（4）要加强与科技有关的知识产权管理制度、保护能力和服务体系建设。科研机构、高等院校和高新技术企业要逐步从依靠政策扶持，转向主要靠知识产权资源竞争优势上来，通过掌握自主知识产权、应用知识产权，形成市场竞争优势，提高竞争能力。

（5）要进一步加强国际领域的知识产权合作与交流。最后归结为："知识产权是促进技术创新，加速高科技成果产业化，提高经济竞争力的一项重要法律制度。"[43]应当牢牢记住，这是一项重要的法律制度，讲政策、机制等都不能淡化法律意识。

三、知识产权法与竞争法等的冲突和协调

法律、法规之间或司法机关与行政部门之间发生不协调的现象并不罕见，只要妥善处理就是了，知识产权法也有类似情况。

摆在世人面前的一个例子，就是保护知识产权的体系，正面临着两个主要的全球力量的挑战："被当作一台巨大的国际复印机的因特网，以及由于专利特效药物对于发展中国家来说太过昂贵而带来的全球医疗危机。我们到了要重新审视知识产权体系应该如何运作的时候了。"[44]

对于这类相当复杂的问题，怎样解决才好呢？是准备好参加世界性的法律大战，还是像有的专家所说："我们必须摆脱出这种机械的诉讼来解决这些大问题。"因而提出这样的主张："实际上，我们必须为知识产权制定出一个21世纪的框架，既照顾艺术家和发明家的利益……又照顾使用者和公众的利益。我们必须制定出更深思熟虑的政策来指导法官和律师。一种可能就是让七国集团委托世界知识产权组织成立一个由政府、企业、科学团体、学术界和公共利益团体的代表组成的特别小组来探索其他途径。"[45]

前面谈到知识产权的地域性，现在正发生变化：国际网络上出现了许多与地域性相冲突的东西。例如，域名的特点则是无地域性。知识产权的确立大多是政府行为，网络上专用内容的确立在大多数国家则是民间组织行为。在网络环境中的版权保护与国际私法的冲突，电子商务中商标注册与域名注册的冲突等，均已成为热点问题。[46]诸如此类的问题不一而足，就不再多举了。

只说中文域名领域的知识产权保护问题，已经提上议事日程。"英文域名由于注册程序上的先天不足，成为一个知识产权侵权温床。很多投机商专门抢注各种有价值的域名再高价出售，许多世界知名企业不得不支付巨款购买同自己企业字号、商标相同的域名。这是我们实施中文域名管理一定要吸取的前车之鉴。"[47]

与此相联系的是中国自主知识产权在境外受侵害的事。"在中国发明、设计和使用的专利产品，中国人在报纸上或学术刊物发表的东西都属中国自主知识产权，但都曾被人在境外抢先申请，成为国外保护的非中国人的知识产权。特别是互联网的发展，更加快了这种知识产权的流失速

度。"⑱据介绍，至2001年4月中旬，中国至少有3000多个专利流失在境外。中国自主知识产权在境外受到侵害，不仅现在损失了专利产品的交易收入，而且造成贸易壁垒后，未来十几年内中国都不能出口这类产品，预期价值损失惊人。

通用网址现在很引人注目。与域名相比，通用网址的标识性更显著，由此引发的知识产权问题也可能会更加严重。通用网址恶意抢注所可能造成的真假不辨的恶果，较之域名抢注，只会有过之而无不及。⑲这是知识产权问题中的又一个方面。

在法律之间的冲突，可以举知识产权法与竞争法的冲突为例。这两个法律部门构成了市场经济的重要法律支柱。然而，由于这两大法律部门有着各自的宗旨、目标与侧重因素，存在着固有的矛盾，也存在着一定的联系。前者旨在刺激创新，后者通过禁止垄断的行为，刺激了技术创新。⑳情况既然是这样，两者之间的冲突便有进行协调的可能和余地。此处引文的两位作者从逻辑上和从正反两面进行了分析，然后认为协调冲突的关键在于找出一个最佳的利益平衡点。他们通过欧盟的做法与经验，论述了相关的立法和审判实践，可供借鉴。

首先，"欧共体条约为欧盟竞争法和成员国知识产权法的关系提供了基本框架，即共同体严格实施竞争规则的同时并不妨害成员国知识产权立法及成员国企业和个人获得的知识产权"㉑。一面"严格实施"，同时"并不妨害"，可见其中必有"奥妙"。

其次，问题还是有的。因为，"虽然欧盟各成员国在知识产权法的趋同方面已有较大进展，但是从根本上讲，知识产权仍然属于国内立法的范畴，在欧盟这一层面上并不存在统一的知识产权法"㉒。这就难免在很大程度上造成各国市场间的分割，限制了货物的自由流通，从而与欧盟共同市场即市场一体化的基本目标和原则间形成对立冲突。

于是，怎样协调便成为欧盟的经验所在。一是在引用条约的具体条文上有所选择："欧共体条约（以下同）第222条很少得以被引用以排除竞争规则的适用。而第85条与第86条由于自身的一些原因（如仅针对企业而不针对成员国及个人）在特定情形下稍显不足。因此，欧盟委员会及欧盟法院……在处理同时涉及知识产权法和竞争法的案件时，往往引用第36条作为行使相应职权的依据。"㉓二是因基本法律框架缺乏具体规则而难以操作。"实际上，在长期的实践过程中，欧盟的各个机构形成了许多的相关法律文件作为补充。"[54]三是各种意见虽对审理和判决有一定参考意义，但是，"最为重要的便是法院判决。它通过下级法院对上级法院的遵从、判决的内在逻辑性与合理性以及判决的内容的多次引证等方式以判例的形式体现法律约束力"[55]。欧盟法院在判例中确立了不少重要原则，对协调冲突起积极作用。

欧盟在这方面的经验有国际意义。关于知识产权法与竞争法之间的冲突，我国目前还不是很突出。但是，"随着我国经济的国际化程度不断上升，尤其是在加入世界贸易组织以后，许多行业将面临国际大型跨国公司的冲击，比如利用知识产权在内的优势地位阻碍竞争。因此，如何完善我国的相应立法，特别是如何防止利用知识产权阻碍竞争这一方面，具有现实意义"[56]。欧盟的经验对我们很有参考价值，值得借鉴。

思考题：

1. 知识经济的本质何在？为什么按生产要素分配是知识经济成功的原则要求？

2. 为什么经济增长需要法制基础和法律保障？司法不公正的后果如何？

3. 知识产权法如果与竞争法之类发生冲突怎么办？

注释：

① 参见林志春《知识经济本质探源》，载《光明日报》2000年9月15日B3版。以下有关部分同。

②[31] 参见江泽民《在北戴河专家座谈会上的讲话》，据新华社北戴河2001年8月7日电，见2001年8月8日各大报纸。

③ 参见《信息技术的未来——到2025年改变我们生活的92个方向》，载美国《未来学家》双月刊1996年1～2月号。以下有关内容同此。

④⑤ 参见菲利普·曼彻斯特《成功的要素》，载英国《金融时报》1999年4月28日。

⑥⑦⑧ 参见梅特兰《寻求有用的内部信息——从获得和利用雇员知识的未遂努力中可以汲取教训》，载英国《金融时报》1999年7月15日。

⑨⑩ 参见迈克尔·厄尔、伊恩·斯科特《知识主管的角色》，载英国《金融时报》1999年3月8日。

⑪《"知识经济"的教育基础》，载台湾《中国时报》1999年1月8日。

⑫《新经济成功十原则》，载《参考消息》2001年6月13日第4版。原注据"阿根廷《号角报》报道"，但无刊期、作者。

⑬钟国华：《各尽所能按能分配》，载香港《天天日报》1997年9月18日。

⑭⑮参见黄海华《按生产要素分配的客观必然性》，载《探求》1999年第3期。

⑯⑰⑱参见朱坚强《怎样实施按生产要素分配》，载《人事管理》1999年第8期。

⑲⑳参见王发松、郭士斌《按生产要素分配的理论思考》，载《行政人事管理》1999年第10期。

㉑《实现持续增长的基本条件》，见"拉美经济体系网站"2001年5月18日。全文主要内容为介绍罗伯特·索洛演讲要点。

㉓王宏亮：《风险资本退潮产业资本登场国际资本在中国门外徘徊》，载《新快报》2001年7月22日B1版。

㉔参见《光明日报》2001年8月23日C4版"读者专档"，读者黄助海所反映的情况和意见。

㉕㉖斯坦利·卢布曼：《加入世贸组织会对中国司法体系发出挑战》，载香港《亚洲新闻》2001年3月26日。以下有关内容同此。

㉗㉘藤贺三雄、下原口彻、竹冈伦示：《中国加入世贸组织的前夜》，载《日本经济新闻》2001年8月11－12日。以下举例均同此。

㉙㉚帕斯卡尔·里什：《世界银行的一位异端分子——采访世界银行副行长约瑟夫·斯蒂格利茨》，载法国《解放报》1999年6月25日。以下有关内容同此。

㉜参见《何谓"知识产权"》，据新华社北京1995年1月17电。

㉝参见《人民日报》1998年11月14日。

㉞㉟参见刘敬智《重温尊重知识产权的三大作用——访国家知识产权局局长姜颖》，载《光明日报》2000年2月9日A3版。

㊱㊲㊳㊻参见王可达《知识经济与知识产权》，载《探求》1999年第5期。

㊴㊵㊶㊷参见周文斌《凸显知识产权的私权本质——中国人民大学刘春田教授访谈》，载《光明日报》2000年7月17日A3版。

㊸《中国将从五方面调整知识产权政策》，载《光明日报》2001年8月15日A2版。

㊹㊺《知识产权：新问题的新解决方法》，载美国《商业周刊》2001年4月2日。

㊼王纪平：《中文域名领域的知识产权保护》，载《光明日报》2000年12月12日。

㊽《中国自主知识产权在境外受侵害》，载《光明日报》2001年4月17日A2版。

㊾参见薛虹《通用网址知识产权问题初探》，载《光明日报》2001年8月29日C3版。

㊿51 52 53 54 55 56参见林立新、历永《知识产权法与竞争法的冲突与协调——来自欧盟的经验及启示》，载《政治与法律》2000年第2期。

分论

第八章 知识管理与知识创新工程和价值转化工程

内容提要 从本章起进入全书的"分论"部分,实际上是与知识管理关系比较密切的几个方面。本章讨论的知识管理与知识创新工程和价值转化工程,是基于知识管理要求全面创新。要使知识创造致富,必须知识创新,而知识创新又有成果转化、价值构成和价值转化等问题有待得到相应的配合。

关于创新是知识经济的灵魂的观念,前面早已述及。但是,要创新就要有创新思维能力,否则无从说起。在创新内容方面,要求是全面的。首先和主要的,应当是知识创新、科技创新。因而,知识创新工程必须受到高度重视。随之而来的是价值转化工程,再好的成果未经转化,也不可能成为有价值的资源。本章即从讨论思维、理论创新和创新精神入手,重点在于这事关全局的两种工程。在讨论过程中,当然还要涉及一些有关方面的问题,如制度、管理创新等。

第一节 知识管理要求全面创新

知识经济这一崭新的经济形态之所以是崭新的,在于它要求全面创新。知识管理作为一种新型的管理,也必然是如此。尽管我们常讲和讲得较多的是知识创新,但要注意知识的广度和深度,几乎可以说是无所不包,并且创新是永无止境的。还有一个怎样创新和创新所为何来的问题。凡是有利于知识经济及其发展需要配合、支持的方方面面,都在创新之列。

一、思维、理论创新和创新精神

创新的呼声响遍全球。人们不难察觉,在谈到发展、改革、竞争、挑战之际，无不提及创新。可是，创新并非说说了事，或者徒有愿望，而是通过一定的思维方式和积极的思维活动所体现出的创新能力和创新精神。

在关于知识经济时代的成功法则的一篇长文中，在作者共列出的八条法则中，有两条是关于创业精神和创造性的。其"法则之五"和"法则之六"为："没有什么机构因素能取代个人创业精神成为变革的动力"；"把秩序看得高于一切的社会是不会具有创造性的；但是，没有一定程度的秩序，创造性就会消失"②。

提出上述法则的文章作者以15世纪初的中国情况为例。当时中国"创造了发起一场工业革命所需要的所有技术"，如炼钢用的鼓风炉和活塞风箱，军事上的火药和火炮，印刷用的纸张和活版，农用的铁犁、马轭、旋转脱粒机和播种机；能钻探天然气；数学上有了小数、负数和零的概念，皆遥遥领先于欧洲人；舰队大过同时的葡萄牙和西班牙很多；中国七次探险用的船比哥伦布的船大三倍等。"本来有可能发生的地域征服和工业革命却没有发生。中国人先是拒绝，最终忘却了那些本来会使他们称霸世界的技术。革新受到禁止。朝廷有令不准建造新的舰只，也不准到中国海岸线以外的地方航行。到15世纪末，对秩序的要求压倒了人的本能好奇，压倒了探索的意愿，压倒了建设的欲望。"③这就足以表明在保守思想占统治地位的情况下，即使有创新思维和创新能力，也不会受到重视和得到顺利、充分发挥。国家、部门、单位如此，个人就更不用说了。

据某发达省份稍后进的某县对185名中小企业厂长经理的调查研究，在知识经济大潮面前，他们所表现的心态是只有19人精神振作，信心百倍，直面知识经济，迎接挑战；其余166人存在各种不良心态，占总数的89.73%。具体表现于四个方面，即畏惧心态、不知所措心态、与己无关心态和等待心态。④可以认为，这些心态都与缺乏勇于创新和敢于竞争的精神有关。其中也有茫然无知、无可奈何、"听天由命"等消极因素。这类心态如果不加以调整，纵有创新能力也会想不到和发挥不出来，而被掩盖、埋没。但是，创新实践需要有创新能力和离不开进行创新的思维活动。这就必然联系到人们的思维素质，包括思维方式和思维能力，以及与之相关的问题。辩证思维方式是科学的思维方式，其特征有研究者归纳为以下四个方面，即：①必须是视野开阔的独立性思维；②必须是不懈探索的创新性思维；③必须是多向考察的严密性思维；④必须是可行可控的实践性思维。⑤这四个方面不是各自孤立而是互相结合的，其结果应该是集中表现于创新。创新思维以信息、知识为基础，没有相应的知识结构，创新能力便无从体现、难以发挥和受到制约。

一般来说，创新的内容极其丰富，既有理论方面的，也有实践方面的。人们常说的像观念更新、知识更新、方法更新、体制更新、管理更新等，前提是要有创新才能更新；否则无新可更，只能照旧。

知识经济是充满竞争挑战的经济，也正是因为这样，所以也是充满生机活力的经济。其竞争的焦点和生机的关键，则全在于创新能力的较量。一些学者说得好："知识经济时代的到来，必将引起思维方式的深刻变化，这种变化是以创新为标志的。所谓创新，就是以超常或反常规的眼界、方法去观察和思考问题，提出与众不同的解决问题的方案、程序或重新组合已有的知识、技术、经验，获取创造性的思维成果，从而实现人的主体创造能力。"⑥创新的反面是守旧，而在知识经济时代，全靠吃老本、走老路、老一套，或者看"老皇历"等，就吃不开和行不通。

创新思维之所以重要，是因为按传统习惯思路，有时对一些习以为常的情况或现象，会眼光不够敏锐、嗅觉迟钝，发现不了问题或低估了问题的严重性，甚至对问题的性质做出不切实际的判断。"但是，如果我们换一个角度，用新的观念、新的思维方式去看事物，就会发现问题。特别是改革年代，有许多人们看惯了、习惯了的事物，需要我们用新的眼光，创造性地思考，才能发现问题，提出需要解决的问题。"⑦实践证明确是如此。

那么，在新的形势下和新的环境中，面临新的问题需要进行新的变革，就必须有新的观念、新的理论和方法，自是应有之义。对于各种管理的全面工作及其全过程，都有运用创新思维的要求。像进行决策、制定发展战略等重要工作，则更加有必要。

例如，在新竞争环境中的战略，战略家们必须首先采取一种新的思维方式。传统的战略规划过程注重资源配置，而如今的沧桑巨变则对这种工商模式提出挑战。四项变迁将影响工商模式和战略家们的工作：可供公司施展才华的战备空间将扩大，工商活动将是全球性的，速度将是一个至关重要的因素，创新是竞争优势的新来源。⑧显然，如果"以不变应万变"，就不行了。

二、市场、企业和管理创新

在市场经济条件下，企业若是与市场脱节或者叫无缘，便是死路一条。由于科学技术的突飞猛进和生产力水平的大大提高,产品也随之日益丰富,市场上的竞争愈趋剧烈。怎么办?出路也只有一条,就是进行市场创新。去寻找消费者尚未得到满足的潜在需求,或者去创造一种新的需求,开拓新市场。⑨

除了市场创新意识以外,还要有新的市场观念。市场并非一成不变,而是复杂多变。在知识经济时代,新的市场观念应包括:①树立战略性竞争的观念——不仅表现为产品竞争,而且表现为企业整体、全面的竞争;②树立创造需求的观念——挖掘潜意识或消费者根本无法意识到的消费需求;③树立服务营销观念——顾客之所以购买某企业产品,在一定程度上取决于企业能否提供更优质的服务。⑩

继之而来的是要讲究市场创新策略,包括:①准确的目标市场定位;②开发全新产品;③开拓国内外新市场;④提供全新优质的服务。⑪如此这般,企业的良好形象便能逐渐树立起来。在知识经济的发展过程中,这是应当受到高度重视的宝贵的无形资产之一。

在讨论市场创新之际,实际上已无可避免地接触到企业创新的问题。二者关系密切,几乎难解难分。假使企业一切照旧,市场创新必然无从谈起。"创新力量是一种发现新事物、提出新见解、寻找新机遇、解决新问题、开创新局面的综合能力,是企业一把手综合素质的重要方面,在某种程度上决定着企业的兴衰成败,已成为企业生存力、竞争力和发展力的基础。"⑫缺乏创新力,企业创新就会无能为力。具体来说,创新力所包括的主要内容有七大要素。它们是:"敏锐的洞察力——及时地、敏锐地、准确地捕捉到机遇,迅速做出反应。严谨的综合力——在总体上把握企业的发展主向。丰富的想象力——……娴熟的操作力——……强烈的求知力——准确的评价力——高超的直觉力。"⑬这是一位实际工作者的经验之谈,既言之有据,也言之成理。限于篇幅,我们不能将其所举例证在此共享,但应肯定是具有说服力的。从作者所引用的成语和所做的诊断之类可以反映这一点,如关于洞察力的月晕而风、础润而雨、一叶知秋;关于综合力的驾驭全局、量力而行;关于想象力的"有所思才能有所为";关于操作力的"'以其昏昏'是无法'使人昭昭'"的;关于求知力的"根本途径是不断地学习";关于评价力的"评价是创造的重要环节之一";等等。

应当指出,与企业创新直接联系着的是管理创新。同样可以说的是,没有管理创新，则企业创新便是空话。且不论农业经济向工业经济、计划经济向市场经济、旧经济向新经济、工业经济向知识经济的转变，在管理方面都要有相应的变化。即就市场创新、企业创新而言，管理创新是必不可少和势在必行的。事实上，本书的全部内容和全书主题，便在于管理创新。这里，我们不妨略述其要。

归纳以上的意见，"经济增长内容的转变必然要求经济模式相应转变。企业作为实现经济增长的实体，其在管理上实现创新是经济规律的必然选择"[15]。随着知识经济时代的到来，企业实现管理创新主要有以下三个方面。

（1）管理方法的创新，实施知识管理。与传统的管理方法大不相同，为了迎接挑战和加强竞争优势，要从以下几个方面创新：①对企业的功能要有新的认识。要创造和销售知识，并培养员工学习和利用知识的能力。②企业管理要注重人力资本开发，建立以人为本的管理理念。建立知识创新体系，加快科技成果转化。③管理的职能和方法的创新。采用柔性管理，更加依赖群体的智慧等。[16]

（2）经营观念的转变，开展知识经营。由于企业价值内涵变化很大，因而，首先，现代企业的获利能力更取决于企业拥有的知识才能。其次，在观念上更重要的是企业的知识资产，应从以下几方面进行创新：①确立知识是关键生产资源的观念；②建立经营无形资产的观念；③建立以市场为导向、灵活多变的生产方式，并建立全球的经营战略。[17]人是知识的载体，所以在肯定科技是第一生产力的同时，也将人才资源视为第一资源。

（3）组织结构的创新，采取扁平结构。随着知识经济时代的到来，生产方式由大规模集中转向灵活分散，企业需要一种有机的、灵活的、适应性的结构形式，是一种柔性组织。压缩目前管理层次，减少职能机构，构建起扁平网络式的组织结构，并设立知识主管职位，使知识开发共享，知识向资本转化，创造效益。[18]

上述内容中，有的前已述及，有的还将继续讨论，所以均从简了。但是，有待和需要创新的尚不止于此，随后还要讨论其他方面的创新。

三、体制、制度和其他方面的创新

创新是多方面的、全面的，这里所谈到的还只能算是举例。先说知识经济和经济体制的关系。"不同的经济体制对知识经济形成的支持强度、作用方式、实现条件、最终目的等各不相同,甚至差别很大。"[19]如对知识创新,在市场型和计划型经济体制中,主要差别有:①创新主体,前者是企业,后者是政府;②创新动力,前者来自对自主知识产权收益的追求,后者迫于完成政府指令性计划压力;③创新收益分配形式,前者归创新产权所有人,国家以税收实现二次分配,后者直接归国家所有,由政府统一平均分配;④创新自由度,前者决策由企业和科研机构自行处理,政府或不干预或仅做一般性指导,后者对创新决策有绝对权威。发达国家知识经济的发展情况表明,单纯的市场型经济体制或单纯的计划型经济体制,对知识经济社会形态的形成和发展都很不利。只有混合型的经济体制才能够起较大的促进作用。[20]

再说知识经济与政治制度的关系。二者的相关性很大,后者被认为是前者产生和发展的决定因素:①科学技术转化为生产力促进了政治制度的形成、发展和更替,可以说知识创新决定着制度创新;②一定的政治制度又制约着科学技术转化为生产力,起推动或延缓作用;③二者关系是辩证的,相互依存、相互渗透、相互转化、相互促进。[21]有资料表明,在20世纪60年代,美国和苏联研发投入大体相当,但后者投入产出率仅及前者之半。在知识经济大发展的条件下,一个国家的政治制度应当有助于促进科学技术转化为现实生产力,而不是漠不关心甚至起消极作用。

还有知识经济与社会结构的关系。一是政治、经济、教育、科技、文化诸要素的协调发展。由这些相关因素构成的社会结构失去协调性,失去配合,就必然会遭到失败。[22]二是政府、科研机构、企业与市场的最佳配置。这四个方面是知识经济得以发展,使科学技术有保证地不断转化为生产力的基本要素。这个信息流程,包括基础研究、应用研究、开发创新和资源配置等四个环节,基础研究由各大学和各科研机构承担(政府也适当分担),应用研究由政府承担,企业则承担开发研究和产业创新。

至于知识经济与社会科学,后者对前者的兴起和发展担负有重要任务:①它要为知识经济社会提供理论依据和思维方法;②它要为制度创新提供理论和措施;③它还要为决策科学化提供科学依据与方案。[23]江泽民同志在一次重要讲话中指出:"在认识和改造世界的过程中,哲学社会科学与自然科学同样重要;培养高水平的哲学社会科学家与培养高水平的自然科学家同样重要;提高全民族的哲学社会科学素质,与提高全民族的自然科学素质同样重要;任用好哲学社会科学人才并充分发挥他们的作用,

与任用好自然科学人才并发挥他们的作用同样重要。"㉔

在经济发展本身,也有制度创新问题。有的学者强调:"要以制度创新推进工业化、信息化的跨越式发展。实现跨越式发展可以有传统的计划经济和现代市场经济两种途径,但是我们不能走传统计划经济的老路,而应该以市场为导向。这就要求我们必须进行制度创新。"㉕例如,在网络经济中,互联网的技术本身是中性的,向什么方向发展,能带来什么样的效用,在很大程度上取决于能否为互联网技术的应用进行制度改革和创新。当前要积极发展网络经济,并在交易模式、流动制度、组织制度、分工制度、金融服务制度等方面进行制度创新,形成有中国特色的网络经济模式。㉖可见,制度创新是一个涉及面很广和很重要的问题,必须受到应有的重视。

方法创新也很有必要并且重要。试以社会管理的方法要创新为例,以下的分析是有代表性的:随着现代化建设的发展,社会关系复杂化的趋向越来越明显。不了解这种情况,不把握这种变化的趋势,不及时创造调整这些社会关系的新方法,社会生活就会出现某些方面或某种程度的失序。原有的一些调节社会关系的简单方法不再适用了,要善于创造出新方法。㉗在知识经济时代,方法创新是极其普遍的要求。也就是说,有了新观念、新制度等,还要有新方法。全面创新的意义,即在于此。

第二节 知识创新工程

本节相对集中讨论知识创新工程。从知识创新与知识致富的问题说起,谈到国家知识创新工程,最后对在这方面还存在的一些问题选择主要的几个进行探讨,并将有关对策的意见提供参考。在知识创新中,突出了科技创新,也把人文社会科学纳入国家创新体系。知识创新所环绕的中心是知识经济和知识管理,因而也强调要重视管理创新。

一、知识创新与知识致富

知识经济的发展需要不断的知识创新,因而知识创新便成为知识管理的主要任务和内容之一;同时,由于知识致富已经有充分的事实根据,所以知识创新的积极性也与日俱增。在中国,虽然与全面发展知识经济的现实之间的距离还相当遥远,但是,在分配上的"脑体倒挂"现象和"读书无用论"之类的论调,正在逐步有所转变和开始淡化了。

在"知识不值钱"和"知识可以致富"的截然不同的背景下,知识分子的下海经商经历了一个对比鲜明和耐人寻味的过程。而时间差仅仅是10年左右:"20世纪80年代末,我国曾一度出现过高校教师下海经商热,当时的背景是知识不值钱,'造导弹的不如卖茶叶蛋的',教师下海盲目性大,大多数人流向自己并不熟悉的贸易公司和从事简单赚取差价的低档次公司,结果是若干人失败后又急急忙忙爬着'上岸'。"[28]大约事隔10年,"近来,又有一批教授院士纷纷办起了公司、做起了'老总'。与10年前不同的是,这次各科研院所和高校掀起的是一股兴办高科技实体的热潮,而且,不少投身这次热潮的科研人员已经致富"[29]。

这一巨大变化的原因何在呢?回答是:传统的工业经济主要依赖有形资产,而知识经济则主要依赖知识、智力等无形资产,这就使众多拥有高精尖技术的科研人员有了使脑子变黄金的基础。[30]其实,发达国家与发展中国家之间的主要差距,在本质上可以归结为知识水平的差距。因为知识经济正是以知识为基础的,而假如没有知识创新,即顿失竞争优势。

对于知识创新、科技创新,怎样强调也不为过分。《中共中央关于国民经济和社会发展第十个五年计划的建议》明确指出,推动经济发展和结构调整必须依靠体制创新和科技创新。国家科技部部长朱丽兰对"科技创新是经济发展和结构调整的强大动力"这一命题,发表了全面深入论述的专文,指明了鲜明的时代特征,把科技进步和创新摆在极其重要的位置,是增强综合国力的决定性因素,是经济发展和经济结构调整的动力。深刻理解这一精髓,抓住其要领和实质,有着重要意义。[31]我们从中可以非常清楚地看出知识创新、科技创新、体制创新等的非同小可和不比寻常的分量。

朱丽兰的文章清醒、务实,在进行多方面的有理有据的分析对比之余,有说服力地指出:"产业结构不合理、产业技术水平低,归根到底是我国技术创新能力低,特别是自主创新能力低。与发达国家相比,我国劳动力结构不合理的问题更为突出,高素质、知识型的劳动者占的比重太小,创新型人才短缺。"[32]因而在关于"确保现代化建设顺利推进的战略选择""推进科技创新应把握好六个原则"和"努力实现'十五'科技工作的新突破"的论述中,都围绕上述发展主题来展开和发挥。[33]

有人就"中国离新经济有多远"的问题发表意见,提到美国进步政策研究所（PPI）专门设计了一种新经济指数（即 PPI 指数）。该指数包括五大类共 17 个指标，其中第一类为知识型工作，包括管理人员、职业专家和技术员及劳动力教育水平等；第五类为技术创新能力，包括高技术工作数量、科学家和工程师数量、专利申请数量、研究与开发投资情况及风险资本情况。这两类已足以表明知识和知识创新的重要性。在具体比较中，1999 年我国办公室人员仅占全国就业总数的 4.4%，相当于美国的 1/6。2000 年我国上网人数占人口的比重约 14%，相当于美国的 1/3 强。[34] 仅按这两个数字来观察，对作为一种服务经济、高技术经济和办公室经济的新经济来说，距离是较远的。

那么，我们应该采取什么样的策略呢？要用新经济的规则和技术，重新提升传统经济，下定决心去致力于创新。

值得注意的是全球科技创新所呈现的十大趋势：一是大力推进科技创新已成世界性潮流；二是知识资源成为科技创新的战略性首要因素；三是攻占一些科技高地的竞争已成为创新的主要焦点；四是科技集成已成为创新的常用形式；五是研究—发展—生产成为完整的创新链的必要环节；六是技术协调成为重大创新的必要前提；七是可持续发展成为创新的基本使命；八是公司并购成为重组创新能力的有效途径，在竞争中对人才和技术的争夺特别重视；九是风险资金成为支撑创新的金融支柱；十是创新战略成为引导国家发展的重要指针，研究制定创新战略、策略及政策是不容忽视的大事。[35]

二、国家知识创新工程

在进入关于国家知识创新工程的讨论之前，先扼要谈谈"知识工程"这门崭新的边缘学科。它是生产和提供知识产品的工程，是在电脑迅速发展和普及过程中形成的。只要把知识制成"智能软件"，知识即可像一般物品那样授受。有人将它分为五类，即教育工程、研究开发、通信媒介、信息工程和信息服务，主要研究课题是传授、掌握、交流和传播知识和技能。对显性知识的作用似乎较大，而知识创新工程则突出强调的是知识创新，所以更符合实际需要和时代精神。

我国知识创新工程试点工作的简单历程是这样的：1997 年下半年，中国科学院战略研究小组的科学家们意识到，中国应该尽快建立具有自主创新能力的国家创新体系。同年底，中科院向党中央提交《迎接知识经济时代，建设国家创新体系》研究报告。1998年2月4日，江泽民同志批示支持。同年6月9日，国家科教领导小组审议并原则通过《中国科学院关于开展知识创新工程试点的汇报提纲》，批准中科院率先开展知识创新工程试点工作。至1999年12月初的一年半中，中科院着力于以下三个方面，使试点工作不断向纵深拓展：一是凝练创新目标，提高战略层次。包括明确重点领域，选准战略方向；落实重大项目，注重科研效益；充实基础研究，提升创新目标。二是调整组织结构，转变运行机制。包括组建创新基础，进行制度革新；打破门户之见，引进院外智力；推进机制转换，加快成果转化。三是构建一流队伍，营造创新文化。包括精心遴选人才，培育优秀团队；改善宏观管理，优化资源配置；强化评价体系，改造基础设施。[36]

在知识创新中，不能忽视基础研究。只有把基础研究工作提高到一个新的水平，才能更好地推进知识创新。这就需要统一思想，认清目标和齐心协力。2000年3月29日，在全国基础研究工作会议上，时任国务院副总理李岚清说："基础研究是人类文明进步的动力，是科技与经济发展的源泉和后盾，是新技术、新发明的先导，也是培养和造就科技人才的摇篮。"他认为："在综合国力竞争中，基础研究的发展水平已经成为一个民族的智慧、能力和国家科学技术进步的基本标志之一。我国作为一个发展中的大国，必须重视基础科学研究，不断提高自主创新能力。"[37]事实上，没有较好的基础科学研究，自主创新能力便难以提高。他还指出："要搞好我国的基础研究工作，必须深化改革，狠抓管理，对科技资源进行优化配置。一是要引入竞争机制。二是要调整现有学科布局和组织结构，促进科研部门之间最大限度地开放。三是要提高科研管理水平，加强对基础研究工作的总体规划和部署[38]。"

到2001年6月9日，知识创新工程试点已整整3年，《光明日报》记者采写了纪实性的长篇通讯。正如通讯发表时的"编者按"所说："这是以江泽民为核心的党中央做出的一项面向21世纪经济全球化和新经济时代的挑战，加快我国经济社会发展的重大战略决策。"按语中还提到："2000年，江泽民总书记、朱镕基总理和李岚清副总理分别视察中科院知识创新试点单位，并给予了充分的肯定和高度的评价，认为'目标明确、思路对头、举措有力'，'取得了可喜的成绩'。"[40]

上述通讯的内容，主要介绍了四个方面的情况。它们是："围绕新的战略目标，进行建院50年来涉及面最广、意义最为深远的学科布局和组织结构调整——为国家经济发展、国防建设和社会进步，做出基础性、战略性和前瞻性贡献。""以体制创新带动科技创新——在基础研究领域中，尊重研究所和科学家的自主权，院的管理工作集中体现在战略性目标的引导和对研究所工作的评价上。""建立竞争机制、推动人事分配制度改革——事实上终止了传统意义上的职称评审。""创新队伍初步建立，取得一批重大科技创新成果。"⑪他们已经完成了知识创新工程启动阶段的全部工作。

前面已经谈到知识经济与社会科学，在讨论国家创新体系之际，也不能忘记人文社会科学。中国社会科学院哲学研究所"国家创新体系"研究小组指出："不少人习惯于把'知识'概念窄化为'科技知识'，因而把'知识经济'单纯理解为'智力经济'或'科技知识的经济'。与此相应，他们把与文化价值观念密切相关的人文社会科学知识视为远离经济发展领域的'非经济因素'。"⑫这样的理解不符合实际，我们将在随后要进行的关于知识创新存在的问题中讨论。下面只举一件中国社会科学院与山西长治市委、市政府共建知识工程的事实，从正面来考察人文社会科学在社会经济发展和知识创新体系中的地位和作用。

工程自1998年11月28日正式启动。在至1999年底的实施过程中，为寻找我国中西部地区经济、社会发展之路做出了积极探索。在关于"合作缘起"的说明中，结束语是："正是中国社会科学院的知识背景和社会科学工作者投身经济建设主战场的责任感和使命感，加上老区人民寻求知识、寻求发展的真诚渴望赋予了知识工程诞生的沃土。"⑬这叫作水到渠成和一拍即合。在知识工程"破土而出"以后，主要任务是："①通过调查分析和比较研究，确定长治发展的基本思路；②通过政策调整和制度创新，确立长治快速发展的运行机制；③通过咨询和培训，加快长治市干部群众知识更新的速度，激发其创造性；④通过招商引资和形象推广，调动国际国内各方面力量参与长治发展。"⑭他们的最有意义的积极贡献在于为中西部跨世纪发展提供智力保障。

三、知识创新中的一些问题

在知识创新、科技创新中存在一些问题是正常现象，积极研究改进就是了。现有的问题解决后，在继续前进的过程中还必然会不断出现新的问题。这里所提出的问题未必全面,也很难说都很中肯,但可以认为,有关研究者的意见莫不言之成理和言而有据。以下按发表意见的时间顺序摘要介绍。

1999年11月,中国社会科学院哲学研究所"国家创新体系"研究小组认为,在构拟我国的"国家创新体系"时有"一轻一重"的倾向,"即只强调科技知识转化为社会生产力的重要性,却相对忽视这种转化的制度性保障,更没有意识到这种保障归根结底取决于以人文社会科学知识为基础的制度创新能力"[45]。他们指出,"知识经济"是高技术与高文化联姻的经济。在知识产业的框架中,人文知识直接成为产生巨大经济效益的资源可以从四方面得到说明:①"以物为本"的技术正在变为"以人为本"的技术;②市场生存能力和生命周期往往不取决于它的有形的物理性能,而取决于它的无形的文化性能;③"知识密集型产业"除了指高科技产业,还包括高文化产业;④在知识经济时代,发达国家的强势地位,不仅依赖于其高技术实力,也凭借其文化影响力。[46]构建"国家创新体系"是一项以知识为基础的制度创新工程。"一个社会的制度创新如果是科学的,就必须以人文知识为基础并由一个社会化的机制来保障。"[47]人文社会科学可以并且应当在四个方面发挥重要作用:"①技术与经济发展日益需要在其领域之外建立一个理性的、以人文知识为基础的评估系统。②随着信息网络技术的高速发展和文化市场的迅速拓展,文化产业将日益影响到国家的战略利益。③人文社会科学要形成持续供给社会动态分析、制度合理性设计和制度合法性论证的能力。④人文社会科学不仅是国家长远策划的战略资源,更应成为国家危机应对的主要咨询力量。"[48]这是人文知识创新的四大领域,也是人文社会科学社会化的基本内容。

2000年6月,王东京从"'新经济'何以如此受人瞩目"说起,提出"谁拿钱支持科技创新"和"科技成果如何尽快转化为现实生产力"两个重要问题。在论述、分析相关问题的过程中,很有针对性地说明了对策建设。面对美国风险投资非常发达的事实和在风险基金支持下微软的发展,得到的启示是:"实现科教兴国,推动技术创新,必须疏通融资渠道,发展风险基金。据不完全统计,目前国内由政府建立的此类基金,总额只有40多亿元人民币,还不足实际需要的1%,可谓是杯水车薪。既然如此,我们就应该借鉴西方国家的经验,吸引社会资金的参与。"[49]应当认为,这个建议有可行性。科技发明再好,没有钱不能转化为生产力。但是，科技不能及时转化为生产力，表面上看，是一个"钱"字作怪，深层次里却是体制拖了后腿。长期以来，我们的研究与生产是脱节的，尽管政府曾经试图将两者加以衔接，1996年还专门颁布了《中华人民共和国科技成果转化法》，但真正做起来，仍是力不从心。[50]怎么办呢？要深化科技体制改革，具体的建议是："政府可将一些重大的科研项目，委托给国家重点的科研机构，除基础研究由它们自己承担外，应用开发和产业化部分，可由它们向企业招标，相应的项目经费，也随子项目下达到企业。由于承担项目可以得到国家的经费支持，最终的成果又归企业所有，因此，一些企业特别是各行各业的龙头企业，势必会争先恐后。"[51]若再采取一些有关措施，还有把基础研究、应用研究和产业化进行联结的可能。

2000年12月，张志宏基于实践经验，在为"十五"计划献计献策征文中提出四条建议：①建议国务院成立科技创新建设领导小组，为完善我国科技创新体系提供组织保障。②大力建设和完善三大机制：一要完善激励机制；二要完善科技资源分配机制；三要高度重视科技成果和科学知识扩散机制的建设。③重视解决人才结构与教育结构不合理的问题。④高度重视社会经济可持续发展问题。[52]

2001年2月，韩志国认为，科技创新的总体能力过低和科技成果的产业化进程太慢，已经成为我国从粗放经营向集约经营转变的主要制约因素。主要原因在于科技创新体制与科技创新机制存在着比较明显的缺陷。[53]他指出，行政分割模式是我国科技创新体制的缺陷。主要表现在："科技创新人才在企业的集中度过低；科研机构大都处于封闭的自我循环状态；科研成果产业化的机制不健全，转化速度慢。"[54]因此，科技创新的发展模式必须调整，发展方式必须改变，发展环境必须完善。[55]

2001年5月，牛先锋和蔡冬梅指出：当代科技进步和创新，是增强综合国力和国际竞争力的决定性因素，科技创新能力的强弱直接关系到一个国家在世界上的地位。改革开放以来，我国的科技创新能力有了大幅度的提高，但还存在着诸多问题，科技创新效率低下，科技成果创新含量不高，科技创新与产业化相脱节，R&D（研究与开发）经费投入不足。[56]这里所提到的四个问题，与前述各方面的意见大体相似或基本相同。我们应当进行深入的分析研究，以求得到有效的对策和能解决问题的方案，并抓紧落实，以利于知识创新、科技创新工作的顺利开展。其中较为突出和迫切的，体现在各种体制的建立健全、资金到位、政策和法律等方面。

第三节 价值转化工程

在知识经济发展的过程中，知识既已成为最主要的资源，那么，随之而来的要求，便是知识的不断创新和成果的迅速转化。这就有一个怎样正确和深刻认识知识的价值和价值转换的问题，或必须认真探讨知识的价值构成（静态和动态方面）及其实现（即价值转化）。本节所讨论的，主要是知识经济与价值转化工程，包括上述内容和一些有关的事项。

一、知识创新与成果转化

创新，本来就是人类社会一切文明进步的基础、动力和源泉。没有不断的创新，发展便会中止或停滞不前，生命也将暗淡无光和顿失生机活力。在知识经济的发展进程中，知识创新更是其核心、灵魂、要害、焦点、命脉等，总之是极端重要就是了。

这里说的知识创新，实际上是创新的总称，或者应做广义的理解，即包括各种创新如科技创新、制度创新、方法创新等在内。强调创新绝不是为强调而强调，也不是人云亦云，追新潮、赶时髦、凑热闹，而是出于切实和迫切需要。谁在创新中遥遥领先，谁就成为时代的宠儿。创新不力和无所作为，后果肯定不妙，甚至不堪设想。

让我们具体来看，有些情况前已分别述及，但不妨再集中考察。

第一，没有创新，较少或甚少创新，从总体上来说，是一个竞争力的有无或强弱的问题。而在知识经济全面竞争的条件下，缺乏竞争力或者竞争力很差意味着什么，是不言自明的事。休想取胜，且难以立足，失败、被淘汰的下场已有目共睹和屡见不鲜了。

第二，没有创新，较少或甚少创新，分别就各项实务来看，是一个以什么样子的货色和服务去供应市场和满足消费者需要的问题。如果产品陈旧、品种不多、质量低劣、价格昂贵，再加上营销方式落后、服务水平不高，则市场占有率必将微乎其微，还很有可能完全落空。

第三，没有创新，较少或甚少创新，按其直接后果来计算，一定是入不敷出，亏损相继，血本无归，债台高筑，直到宣告破产。试想全无竞争优势，在严峻挑战面前，连招架之功也没有，何来还手之力？产品、服务不受欢迎，市场不进则退，不认输也不行。

第四，即使在科技和管理等方面有所创新，但不能将优秀成果和较佳方案及时和充分转化为现实生产力或付诸实施，仍形成不了和显示不出创新能力和竞争实力。这也就是要在成果转化问题上必须相应地进行创新，否则迟迟不能转化或转化得不够全面、彻底，也无济于事。

说到科技成果转化，这可是一个具有关键性的重要问题。科技创新的目的何在？科技创新怎样才能同经济发展挂起钩来？答案只有一个，就是要使科技成果转化为生产力，成为竞争实力，或者叫使之商品化、商业化。科技和经济不应当是"尔为尔、我为我"的"井水不犯河水"，或互不相干的"分道扬镳"，而应当紧密联系、结合和"接轨"。其结合点和交接点，正在于卓有成效地做好转化工作。这也需要有创新精神，照一些早已不合时宜的老规矩和旧习惯去办，往往不能适应新形势发展的要求。

因此，对于成果转化，首先，是不可掉以轻心，要认真重视起来，切实树立积极大力加强转化工作的新观念，并坚持不懈地付诸实际行动和狠抓其有效性。其次，是在有效转化的基础上，逐步形成创新—转化—市场—收益—创新……交叉—同步的良性循环，使经济发展充满生机活力和欣欣向荣。再次，上述良性循环的带动和促进，有利于全面开展各种创新活动，包括开拓新的研究领域和课题，开发新的产品和服务项目，在生产、营销、管理等方面不断开创新局面。最后，在创新环境和风气中，可以培育出一批富有创新精神、能力和经验（包括做转化工作的能力和经验）的创新人才。这是发展知识经济中极其宝贵的行家里手和精兵强将。

实践证明，知识创新没有成果转化这一决定性环节的保证，创新活动便难以为继，所有关于强化创新的各种机制，如运行、激励、发展、开发机制等，均将如同失去动力的机器，很有可能空转一时而终于停机。各种创新机制之所以能正常运作和发挥作用，是因为创新能见效果，有回报。若成果不能转化，轻则扫兴、败兴，重则令创新者感到没有发展前景或没有奔头。

在妥善解决科技与经济之间存在脱节现象的问题上，政府是应当有所作为的一个重要方面。采取立法措施是可行的和通行的办法之一。"在技术创新方面，我国先后制定了《专利法》《科技进步法》《农业技术推广法》《科技成果转化法》等多项与技术创新有关的法律、法规。但是，我国关于技术创新的立法不系统，没有专门的技术创新法，未能使技术创新真正做到有法可依。"[57]对实力远逊于大企业的中小企业，尤其需要有这方面的鼓励和支持,如美国和日本促进中小企业技术创新的立法措施,就值得我们借鉴。[58]

针对当前我国科技成果转化工作存在的问题,已有学者进行了专题研究,并在以研究报告形式做出的最终成果中,提出了自己的思路和对策建议。其中有五个要点,简单介绍如下:

(1) 广义的科技成果转化观。狭义指直接转化为生产力要素;广义指各类科技成果转化过程,包括自然科学和社会科学及其交叉成果转化。前者为后者的中心环节和重要内容。

(2) 整体系统的科技成果转化观。由科技供给、转化、需求、环境系统构成的大系统,需要动力、收益分配、约束、激励、调控等机制,宏观上的整体优化与一体化,而非微观单位成果转化的一体化。

(3) 演化的科技成果转化观。在不同的阶段,政府与市场作用不同。①成果形成源头,中央政府作用大;成果转化尽头——市场,地方政府作用大。②成果形成源头,非市场因素作用大;转化尽头,市场因素作用大。

(4) 促进科技成果转化的政策要形成体系,包括以下四个方面内容:①促进科技成果供给;②促进科技成果转移;③促进科技成果需求;④促进科技成果转化过程的整体优化与一体化。

(5) 加强以科技需求为导向的政府行为,具体措施如下:①制定大型政府购买计划;②政府购买业务和各种旨在激励科技进步的政策,刺激经济界的科技需要,使之自主提高科技投入,重视科技进步,改善短期行为。[59]

二、价值构成与价值转化

从知识创新到成果转化,实质上是一个价值如何体现的问题。长期以来,关于劳动和劳动价值的讨论经久不衰。在向知识经济迈进的过程中,人们对此又重新予以审视。就以传统行业受到高科技的挑战而论,尤其是互联网,更直接从诸如电信、零售、媒体等领域转移价值,投资者的"价值观"正经受着一场世纪末的大洗礼。[60]说"硅谷与传统行业之争胜负已判","知本家"压倒了"资本家",[61]都离不开价值因素。

江泽民在"七一"讲话中明确指出,我们应该结合新的实际,深化对社会主义劳动和劳动价值理论的研究和认识。这是一个引人注意和发人深思的课题：要结合的是什么新的实际？又为什么有必要深化这方面的研究和认识，即有什么现实意义呢？

诺贝尔奖得主、中国科学院外籍院士杨振宁最近在中国科协学术年会上的第一个特邀报告中预言，应用研究发展最快的三个领域是：芯片的广泛应用、医学与药物的高速发展和生物工程。他说："这三个领域的发展将是今后三四十年世界经济发展的火车头。"[62]作为世界经济发展的火车头，其价值之重大可想而知。

当然，价值不仅指经济或物质方面，也指精神文化方面，如政治、社会、思想、道德方面等。不过在讨论经济价值时，通常主要或较多侧重于物质价值，而直接与物质财富相联系。知识的价值还由于知识有不同的层次，其价值亦随之而存在差异。常识层次的知识呈现出非系统性、实用性和浅易性，它在经济上的价值最低；系统的专业知识是一种更高层次的知识，与常识层次的知识相比，它具有更高的价值；科学技术创新知识是价值含量最高的知识，它被奉为第一生产力是理所当然的。[63]

既然如此，在以知识的商品化、资本化为前提的知识经济中，知识的价值也就有价格与供求关系、知识的生产与消费、知识的边际效用、知识的折旧、知识的投资风险、知识经济与政策导向及制度设计等问题。要发展知识经济，就必须造就一大批知识企业家、知识管理者，并使大部分的劳动者成为知识劳动者，让白领远远超出蓝领。知识只有在顺利转化为现实的价值、得到合理的回报时，知识的进一步学习、积累和创造才能得到激励，才有动力，才会成为一种自觉行为。[64]只有这样，才能促进全社会知识水平不断提高，从而有利于更广泛地和更好地进行创新。

关于知识价值的研究和讨论，有不少值得重视的内容和意见。如知识价值的基本内涵（包括含义、特性、类型等）、知识价值观的变革（包括知识价值观的实质和提高等）、知识价值的构塑（包括增长点、转化点、闪光点、组合点、创新点等）和知识价值的实现（包括实现的实质、阶段、条件）等。[65]因篇幅所限，不能广泛涉及，以下仅就知识的价值构成及其转化述其梗概。

知识价值可分为静态价值与动态价值。在对知识经济中的知识价值构成的静态考察中，可以了解知识的静态价值包括知识被生产出来尚没有进入流通领域时的价值构成表现。目前理论界所描述的知识价值构成多从静态构成出发，从静态上考察，知识的价值由主体价值、载体价值和转移价值等三大部分构成。⑥在对知识价值结构做动态分析时,我们看到,正是通过知识的运动(流通),其巨大价值才得以表现出来并逐步得到转化或实现。流通中的知识价值较静态的知识价值又增加了新的内容,流通价值独立出来成为知识价值的重要构成要素。⑥

其实,上面已接触到知识价值的转化或实现,但同物质产品价值实现的一次性相比,特征在于价值实现的阶段性与持久性的统一:因为知识生产者在使对方拥有其产品的使用价值的同时,自己仍然占有其产品的使用价值,拥有独立个体劳动价值补偿和公众社会劳动价值补偿。⑧

除知识价值转化的特征外,知识使用价值的转移也有其特征,主要是与物质产品的使用价值相比较而言的。如后者的让渡是一次性的,消费中逐渐消失或转移入新产品,但不超过其自身价值。而知识产品的使用价值则大异其趣,不仅可以共享和多次性消费,还可以产生新的价值和超过自身价值等。⑥

对发展知识经济来说,应当非常重视知识价值转化。知识的巨大价值只有当知识在交换中让更多的人所掌握时才能实现,才能发挥其更大的作用。加快知识的流通与传播,促进知识价值在经济活动中的快速转化,是发展知识经济的本来之义。⑩

必须注意提供知识价值转化的条件。一是要强化对知识的需求,做到三个强化:①强化人们对知识价值的认识;②强化人们投身科教事业的积极性;③强化知识产权等法制建设。⑪二是要建立知识价值转化的运行机制,如科学决策、资金投入、人才建设和适度调控等机制,以利于解决四个问题:①决策科学化、民主化、系统化和程序化;②对重大基础研究项目资金投入不足;③用新的机制调动人才的创造性;④多部门,多行业,多种人、财、物的支持和保证,将知识的潜在需求转化为现实需求,加快知识价值的实现。⑫这里,作为一项系统工程的知识价值转化工程已呼之欲出了。

三、价值转化工程

据有关资料介绍,价值转化工程于 1992 年问世。1993 年 11 月,广东省社会科学联合会(以下简称"广东省社科联")等单位联合召开了"全国首届价值转化工程学术研讨会",全国有一百多位专家教授出席了会议。大家对这一新学科给予高度评价,并对深化研究提出有益的建议。

"按现代价值科学与价值转化论的观点,知识经济中所讲的知识,就是把价值低的东西改造成为更满足于人类物质精神文化需要的价值高的物质的'窍门',实质上,就是价值转化工程。"[73]

1999年10月,广东省社科联等单位召开了第二届价值转化工程学术研讨会暨"知识经济与价值转化工程"专题学术研讨会。与会者一致认为,知识经济时代的到来为价值转化工程学提供了广阔的发展前景。价值转化工程是知识经济的现代智力工具,是知识经济的重要理论基础。讨论所涉及的内容有:知识经济价值转化的生产力要素分析、知识价值转化的指标构建、产学研的价值转化工程、价值转化与资源优化配置、价值转化与投资风险机制框架、实现知识价值转化途径、价值转化链、价值转化工程与科技创新体系、货币价值转化工程、知识经济学的核心理论等。大家的共识是,知识经济的到来,为价值转化工程学创造了良好的环境与条件,知识经济使知识成为经济发展的最主要资源,而价值转化工程把知识看成取之不尽的价值资源。价值转化工程学在迎接知识经济到来的过程中如鱼得水,会得到更大的发展与更广泛的应用。[74]

据报道,黄锦奎在《价值转化工程》一书中提出价值转化的五个方面是:从潜在价值转化为现实价值、从有害的价值转化为有利价值、从无价值转化为有价值、从低价值转化为高价值、从有限的价值转化为无限的价值。[75]可见价值转化工程真是非同小可和确实大有可为。著名科学家钱学森在评价该书时,对其中提出应将价值科学作为第十一大学科系,认为"这是一个新思想"[76]。

值得一提的是《学术研究》刊物在1998年8月举办的以"知识经济与价值转化工程"为主题的一次很有意义的征文活动,收到文章几百篇,后选取数十篇编成《知识经济与价值转化工程》一书正式出版。全书有40多万字,自难详细介绍,但从部分文章标题亦可窥见一斑。如《知识经济时代:价值转化工程的新领域》《知识经济中知识价值转化指标的构建》《知识经济学视野的价值转化工程》《产学研结合与价值转化工程》《用价值转化理论推进价值工程的发展》《"价值转化"初探》《价值转化工程与价值工程的互补》《资源配置与价值转化》《论知识经济时代的价值转化工程》《价值转化工程与风险投资制度框架》《实现知识经济价值转化的有效途径》《从宏观价值问题的提出看价值转化链》《知识价值转化的效用对企业竞争的影响》《论企业科技创新系统的知识价值转化特性》《论知识经济条件下的货币价值转化工程》《知识的价值与价值转化》《知识价值转化论——知识经济学的核心理论》《知识价值转化论挑战传统经济理论》《试论价值转化工程与未来社会价值的实现》《论科技创新与知识价值转化的相互作用》《马克思劳动价值论的新发展——论知识价值转化论》等等。[77]

著名经济学家李京文在全国第二届价值转化工程学术研讨会暨"知识经济与价值转化工程"专题学术研讨会上的发言,给人留下了深刻的印象。他在对价值转化工程的发明者持热情的肯定态度之余发表了以下三点意见。

(1) 完全同意将价值转化这一理论称为"价值转化工程学",认为价值转化工程提出的理论有很多创新,本身自成系统,这门学科对我国的经济建设和国家的强盛非常重要。特别是在"转化"这两个字上,创新意义非常大。我们的科技、资源、知识不通过转化,就成不了价值,低的价值也变不了高的价值。[78]他在全面衡量我国各方面资源的总量和质量之后,指出:如将价值转化工程应用到实践中去,将会大大加快我国现代化建设的步伐。一个国家的科技进步,财富的增加,主要靠科学、知识的价值转化。[79]

(2) 十分同意知识经济为价值转化工程的发展提供了一个很广阔的前景和有关学者对二者关系的分析。他认为:"一方面,知识经济不可能在落后的生产力水平下出现,要肯定价值转化工程为知识经济创造条件,是一个重要的基础。另一方面,知识经济的到来,确实为价值转化工程创造了非常好的环境、条件。"[80]

(3) 希望深圳能成为我国知识经济出现和价值转化工程取得重大成果的第一个地区。作为深圳特区制定第一个发展战略的参加者和第二个发展战略规划的主持人,他认为:"深圳有高速度、高质量和创新精神,现在深圳的条件、基础、人才等更好,完全有条件率先进入知识经济社会,由此要率先将价值转化工程由理论研究率先转入实际运用。"[81]针对过去常会出现"一哄而起"的现象,他又指出:"不要各个省、各个地区都来搞,应该像前几年搞开发区那样重点搞。上海、深圳、北京,这三个地方可考虑率先搞知识经济。"[82]

我们从知识创新、成果转化、价值、价值转化,谈到价值转化工程和价值转化工程学,主要是因为这些都与知识经济和知识管理的理论和实践密切相关。它们涉及许多综合科学领域，需要各方面配合研究。

鉴于知识创新和价值转化在发展知识经济和实施知识管理中的极端重要性，在本章的内容基本结束之余，笔者觉得很有必要对此特别再加以强调。

西方流传一种说法，认为事业成功的要素有三，即要有明确的目标（aim）、相当的能力（ability）和足够的行动（action），简称"3A"。这很符合"有志者事竟成""心有余而力不足"和"非不能也是不为也"等正反两方面的评论。

那就让我们再次点明，知识创新能力是知识经济时代企业能够生存和发展的决定性因素。简单地说，"知识管理就是人在企业管理中对其集体的知识与技能的捕获与运用的过程"[83]，"知识管理的目标，也就是要提高企业所有知识的共享水平和知识创新的能力"[84]。有了较好的知识创新能力，其价值还不能直接、自然体现，还必须继之以具有相应的转化能力和方法等。通过实际行动，使之实现价值转化，才算是最终达到了目标。

此外，我们已经注意到，在我国学术界已有人对于知识资本的价值量化模型和积累途径的问题，进行了探索性的研究，并已有成果发表。[85]这是对迎接知识经济时代的有积极意义和可喜的事。

思考题：
1. 知识管理为什么要求全面创新？理论、管理、体制等创新有何重要意义？
2. 国家知识创新工程对实施知识管理有什么重要作用？
3. 价值转化工程与知识创新工程之间有直接联系吗？

注释：
①吴文俊：《活着就要创新》，载《光明日报》2001年6月24日A1—2版。
②③莱斯特·瑟罗：《创造财富——个人、公司及国家所应遵循的新法则》，载美国《大西洋月刊》1999年6月号。
④参见刘亚明、吕从坤《迎接知识经济挑战中小企业家需调整心态》，载《光明日报》1999年11月8日第5版。
⑤参见张晨《关注思维素质的培育》，载《光明日报》2000年2月15日C1版。
⑥黄绍汪：《探讨知识经济背景下的思维方式》，载《学术研究》1999年第6期。
⑦孙奎贞：《运用创新思维进行决策》，载《中国行政管理》1999年第4期。

⑧参见普拉哈拉德《商战场所中的变迁》，载英国《金融时报》1999年10月4日。

⑨⑩⑪参见汪又农《知识经济与企业市场创新》，载《广东省经济管理干部学院学报》，1999年第3期。

⑫⑬⑭参见施建石《创新力：企业兴衰成败的基础》，载《人事管理》1999年第1期。

⑮⑯⑰⑱参见王俊霞《知识经济时代的企业管理创新》，载《光明日报》1999年12月24日第8版。

⑲⑳㉑㉒㉓参见《知识经济与体制、制度、结构及社会科学的关系》，载《研究与决策》2001年5月7日第11期。原注："严中根据《中国工业经济》有关资料综合"。

㉔江泽民：《北戴河讲话》，据新华社北戴河2001年8月7日电，见8月8日各报。

㉕叶初升：《以制度创新推进工业化信息化——"工业化、信息化与跨越式发展"研讨会综述》，载《光明日报》2001年8月14日B2版。

㉖参见李静《网络经济与制度创新》，载《光明日报》2001年1月9日。

㉗参见于焉祥《社会管理方法要创新》，载《光明日报》2001年4月17日B4版。

㉘㉙㉚参见郑晋鸣、金怡《知识致富的背后》，载《光明日报》1999年8月1日第1版。

㉛㉜㉝参见朱丽兰《加深对科技创新作为强大动力的理解》，载《光明日报》2001年2月6日B2版。

㉞参见张其仔、林大建等《中国离新经济有多远?》，载《书摘》2001年第4期。

㉟参见《全球科技创新呈现十大趋势》，载《广州调研》1999年第12期，未注明作者和出处。

㊱参见薛冬、廉海东《知识创新工程向纵深拓展》，载《光明日报》1999年12月8日第1版。

㊲㊳㊴李岚清：《在全国基础研究工作会议上的讲话》，据新华社北京2000年3月29日电，见3月30日各报。

㊵㊶薛冬：《为振兴中华攀登——中科院知识创新工程试点工作纪实》，载《光明日报》2001年6月9日A1—A2版。

㊷㊺㊻㊼参见中国社会科学院哲学研究所"国家创新体系"研究小组《国家创新体系与人文社会科学》，载《光明日报》1999年11月5日第5版。

㊸㊹黎信、严文斌：《建设知识工程振兴老区经济》，载《光明日报》1999年12月24日第3版。

㊽㊾㊿(51)参见王东京《“新经济”与科技创新》，载《光明日报》2000 年 6 月 2 日 B3 版。

(52)参见张志宏《完善我国科技创新体系》，载《光明日报》2000 年 12 月 24 日 A1 版。

(53)(54)(55)参见韩志国《科技创新的造血功能与动力源泉》，载《光明日报》2001 年 2 月 10 日 A4 版。

(56)牛先锋、蔡冬梅：《中国科技创新面临的四重问题》，载《鹏程》2001 年 5 月第 3 期。

(57)(58)参见梅其君、文罡《美日促进中小企业技术创新的立法措施及借鉴》，载《科技管理研究》2000 年第 3 期。

(59)参见刘洪《促进科技成果向现实生产力转化的对策研究》，见《科技成果转化工作的对策建议》，载《光明日报》2000 年 2 月 18 日 B3 版。

(60)(61)参见《硅谷：“知本家”压倒了“资本家”》，载《研究与决策》2001 年 9 月 6 日第 21 期，未标明作者，仅注明“严中摘自《中国经营报》2001 年 11 月 14 日”。

(62)《杨振宁预言经济发展火车头——芯片医药生物工程》，载《新快报》2001 年 9 月 16 日 B2 版。

(63)(64)(71)(72)参见曹绪飞《知识的价值与价值转换》，载《学术研究》1999 年第 3 期。

(65)参见王久华《知识价值论》，载《学术研究》1999 年第 3 期。

(66)(67)(68)(69)(70)参见郭强《知识经济中知识的价值构成与价值转化》，载《学术研究》1998 年第 12 期。

(73)(76)(77)参见黄锦奎《在新的价值世界创造财富——“知识经济与价值转化工程”征文述评》，载《学术研究》1999 年第 7 期。

(74)(75)参见林有才《知识经济与价值转化工程》专题报道，载《光明日报》1999 年 10 月 22 日第 5 版。

(78)(79)(80)(81)(82)李京文：《知识经济为价值转化工程学发展提供了广阔的前景》，载《学术研究》1999 年第 10 期。原注据录音整理，未经本人审阅。

(83)(84)(85)参见吴姝、冀平《知识资本的价值量化模型和积累途径初探》，载《科技管理研究》2000 年第 2 期。

第九章 知识经济与科教兴国和智力投资

内容提要 鉴于知识经济与科学技术、教育事业和智力投资等的关系非常密切和重要,本章主要讨论的就是科教兴国和智力投资方面的问题。其中包括科技进步和创新是增强综合国力的决定性因素,技术将成为世界发展的主导因素,科技人才的来源,智力投资的动力、宗旨、来源、渠道、管理和运用等。

一位学者在有关研讨会的发言中说:"我在十多年前,经过国家科委向中央领导提了建议,在四项基本原则是立国之本,改革开放是强国之路,这两句话之后再加上一句,科技进步是富国之源。国家科委为我这个建议登了两次简报,随后不久中央提出了科技兴国。"[①]只要是利国利民的建议,中央领导是予以考虑和采纳的。在迎接知识经济到来之际,实行科教兴国和重视智力投资非常有必要。这是举世公认的康庄大道。

第一节 知识经济与科学技术

对于知识经济以知识为基础,曾经有人提出,农业经济与工业经济并不是不要知识。但也同时不得不承认,有主次之分和层次、水平、内容、质量等的不同。对于人类社会经历了农业经济、工业经济、信息经济等阶段进入知识经济阶段的说法,也有认为分为手工经济、机器经济和知识经济是较为恰当的。[②]不过,在主流意见中,对于世界正在或即将进入知识经济时代没有异议,那就首先让我们讨论讨论科学技术对发展知识经济的重要性问题。

一、科技进步和创新是增强综合国力的决定性因素

在《中华人民共和国国民经济和社会发展第十个五年计划纲要》(以下简称《十五纲要》)的第一篇第一章关于"国民经济和社会发展的

指导方针"中指出:"科技进步和创新是增强综合国力的决定性因素,经济发展和结构调整必须依靠体制创新和科技创新。"③在第二章又规定科技发展的主要预期目标是:"2005年全社会研究与开发经费占国内生产总值的比例提高到1.5%以上,科技创新能力增强,技术进步加快。"④随后在第三篇第十章专门论述了"推进科技进步和创新,提高持续发展能力"的问题。提出发展高科技,实现产业化,提高科技持续创新能力,实现技术跨越式发展。力争在主要领域跟上世界先进水平,缩小差距;在有相对优势的部分领域,达到世界先进水平;在局部可跨越领域,实现突破。⑤纲要还分四节讨论"为产业升级提供技术支撑""推进高技术研究""加强基础研究和应用基础研究"以及"建设国家创新体系"⑥。其中有的内容前面已经述及,这里充分表明国家对此已予以高度重视。

今后,谁想在劳动市场站稳,就必须使自己的知识不断适应变化了的条件。知识将成为进入未来世界的入场券。去年(1999年)德国联邦政府在开支削减的情况下,科研支出仍增加了10亿马克。⑦以下是来自德国的有关信息,在稍早一点的时候,也有德国学者对经济发展取决于什么的问题做出了回答:经济增长被看作技术进步的镜子——到底应该如何解释各国经济增长的巨大差别,在回答这个问题时,了解美国的经济发展特别重要。美国经济增长率也可以被解释为技术进步率。⑧这位学者还根据许多研究报告所表明的事实指出:"在人力资本方面的投资的收益明显要比实物资本方面的投资收益高。因此人力资本的积累同样在为经济增长做出贡献,甚至也许比实物资本积累做出的贡献还大。"⑨这里虽然没有把"人力资本"与"智力资本"或科学技术因素联系起来,但是那是不言而喻的事。

说到科学技术,或简称科技,习惯上常相提并论。但实际上,二者是既有联系也有区别。没有宽厚深实的基础科学研究,技术就难以达到高新精尖的程度。关于亚洲若不重视基础科学研究,便会与西方的差距拉大的提醒,不是没有根据的。长期以来,西方学术界比亚洲学术界更注重基础科学的研究。亚洲科学家和研究人员也只注重发展实际应用技术,而不愿将精力放在探讨基本科学原理上。科学技术的发展将为人类打开进入未来的大门,但现在西方正掌握着开启大门的钥匙。⑩可见,我国重视加强基础科学的研究是明智之举。

当俄罗斯总统普京还是代总统的时候就说过:"如果一个国家的经济

不能运转，那它就不可能有现在；如果没有富有竞争力的科学技术，那它就不会有未来。"[11]这种科技竞争力决定国家未来的观点，完全符合实际情况和发展趋势。针对美国在科技服务领域所占的份额近20%，而俄罗斯所占的份额不到1%的现象，他认为，主要问题就在于"科学研究与其成果推广之间存在着脱节现象"[12]。科技领域存在的问题除源于管理和作风外，还有经费问题。他说："最近几年我们老是想如何节省科研经费，在科研领域打'折扣'和讨价还价是行不通的。"[13]他还强调："国家的支持对基础科学的发展尤为重要。"[14]

正如我们早已谈到过的，在科技进步中不可忽视管理科学和人文社会科学的发展。2001年8月间在北京举行了"STS与中国现代化"研讨会，"STS"即科学（science）、技术（technology）、社会（society）三个英语单词的首字母。与会者认为："我国STS研究的主要目的在于，应用对科学、技术与社会相互关系规律的认识成果，积极为发展我国的先进生产力和先进文化服务。加速实现社会主义现代化，使科学技术真正成为我国人民的福祉。"[15]他们从马克思主义决定时代特点的是生产方式的视角看，认为："只有从科学技术和社会两个方面，才能全面地揭示一个时代的特点。"[16]问题在于，科学技术与社会怎样才能协调发展，从而避免或减少前者对后者像资本主义工业文明所日益暴露出的那些负面影响及其深层次的矛盾。

科学技术用于什么样的服务目的，是一个发人深思的问题。美国被袭举世震惊。有关的方方面面，莫不与现代科技有关。没有现代科技，不可能有现代超高层建筑，也不可能有现代航空器等。可以用来建设，也可以用于破坏。干好事还是干坏事，全在于人。即以单纯技术性的消极防范而论，有时技术上虽有可能，但受人为因素影响而作罢。德国宇航中心专家施蒂芬雷弗达戈称现有技术可防飞机撞大楼便是一例。"专家曾提出过用雷达卫星进行空间观测。该技术可以报告被劫持飞机偏离航线的情况，但基础设施需投入数百亿美元，因此美国政府一直没有同意。"[17]果真如此，便事关决策了。

在国家和地区之间的差距，明显地表现为科技进步是决定性因素。就我国最发达的长江三角洲和珠江三角洲来对比考察，也令人清楚地看到了这一点。在改革开放前，后者的基础比前者弱，但自20世纪70年代末，后者利用政策、区位等优势起飞，发展水平追上了前者且有过之，但进入

90年代后，前者在许多方面又超过后者。前者所拥有的四大优势为：工业结构优、金融业发展快、高技术产业水平高和人才优势大。如两者两院院士人数为220∶22，高校国家级重点专业个数为48∶5,[18]几乎都是10∶1，这不能不与科技实力有关。

二、技术将成为世界发展的主导因素

远的且不去说，20世纪的最后10年世人记忆犹新。那是怎样的10年呢？是高科技主宰的10年。融合高科技的影片取得了巨大成功，连总统竞选也最大限度地运用着科技进行竞争，就连引导美国经济走向景气而发挥关键作用的联邦储备委员会主席艾伦·格林斯潘，也从技术怀疑者转变为明确的信奉者。[19]新世纪是20世纪末的直接继续，也继续了这个势头。

德国刊物也有文章指出，过去10年获得的知识比人类在过去整个历史长河中获得的知识还要多，而且速度还在加快。尽管有些预测和发展还有待观察和证实，但是可以肯定，在技术进步的推动下，新知识、新产品和新工艺的螺旋越旋越快。技术将成为世界各地社会发展的主导因素。德国公民预感到迎面而来的变化来势汹汹。他们对此的反应是既胆怯地抱着希望，又违忤地对技术抱有反感，不少人担心跟不上技术发展。[20]在科学技术比较发达的德国，人们尚有此感，可见技术主导社会之势很猛。的确，人们适应变化的时间越来越少了，新技术飞速传播。电话用户达到5000万户用了55年，电视用了13年，而因特网只用了3年便跨过了这个门槛。[21]看来，的确是除了面对挑战没有别的道路可以选择。

在全世界范围内如此，亚洲当然不可能是例外。日本经济研究中心《2020年亚洲产业竞争力》的报告指出，高科技将主导亚洲经济发展。具体来说，"对各行业产值增加率的分析结果显示，今后在亚洲经济发展中将发挥牵引作用的领域是以电子和电机为主的高科技产业"[22]。实际上，可以断言，在其他领域，也都离不开高科技的主导作用。

引人注目的一个问题是，经济的发展应与保护亚洲文化传统不发生矛盾。在中国香港地区以及马来西亚、印度尼西亚和新加坡，都有这方面的事例。美国刊物发表的文章指出，一种新的情绪正在亚洲酝酿。如果说迅速发展曾经被当作口头禅的话，那么，传统和特性则成了今天的时髦口号。随着进一步的繁荣，亚洲的专业人士开始产生怀旧的情绪。他们觉得亚洲人应该找到自己的道路,而不是照搬外国人的做法。[23]在推动进步的同时,保护历史传统是一个值得研究和处理好的问题。新加坡保护历史建筑物的做法,就得到建筑师们的高度赞扬。[24]香港中文大学建筑系的学生们正在做一种努力,"他们正在把历史的精髓融入建筑规划中,以便迎接高技术的、面向服务的未来"[25]。应当认为,高科技不仅主要是用于发展经济,也可以用于保护历史传统和文化特色。

再说技术成为经济发展的主导因素,其具体表现形式之一,应是在剧烈的竞争实力较量中,抢占高技术产业制高点。高技术产业不仅是知识经济发展的发动机或推动力量,而且是知识经济时代的主力军。高技术产业在国民经济中的比重大小已成为衡量一个国家经济发展水平和增长潜力的重要标志,是争夺未来的制高点。[26]这是我们面对知识经济的机遇和挑战、增强综合国力的必由之路。

不过,还得问一问,此路可行吗?是行得通还是行不通?"社会科学界、自然科学界对此有不同看法,有人主要是认为我国现在离知识经济社会还很远,不要去谈。"前面已经谈到过,完全有条件的可以率先进入知识经济社会,不是免谈、不谈,而是看怎么谈。[27]"一些人认为,当前我国最紧迫的问题是如何解决下岗职工的再就业,维护社会的稳定。从解决再就业的角度出发,我国需要大力发展劳动密集型产业。他们认为技术密集型的知识经济排斥劳动力就业,对中国只能是一种'海市蜃楼',不适合我国的具体国情。"[28]果真如此,抢占高技术产业制高点便不是必由之路,而是此路不通。

然而不然,上述观点有片面性。采取二元结构战略,提高国民经济的竞争力,可以解决问题。一方面,知识经济是机不可失;另一方面,知识经济也不是同劳动力就业完全对立。它既可以带来许多新的就业机会,也与传统经济保持紧密联系。例如,它对传统产业所进行的改造,后者即可得到新的发展和扩大劳动就业的范围。事实是,美国失业率下降的主要原因之一是新型产业增多和相关服务产业兴起,为社会创造了众多就业机会。微软每增加一名雇员可给其他行业增加六七个工作岗位。现在,我国在继续发展劳动密集型产业以保证社会稳定的同时,注意发展技术密集型的经济以加强国民经济的实力和竞争力,是完全必要的。

人们不能忘记或忽视非常重要的一点,即传统产业的存在和发展已经是处于崭新的环境与条件下。不是一切照旧,而是在不断地改造、更新,日益增强新的生机活力。没有高技术产业的影响和带动,便难以出现这种情况,更不用说参与国际竞争了。

诚然,发展知识经济,抢占高技术产业制高点并非轻而易举,而是存在种种困难的。但是,我们必须抱积极主动的态度,去创造有利条件和克服前进中的困难。最重要的还是认清形势,根据国情,制定发展战略。只要切实可行,便坚定不移地迈步向前,去迎接各方面的挑战。

三、高科技发展的障碍

关于亚洲高科技发展的障碍,中国在不同程度上都有。能否和怎样去突破、消除,是很值得讨论的且很现实的重要问题。实践已经证明了各种障碍的确实存在,用"不承认主义"去对待,只能是自欺欺人,丝毫无补于事,而且会败事有余。

法国报纸就英国一家杂志的有关报道发表专文议论此事。其"原文提要"云:"英国《经济学家》杂志指出,亚洲迈向科技重镇的障碍包括创新能力不足、欠缺资金及成立全球企业难等。"[29]全文即从"三大障碍"展开论述。

文章开门见山地指出:"多数亚洲国家都有高科技梦,想利用这波网络热,由科技创业家和电子商务带动经济转型,迅速迎头赶上西方国家。"[30]紧接着就以"专家警告"的语气,提出亚洲国家迈入新经济所面临的上述三大障碍。以下略去文中所述某些国家和地区的具体情况,仅将三个障碍做一简要介绍。

首先,关于成立全球性企业难。生产更廉价的个人电脑并非难事,亚洲难以造就类似微软的全球龙头企业。亚洲网络内容及服务提供者区域化和全球化之路,将漫长而崎岖。

其次,关于创新能力不足。尽管亚洲人喜欢冒险犯难,具有创业精神,却沦为一窝蜂现象,恶性竞争造成人才外流。亚洲若想深耕高科技文化,一定要懂得激励和留住人才。

最后,关于欠缺资金。这指的是创业投资资金。"亚洲国家政府并未积极融资给高科技创新企业,充沛的高科技资金却因为找不到投资标的而闲置。"

实际情况是否如此,值得重视,至少是颇有参考价值的提醒。亚洲其他国家和地区暂且不说,据已经掌握到的部分资料表明,我们对上述三个方面已开始注意和有所考虑、研究、提出建议和对策等，其中有些正在改进、试行和实践中。

关于成立全球性企业问题。这当然不是一蹴而就的事情，需要有一个从准备到成熟的过程。可喜的是，在这方面可以说已开始出现了零的突破。美国刊物有文章专门谈到了这一点："有关'中国经济繁荣的故事中没有中国跨国公司这一角色。不过，这种情况不会持续得太久。在与外国公司结盟的推动下，中国公司正在变成国际经济舞台上的重要角色。"[31]以中国海尔公司为例，其年销售额超过 50 亿美元，名列世界电器销售商的第六位。"正如海尔公司所显示的那样，这种情况正在发生变化。经历了长达 100 年的贫穷、动乱以及长期笼罩在外国及其跨国公司的阴影下之后，中国工业公司开始对世界产生影响了。"[32]还有一个重大变化，即中国不再只注重贸易而忽视对外投资。有这样一个例子：2001 年上半年，中国在马来西亚的投资从 2000 年的 800 万美元剧增到 7.66 亿美元。[33]

关于创新能力不足问题。这个问题确实应予高度注意，并且正在努力，前面讨论创新时已谈到不少。可喜的是，"新一代大型和具有信誉的中国公司正在电子产品、电器，甚至在高技术领域崛起"[34]。针对"高技术产业的技术源头与需求终端脱节，科技链与产业链缺乏有机的结合"的情况，"现阶段政府应主动参与'产学研'结合，以资金、政策、信息来推动'产学研'的结合"[35]。还要采取有效措施，如强化知识产权的保护，以调动广大科学家、企业家和科技实业家的积极性和创造性，使高技术产业开发园区成为高技术产业化和培育科技实业家的地域载体等。[36]

关于欠缺资金问题。如何切实和迅速提高利用资本效率是一个重要方面，还要在资金的"开源"上继续努力。要巨额的投资、拓宽资金来源、实行投资主体多元化，是推进高技术产业化的首要条件。为此要注意以下三点：①大力发展高科技风险投资；②推进高技术产业同资本市场相结合；③强化政府对高技术产业的投入。[37]总之，在内部要想方设法，把钢用在刀刃上。与此同时，应不懈地改进、优化投资环境，保持对外资的巨大吸引力。对于缺乏资金和尖端技术帮助开发新行业的潜在困难，国外还有一种预测：加入世界贸易组织就可以解决这一问题。一旦正式加入世界贸易组织，外国投资和技术将源源不断地流入中国。[38]对此，我们也必须保持清醒，说到底还是要加强竞争实力。

因此，我们不能仅仅看到别人所指出的障碍、困难，更要具有全面和深刻的自知之明。为了持续和健康发展,既要扬长,也要补短;既要抓住机遇,充分发挥优势,也要迎接挑战,力求改善不足之处,以适应新的发展需要。即以跨国公司而论,我们在经营管理方面就相当生疏,更远说不上达到熟练的程度。又如在创建品牌和推销产品等方面,需要有新的理念。这些都有赖大量训练有素、出类拔萃的素质高、能力强的优秀管理人才。至于创新能力,当然更是以人才为载体。这就非常自然地令人想到在解决这类问题时,必然突出与教育事业之间的有机联系。紧接着我们要讨论知识经济与教育事业和知识经济与智力投资,便是顺理成章的事。

第二节 知识经济与教育事业

科技实力和人才是衡量一个国家实力的重要标志,是实施可持续发展战略的必要条件。国与国之间,发达国家与发展中国家之间的差距,最根本的是科技实力和人才素质的差距。[③]这是时任国务院总理朱镕基在考察中科院知识创新工程时所强调指出的。实际上,科技实力也主要由人才队伍来体现。那么,人才从何而来?怎能不着眼于教育事业?本节要讨论的,正是集中于这一点。

一、科技人才的来源

关于科技人才的来源问题,前面已或直接或间接和或多或少有所接触。但是,如果严肃认真地提问:究竟有没有生而知之和不学而能的天才?实在还不敢贸然回答。因为在这方面笔者不仅孤陋寡闻,而且更缺乏研究。按常识来说,即使有恐怕也不多见。即使天资聪颖、智商特高,也需要有成才的环境和条件以及成才的客观规律。何况现代社会,尤其是知识经济对现代科技人才的需求,质既高,量也大,光靠假定有可能的"天生"、自发的来源,显然无法供应和满足。

毫无疑问,一般公认和最切实可行的,是通过各级和各种教育来大批量培育、造就门类众多的、等级齐全的、足以应付新陈代谢和配合发展形势的优秀人才。也就是说,解决科技人才来源的问题,要从总体上和根本上寄希望于教育事业的全面、长远、持续兴旺发达和不断提高质量水平。关于这一点,我们将另列专题,分别就基础教育和高等教育等进行讨论。虽然人才的成长总是在不同的程度和情况下离不开教育因素,但是相对和比较而言，也有受正规教育不多而经过自己的努力终于能有所成就甚至大有成就的。

这里说的，主要是在实践中自学成才的人们。古今中外均不乏其例，其共同特点则是乐于、勤于、善于学习。即使各人自身是这样，而有关环境、条件、风气之类不能配合，也不易顺利成长和脱颖而出。还有一个识才、用才的机遇问题。本来就打算"苟全性命于乱世，不求闻达于诸侯"的布衣诸葛亮，要不是刘备接受别人的大力推荐而去"三顾茅庐"，其才华即不能为世人所知。像这一类的故事，中外历史上都有。由于社会、历史等原因，"朝多幸进，野有遗贤"的情况，也史不绝书。那就是庸才当道，而英才被埋没了。

在不尊重知识、不尊重人才的气氛中和不良的政治、经济、社会、文化、人事等制度下，真正的人才受到排斥、打击，甚至摧残、迫害的事也曾发生过。在中国，远的且不去说，近的如在那"史无前例"的时代整整十年中，特别是高等知识界所受的损失可称惨重。一时间，"读书无用"成为"时尚"。后来出现人才断层，是必然的结果。有些地方至今仍留下令人伤痛的回忆。

人才资源得不到较好的保护，造成破坏、流失的后果是来自多方面的。除上述种种以外，如英年早逝和较好的苗子夭折，也是其中的现象之一。又如使用不当，也会影响人才作用的正常和充分发挥。我们不是说人才和用人单位要实行双向选择吗？诚然，果能做到人适其位和位得其人，那是再好不过。有些在前面已经谈及。可是，不能完全排除彼此的选择不当，则将误人误事。即选人者并不准确，而择位者又另有所图，结局是看似一拍即合，实际上是格格不入。这是一个才用错位的现象，在人才向经济较发达地区的流动中最容易发生。高才低用者有之，专才泛用者更有之；重文凭轻水平者有之，看学历忽视能力者亦有之。放弃专业时有所闻，弄虚作假快成灾了。与此同时，人们又常慨叹人才难得。

关于人才争夺，前面亦已述及，这里不再赘述。我们的对策是努力发展经济，努力发展教育，以提高综合国力，提高国民科学文化水平，出高素质人才，满足自身发展的需要。

1985年5月，邓小平在全国教育工作会议上的讲话中，谈到我国的经济，到中华人民共和国成立一百周年时，可能接近发达国家的水平。他说："根据之一，就是在这段时间里，我们完全有能力把教育搞上去，提高我国的科学技术水平,培养出数以亿计的各级各类人才。我们国家,国力的强弱、经济发展的后劲大小,越来越取决于劳动者的素质,取决于知识分子的数量和质量。"⑩可不是吗?一个十几亿人口的大国,教育搞上去了,人才资源的巨大优势有哪个国家能比得了呢?经济与教育形成良性循环,发展经济所需要的各种人才将源源不断。

在回答"中国是如何养活全球 1/5 人口的"问题上,就表明了人才对农业发展的作用。占全球人口 1/5 的中国,土地并不特别肥沃,这里曾经经常发生大规模的饥荒。但现在中国表明它可以养活 13 亿人口,甚至还有些盈余。中国能够经得起偶尔的粮食歉收,它还是玉米的主要出口国,"中国的仓库里堆满了粮食"⑪。为什么呢?这主要是因为农村经济实现了现代化,而且中国实行了严厉的人口控制措施。中国采纳了一些现代化的耕作手段,它仍然在探索提高粮食产量的先进方法。⑫最后还特别提到,"研究人员还正在研究更好的杂交方法,并希望在今后几年内引进'超级杂交水稻',它每公顷的产量高达 12 吨,而普通水稻每公顷的产量只有 5.4 吨"⑬。这里,"现代化""先进方法"等,无一不包含人才因素。

说到自学成才,不能不注意到《中华人民共和国宪法》的特点之一,就是在重视发展社会主义教育、提高全国人民的科学文化水平的条文中,有这样的规定:"国家发展各种教育设施,扫除文盲,对工人、农民、国家工作人员和其他劳动者进行政治、文化、科学、技术、业务的教育,鼓励自学成才。"⑭于是建立了高等教育自学考试制度,受到全国广大城乡人民的热烈欢迎。十几年来,开考专业和报考人数都有较大幅度的增长,连我国台、港、澳地区的考生也颇感兴趣和积极报名。经过认真的、严格的国家自学考试,取得合格证书和相应的文凭,同普通高校、成人高校一样,为国家所承认。通过自学考试的方式,为国家培养了大量人才,有助于提高全民族的科学文化素质。自学考试的重要性在社会上已经日益普遍得到认同,发展迅速绝非偶然。

二、基础教育

邓小平认为,忽视教育的领导者,是缺乏远见的、不成熟的领导者,也领导不了现代化建设。扎扎实实抓它几年,中华民族教育事业空前繁荣的新局面一定会到来。⑮这是极有战略眼光的论述。

在世界第二人口大国印度（按 2001 年的报道，印度仅比中国约少 2.5 亿人。即中国为 12.65 亿人，印度为 10.13 亿人）[46]，有文章认为教育对经济发展至关重要，指出在 20 世纪 90 年代，印度在全面深入的经济变化的形势下，"经济发展的一个重要方面不知不觉地出现了一些震撼人心的走向，即印度各邦培养人民读写能力的情况。教育是最有价值的消费品，需要受过教育的人来发明创新。教育程度较高的国家不仅人均收入提高，而且增长较快"[47]。培养读写能力属于基础教育范畴，没有这个基础，便无法提高。

法国报纸载文指出，劳动力的素质正在成为使各国在全球化竞争中拉开差距的因素，而学校已成为经济的主要基地之一和一种基本竞争力标准。人们不但对国内生产总值进行比较，而且还对比分析各种制度法律条款。现在又在对比分析各种教育制度。不是对文凭或教育制度进行比较分析，而是对人们的读写能力进行比较分析。[48]这里又一次表明对读写能力的重视。文章还提到一个信息：2000 年前后，经济合作与发展组织就 15 岁的少年在阅读、数学和科学方面的学习水平对 32 个国家（其中包括法国、俄罗斯和中国）进行广泛的调查。[49]值得注意的是，调查内容仍是基础性的。

我国在"十五"计划纲要中，有专章谈到"加快教育发展，提高全民素质"。其中强调指出：把加强基础教育放在重要位置，继续提高国民教育普及程度。基本普及九年义务教育的地区要巩固成果，提高水平，尚未普及的地区要进一步扩大九年义务教育的人口覆盖范围。重视发展儿童早期教育。加强县级人民政府对基础教育的统筹。完善政府对义务教育经费，特别是教师工资的保障机制。[50]我们对于基础教育必须予以高度重视。

应当看到，"九五"计划期间，我国基础教育发展有显著成绩：到 2000 年，全国普及九年义务教育的人口覆盖达到 85%，小学适龄儿童入学率达到 99%，初中入学率达到 88%。我国小学、初中发展水平已居九个发展中人口大国的前列。

在知识经济条件下，对教育的要求首先在于强调素质教育，培养出高素质人才，尤其要有创新意识和创新能力。但是，这些要求一定要从基础教育开始或入手。有了良好、坚实的基础，才有利于向更高层次发展。也就是说，创新意识、创新能力的养成，绝非一朝一夕之功。基础教育必须受到足够的重视，即人们常说的要从娃娃抓起，其合乎逻辑的原因，正在于此。

基础教育不仅首先和主要落实在学校建设上（包括校舍、师资、教材、设备等），而且应放眼全社会，发展一切有教育意义的科学、文化、体育等事业。如公共图书馆、体育馆、博物馆、科学馆、文化馆、文化宫、文化广场、文化公园、天文台、动物园、植物园、展览馆、纪念馆、科普和通俗书刊、寓教于乐的文娱活动，以及诸如此类。这些设施和活动与学校内部的不同之处，在于面向社会，使更多的人有更多的机会和更经常、更方便受到各方面的教育，有助于广大人民群众总体素质不断提高。

三、高等教育、继续教育及其他

关于高等教育和继续教育等，在《十五纲要》中，提出了一些原则要求："采取多种形式，积极发展高等教育，扩大培养规模，保证教育质量。大力发展职业教育和职业培训，发展成人教育和其他继续教育，逐步形成大众化、社会化的终身教育体系。"[51]在发展高等教育之外，提到职业培训、成人教育、继续教育、终身教育，既符合对教育是一个系统工程的认识，也符合知识经济时代的精神；因为在学习型的社会里，人们不能满足于一次性和阶段性的教育。

我国高等教育发展得很快，近几年来，全国高校招生（包括本科生和研究生）的数量连续有较大幅度的增长。但是，正如江泽民同志所指出，我们国家人口多，人人都上大学仍是不现实的；也不是只有上了大学，才能成为人才。社会需要的人才是多方面的，学校接受的还只是基本教育，尽管十分重要，但毕竟不是人生所受教育的全部，做到老学到老，人才的成长最终要在社会的伟大实践和自身的不断努力中来实现。[52]实际上也突出了继续教育、终身教育的重要性和必要性。

比上述纲要和谈话早的是 1999 年 1 月 13 日的《国务院批转教育部面向 21 世纪教育振兴行动计划》（以下简称"《行动计划》"）。其中关于高等教育的主要目标和任务是："积极稳步发展高等教育，大力培养各类专门人才，加强高校科学研究工作，加强高校与企业和科研机构的合作，促进高新技术产业化，进一步增强高等学校在国家创新体系中的作用。"[53]《行动计划》预计到 2010 年，我国高教入学率将接近 15%，更多的适龄青年有接受各种形式高教的机会。今后的增加量将主要用于发展高等职业教育[54]，这是一个兼具指导性和操作性的行动计划。

鉴于知识与教育的联系，人们说新世纪是知识经济的世纪也是教育的世纪是切合实际的。因为在知识经济时代，教育的地位和作用的确是更加重要了，亦即社会经济的发展对教育水平的倚重愈有增加。甚至已有人认为："知识经济社会研究和开发的主体将主要是大学和与大学相关联的企业，而且随着知识经济的发展和成熟，大学的作用会越来越大，对社会的影响越来越深，因此，知识经济时代将是大学的时代。"[54]这不像是一个未经深思熟虑的轻率论断。其历史依据为：在第一个千纪里，大学还处在萌芽状态；在第二个千纪里，大学历经坎坷才崭露头角；在第三个千纪里，沐浴着知识经济的春风，大学终于迈着急促的脚步，由社会的边缘走向中心，成为社会发展的主导力量。紧接着又做出另一论断："从某种意义上讲，知识经济主要是一种大学经济。"[56]随后还从智力资本和人文精神等方面进行了具体分析，最终归结为："未来社会的竞争，首先表现为大学的竞争，在一定意义上，谁掌握了大学，谁就掌握了未来。"[57]不管怎么说，大学重任在肩是不争的现实。怎样改革、办好，以适应形势发展的需求，才是当务之急。

大学、大学生、研究生不能只看数量。粗制滥造培养不出高素质的合格、优秀人才。世界高水平大学什么样？我国著名研究型大学的校长们的共识是：必须有较强的科技创新能力、基础研究和应用研究并重、能够解决国家和社会重大发展问题；必须是可持续发展的，要有风格和特色，更要得到世界公认；必须有一流的学科、一流的师资、一流的研究能力和一流的科技转化能力；应该拥有长远目标，能为国家和社会未来发展不断准备知识和人才等。[58]要都办成世界一流当然不现实，但须防止滥竽充数。

我国正在大胆地实行大学改革，从战略角度培养新世纪人才，已引起国外学者的注意。例如，为使大学具有国际竞争力而重点支持名牌大学。中国制定名为"211工程"的战略，内容是投入中华人民共和国成立以来破格数量的教育经费，在21世纪初确立大约100所在国际上响当当的大学，含两所最重点大学。[59]我们也应该密切注意世界各国特别是发达国家大学改革的举措和经验。在高层次人才的培养方面，我们对研究生教育更必须深入调研、认真总结和积极改进。最重要的一点是，切切不可在师生两方面，把研究生阶段的教育看成本科阶段的简单延伸，如五、六、七和八、九、十年级。研究生就是要有较大的研究兴趣和较强的研究能力。

古人早就懂得"生也有涯，知也无涯""学无止境"和"日日新、又日新"等等。在知识经济时代，知识陈旧的周期更短，更新的频率更快，创新更是不可怠慢，有时似乎连"日新月异""一日千里"都不足以形容了。常规的教育跟不上，继续教育、终身教育便应运而生。经合组织的一项关于富国成人能力水平的调查，在其最后报告中显示出的主要信息是：确实存在着一种"北欧"模式。基础是：稳固的成人继续教育制度。[60]

但是，必须强调，教改是当务之急，从基础教育到高等教育都要改革。美国已发出面临教育危机的呼声，并把教改列为仅次于投资创新的第二位重点，而且要全面改革。[61]

第三节 知识经济与智力投资

知识经济以知识为基础，而知识是与智慧、智力相联系的，所以又有人称之为智力经济。但无论是知识也好，智力也罢，都有一个获取知识、培养和开发智力的问题。这就需要有对可用之才的成才过程所进行的投资，我们简称之为智力投资。为什么要进行这样的投资？资金从何而来？又如何管理和运用？这些都很有必要和有待全面、深入探讨。事实上，不解决好这个问题，便不可能发展知识经济。

一、智力投资的动力和宗旨

对一个国家或地区来说，进行智力投资是为了培养、造就建设物质文明和精神文明所需要的各种合格、得力的优秀人才，以提高综合实力、全民素质，有利于迎接挑战和持续发展。这样，也只有这样，科学文化的发达、经济的繁荣、社会的安定、人民的幸福等，才能逐步得到保证、落实和进步。知识经济的发展，更有必要重视智力投资。如前所述，在剧烈的人才争夺战之余，已把注意力及于幼苗，就很能说明问题。

常识告诉人们，没有适当的或相应的智力投资，事情是不好办甚至是很难办的。因此，在一般的计划、方案中，都会有关于经费或资金投入的规定。如在《十五纲要》里，关于科技和教育的章节，便提出："加大国家和全社会的科技投入，鼓励企业增加研究开发资金。"[62]这是关于推进科技进步和创新方面的。"采取多种措施突破教育投入瓶颈，增加国家对教育的投入，加大中央和省级人民政府对义务教育的支持力度，加强县级人民政府对基础教育的统筹。完善政府对义务教育经费特别是教师工资的保障机制。……健全奖学金、助学金和助学贷款等制度。"[63]这是关于教育投入方面的。

智力投资不仅是国家和地区的事关发展大局和前景的重要举措,而且也是企事业单位、家庭和个人在发展中的明智之举。

萧灼基教授在所写的《发展教育产业的十大关系》一文中,十有其九是直接与智力投资有关的内容,对于我们加深了解智力投资理论和实践的方方面面,很有启发和帮助,以下对其中的七大关系[64]做简要介绍:

(1) 关于消费需要与投资需要。认为教育是最重要的精神文化需要,把教育作为投资,能够为投资者提供回报。教育既具有消费需要的功能,又具有投资功能。

(2) 关于义务教育与收费教育。政府有义务从财政收入中支付教育经费,收费教育可以利用社会资源,增加教育投入,形成教育市场。

(3) 关于公益性与营利性。义务教育完全是公益性教育,社会力量投资教育产业,是为取得回报,但不能片面追求盈利,更不能弄虚作假,降低教学质量。

(4) 关于供给与需要。教育市场供给不足的主要原因,是政府的教育资源有限,但市场和社会资源没有充分利用,潜力很大。

(5) 关于社会作用与政府作用。从财政上,政府要增加教育经费。政府的财力是有限的,充分利用各种社会资源是十分必要的。

(6) 关于出国留学与引进外国学生。为了加强国际交流,付出了大量外汇。吸收更多国外青年到中国学习,可增加外汇收入,且有利于教育的发展。

(7) 关于金融与教育。教育需要金融支持,如组建教育投资基金、发行教育债券、发放教育贷款等,建议组建教育银行。

总之,教育经费是智力投资的具有根本性的部分,需要更新观念,解放思想,问题是有办法解决的。

众所周知,要想办好教育,关键在于要有优秀的教师。有句俗话说:"不要让一流的菜遇上三流的厨师。"那会把好材料给弄糟了。如果受教育者是好苗子,而教育者是不合格的,也必将误人子弟。美国新的教改浪潮转向着力提高教师素质,算是牵住了"牛鼻子"。他们的做法是:"通过提高教师的工资(在某些情况下还将工资收入与他们在教室里的表现联系起来)来吸引最优秀的教育人才。"[65]还有提供住房贷款和授课补助等多种奖励机制。这些增加了智力投资的办法，得到广大公众的积极支持。"教育专家认为，教师的素质与学生的学习成绩之间显然存在着必然的因果关系。"⑥绝大多数的学生家长同意这种意见。

二、智力投资的来源和渠道

改革开放以经济建设为中心，从社会主义计划经济向社会主义市场经济转变以来，智力投资方面的情况，也逐渐发生了较大的变化。特别是在"科教兴国"的战略方针提出以后，政府的投入有迅速和大幅度增长的可喜形势。与此同时，智力投资的来源和渠道也大为拓宽和增多。

对像我们这样的一个人口大国来说，智力投资包括教育和科研经费中的政府拨款，仍然是主要的、基本的、经常的和无可代替的。相信我们的党和国家领导人，对此必能明智地、清醒地对待，在尽一切可能的情况下，予以妥善处理。这里就不再多说。

美国的前任总统比尔·克林顿在卸任之前，曾经撰文畅谈美国教育。他所采用的题目是：《没有哪项任务比这更重要》。在他的文章中，引用肯尼迪总统的话说："我们国家的发展速度不可能超过我们教育的发展速度。"⑦紧接着，他认为："在21世纪，在一个由智慧和思维推动的经济架构内，情况必将如此。在2000年及以后的年代，我希望整个民族竭尽所能，使我们所有的孩子都获得他们所需的世界一流的教育。随着美国步入新的世纪，没有哪项任务比这更重要。"⑧他提出必须坚持要求学生、老师和校长们达到最高标准，并为达标提供手段，即对学校的投入。可以理解，没有必要的手段，便难以物色好教师、好校长，实行高标准，"成绩责任制"或"投资加附带条件"⑨也无从谈起。我们深知，美国教育的普及和发达程度，都远远超过我国。他们尚且如此重视教育，我们只有更加努力，才能适应发展的需要。

除政府财政开支外，前面已提到的增加智力投资的做法和建议，如组建教育银行、教育投资基金、发行教育债券、举办教育贷款、创立高科技公司等，都可以加以考虑、研究和进行具体策划、试行和实施。在这方面，也要创新，以求将智力投资的范围扩展至社会资源和挖掘出潜在的资源。所谓"众擎易举""众志成城"，有时人均数额微不足道，但是"聚沙成塔""集腋成裘"，人多相加的绝对数却颇为可观。根据后面这一优势，常能办好不比寻常的大事。

一个有趣的问题是:"企业老板为何资助教育?"德国《经济周刊》对此刊登了访谈录。[20]上述问题得到的回答是:"经济界希望看到在与他们的生产品种有关的领域取得好的研究成果,还想得到高质量的高校毕业生。所以他们首先资助那些从企业主的角度看迄今研究得不够,但他们希望看到重要进展的课题。"[21]联系到前已述及的跨国公司盯着内地智力资本的情况,不妨借以印证,这里不再重复。至于在资助中出于爱国爱乡作为义举、善举者也大有人在,对他们当然都应该表示敬意和热烈欢迎。

对于近年来一些高校凭自身科研成果和科技优势办公司(有的已在交易所上市),怎么看呢?"通过学校与金融结合,把科技创新转化为经济效益,把无形资产转化为有形资产,为学校的发展开辟了新的筹资和融资渠道,效果显著,可资借鉴。"[22]

三、智力投资的管理和运用

这里讲的是通过各种不同的来源和渠道,智力投资已成为事实以后,有一个如何管理和运用的问题。投资来之不易,投资者又有各自的目的要求和不同的愿望。必须管好用好,才能源远流长,使智力投资可持续发展,并且信誉卓著,兴旺发达。

投资、经费、财务的管理,就其广泛而言,是及于运用的,如专款必须专用,不可乱支乱用等。但仅就狭义而言,也要把资金、款项或物资管住、管好,不能发生流失、损耗。后者属于经常性的常规管理,有一套通行的原则、"章法",这里没有必要展开详细讨论。

作为智力投资,在管理上更应该强调针对性和有效性,还要注意提高透明度和可信度。切不可挪用、中饱私囊、营私舞弊。应发扬以事业为重的当家做主精神,精打细算,绝不"慷他人之慨",把不必要的或无关的开销随便"搭顺风车"。反对大手大脚、铺张浪费的作风,也要警惕在福利待遇方面又恢复"大锅饭"和重现平均主义。那将不仅不能调动和发挥而且会挫伤和扼杀创新的积极性。错误的、恶劣的管理不可能产生正确的、优良的效果。有时其负面影响极大,肯定将成事不足而败事有余。在财物管理方面,人们特别敏感,不可不小心谨慎。

从政府角度来考虑,对不同性质的智力投资(包括单纯的友好捐赠和善意的做贡献等),是否可按国际惯例制定区别优惠的政策措施,如适当减免税收等,以资鼓励?税收的"杠杆作用"往往是立竿见影的。随便举个例子。如爱尔兰的法人税为10%，同邻国英国和法国的30%到40%相比非常低，这成为有利于吸引外资和外来企业的因素之一。[73]

政府智力投资还要看怎么投法，有时会发生连锁反应。如刚提到的爱尔兰，"从20世纪80年代中期开始，政府就采取了学生在上大学以前免缴学费的措施；与此同时，集中新设了理工学院。大学升学率从20%左右急剧上升到50%左右。专攻信息技术学科的大学毕业生每年达到8000人，与人口相当于爱尔兰20倍左右的德国并驾齐驱"[74]。免缴学费，意味着政府要增加投入，但同时促进了大学升学率的大幅度提高。"爱尔兰从欧盟的'负担'走向信息技术（IT）立国的样板。这个岛国从20世纪90年代中期开始连续保持近10%的经济增长率，从而实现了重大的转变。"[75]不能说与此无关。至于因其依靠的美国经济发展减速而开始出现阴影，那是另外一回事。

可见，政府在智力投资方面，首先应考虑没有或较少其他来源和渠道者，负起责任来。要有为国为民责无旁贷的精神，去想方设法完成任务。其次是认清、看准当务之急和当务之重，除基础性和经常性投入外，不平均使用机动力量。此外，可通过体制改革和政策法规，鼓励社会力量广开智力投资来源和渠道。与不同发达国家相比，在发展中国家中，无论教育投入还是研究发展投入，我们都还低于平均水平，这是事实。所以，总体上要保证增加投入，但在运用上必须选好优先和重点项目，抓住关键、要害，强调实际效果。前面提到的"成绩责任制""投资加附带条件""杠杆作用""连锁反应"等等，对我们对智力投资的运用不无启迪。

过去听说过有科技成果进当铺的事，不久以前传来关于"知识银行"筹划登场的消息。此事发生在北京，至少在网上，这家银行已经算是注过册了。说的是："你可以将你的知识产品作为本金存入，然后从银行获得相应的利息（既可以是货币，也可以是其他的知识产品）；你也可以从这里'贷'到你所需要的知识资本，当然，你得在指定的期限内还本付息。"[76]这是一件新鲜事，"知识银行"还是个新名词，据说在世界上还处于研究尝试阶段。"去年底，英国主管科技和工业政策的贸工部考虑设立'知识银行'，希望以此探索一条为知识创新企业提供资金支持的新途径。"[77]果真如此，值得探索、尝试，能有助于实现知识资本向货币资本的转化等总是好事。

说到银行，不能不令人联想到贷款的事。这既是智力投资可能的来源和渠道，也与投资的管理和运用有关。学校和研究机构向银行贷款，照例要共同签署授信贷款协议。其内容除贷款信用额度外，少不了目的或用途，如推动“创建世界高水平大学”、主要用于“加快学科建设”“支持培育高新技术产业”“促进科技成果向现实生产力转化”“加快基础设施建设，改善办学条件”“加快后勤社会化改革”“支持短期资金流动”等，并在向银行提供贷款申请书时，明确资金用途和落实还款计划等。(78)这里表明，协议内容在一定程度上已体现了对贷款的出入有所监督和控制。智力投资确实要保证专款专用，否则有违投资的初衷，达不到预期的目的，必将误事不浅，而这可不是什么小事。

在知识经济的发展过程中和知识管理的运作过程中，激励机制处于相当突出和颇受重视的重要地位。在智力投资的管理运用方面，这也应当是不能淡忘的内容之一。如对发明人、名优特产品开发者等有重大贡献的群体和个人给予起激励作用的奖励，是行之有效的。实际上和实质上，这也是另一种形式的加大人力资本投入的力度。

关于智力投资的运用，可以归纳到投向何方的问题。智力的载体是人，在人的培养和发展上下功夫，是问题的根本。“科教兴国”战略，就是牢牢抓住和紧紧围绕这个根本去付诸实施的。下面这个问题问得很好：“面对发达国家在培育、开发人力资源方面的理论研究和开发实践，作为人力资源（特别是高级人才资源）相对贫乏的我国，难道不应当以经济和政治的双重敏感来关注它吗？”

思考题：

1. 对于高科技的发展存在一些什么障碍？应如何排除？

2. 基础教育、高等教育和继续教育等对发展知识经济和实施知识管理有何影响？

3. 对于加大智力投资力度有什么认识和可行的建议？

注释：

①㉗参见李京文《在全国第二届价值转化工程学术研讨会上的发言》。

②参见温邦彦《关于知识经济、科教兴国的思考和建议》，载《中国行政管理》1999年第3期。

③④⑤⑥㊿(51)(62)(63)《中华人民共和国国民经济和社会发展第十个五年计划纲要》

（2001年3月15日第九届全国人民代表大会第四次会议批准），据新华社北京2001年3月17日电。

⑦参见方祥生《知识＝未来社会入场券》，载《光明日报》2000年1月26日B4版。

⑧⑨参见埃里希·贡特拉赫《各国不同的经济增长率》，载德国《法兰克福汇报》1999年6月19日。

⑩《让人们笑不起来的事情——亚洲必须提高科学水平，否则前景堪虞》，载香港《亚洲新闻》周刊，2000年2月4日。

⑪⑫⑬⑭普京：《在会见泽廖洛格勒的科技人员代表时的讲话》，据俄通社塔斯社莫斯科2000年2月8日电。

⑮⑯孔明安：《STS与中国现代化》，载《光明日报》2001年8月28日B1版。

⑰《德国科学家称现有技术可防飞机撞大楼》，据《新快报》2001年9月16日B2版。

⑱参见《"珠三角"频频拜会"长三角"》，载《新快报》2001年7月22日A2版。

⑲参见《欢迎走进20世纪90年代：好也罢坏也罢，本世纪90年代是高科技主宰的10年》，据路透社旧金山1999年11月24日电。

⑳㉑参见《未来的游戏规则》，载德国《经济周刊》1999年12月9日。

㉒《高科技将主导亚洲经济发展——2020年产业竞争力报告》，载《日本经济新闻》2000年1月10日。"原文提要"中述及该报告为日本经济研究中心所拟。

㉓㉔㉕参见《拯救未来的历史》，载美国《新闻周刊》2000年1月17日。

㉖㉘㉟㊲参见辜胜阻、李正友《迎接知识经济挑战，抢占高技术产业制高点》，载《学术研究》1999年第1期。

㉙㉚㉜㉝㉞《亚洲迈向科技重镇，障碍重重》，载巴黎《欧洲日报》2000年2月11日。关于三个障碍的介绍亦均同此。

㉛理查德·厄恩斯伯格：《中国公司的扩展》，载美国《新闻周刊》2001年9月3日，"原编者按"。

㊳参见《中国经济准备大幅增长》，见美国战略预测公司网，2001年9月10日。

㊴参见《光明日报》2000年9月26日第1版。

㊵㊺参见邓小平《各级党委和政府要把教育工作认真抓起来——在全国教育工作会议上的讲话》，据新华社北京1985年5月19日电，见20日各报。

㊶㊷㊸参见李千仪《中国是如何养活这么多人的？》，据路透社上海2001年9月24日电。

㊹《中华人民共和国宪法》（1982）第十九条。

㊻参见《人口最多的12个国家》，载《光明日报》2001年8月20日B4版。

㊼谢卡尔·艾亚尔：《印度双管齐下的革命》，载《印度时报》2000年7月18日。

㊽㊾㉍《教育正在成为世界性的经济赌注》，载法国《世界报》2000年7月22日。

㉒参见江泽民《关于教育问题的谈话》（2000年2月1日），载《光明日报》2000年3月1日第1版。

㉓㉔参见教育部《振兴教育事业实施科教兴国》，载《光明日报》1999年3月3日第5版。

㉕㉖㉗宋丽英、刘啸霆：《知识经济：大学的时代》，载《光明日报》2000年1月19日B1版。

㉘参见"关于中国大学校长联谊会1999年论坛暨成立两周年庆祝会的报道"，见《科技文献报》1999年12月14日。

㉙参见远藤誉《中国实行大学改革从战略上培养人才》，载《日本经济新闻》2001年1月6日。

㉛参见安德列亚·比卢普斯《美国面临教育危机》，载美国《华盛顿时报》2001年2月1日。

⑰㉛㉜参见《中国过双庆：信心满满口袋满满》，载新加坡《联合早报》2001年10月1日。

㉞㉜参见萧灼基《发展教育产业的十大关系》，载《光明日报》2000年1月19日B1版。

㉟㊱保罗·范斯兰布鲁克：《新的改革浪潮聚焦教师素质》，载美国《基督教科学箴言报》2000年7月11日。

㊳㊴㊵比尔·克林顿：《没有哪项任务比这更重要》，载美国《新闻周刊》2000年特刊。

⑰㉛参见《本刊记者对德国科学资助者协会秘书长曼弗雷德·埃哈特教授的访谈录》，载德国《经济周刊》1999年6月10日。

㊷㊸㊹参见《爱尔兰IT产业阴影幢幢》，据日本《朝日新闻》2001年6月29日报道。

㊻㊼参见《"知识银行"筹划登场》，见《羊城晚报》2000年11月24日A8版。

㊽参见《南京大学获50亿元授信贷款额度》，据《光明日报》2000年12月3日第1版。

第十章 知识管理与咨询业等的发展

内容提要 本章主要讨论知识管理与咨询业等的发展,包括咨询服务是社会经济发展的必然要求、咨询服务的实质是智力服务和实施知识管理需要咨询服务。应当看到,咨询服务是经济发达的标志之一,接受咨询服务需要相当水平,以及知识共享的范围扩大加深,经济全球化需要跨国咨询。

咨询的通俗解释,可以理解为征求意见,有所商量、询问和请教些什么。咨询成为一门专业、一种行业,并且在社会上颇为流行,具有现在这样的组织形式、业务内容和发展规模,是从近现代开始,逐渐演进而来。古代虽已有咨询活动的实践,但远不能与今日相比。到知识经济时代,咨询业及其相关或派生行业如策划、设计、培训等,将有更大的发展。这是由知识经济本身的需要所决定的,对咨询服务的质量要求,也随之而有更大的提高。

第一节 咨询服务是社会经济发展的必然要求

人们在遇到情况不明、不知所措或没有把握、拿不定主意的时候,总不免要反复思考、斟酌、推敲,自己同自己商量,有时会自问自答。有人则往往要问问别人的想法如何,这就是进行咨询活动了。病了看医生,其实便是一种专业性的咨询。封建迷信中的求神问卜,很多是希望借以解决疑难,也有咨询作用,只是找错对象而已。看来,在实际生活中,咨询活动早已存在和经常存在,它随社会经济的发展而发生变化。

一、咨询服务的萌芽

关于咨询的工作,确是古已有之,如顾问、参谋之类,名称不同,性质相似。但在形式、内容、作用等方面,与现代咨询业相比,有很大的差异,所以说是萌芽状态较为适宜。

古人早就懂得"集思广益"。所谓"智者千虑,必有一失;愚者千虑,必有一得"。以"一得"补"一失",岂不甚好? 俗话中也有很多类似的说法,如"一人不敌二人计,三人想个大主意""三个臭皮匠,赛过诸葛亮"等,都是强调集体智慧的作用,应予重视。

孟尝君门下有食客数千的故事,有人称之为古代的"智囊团""思想库"。实际上,就是后来的幕僚,不过数量特大。那是干什么的呢? 看看他的"简历"便可得到回答:他是战国时代的齐国贵族,任为相国,曾联合韩、魏,先后打败楚、秦、燕三国。一度入秦为相,不久逃归。因故出奔到魏为相,主张联秦伐齐,后与燕、赵等国合纵攻齐。[①]攻来伐去,三国为相,就是这么一回事。

以上是人们较多地提到的,其实在战国时代并非只有他一个是那样。还有曾任赵相的贵族平原君也有食客数千人,魏国的贵族信陵君则有食客的具体数字为3000人等,也许这是当时的一种流行的社会风气。用现代咨询业的眼光来观察,这种做法至少是很不经济的。但是,目的要求本来就不一样,"成本"观念在经济发展到较高形态才开始鲜明起来。

不管怎么看,我国古代对咨询活动已予以重视和相当活跃则是事实。一方面,能注意到听取别人的意见和认真运用众人的智慧,反映了文化发展的水平;另一方面,历史的局限性,使君主专制的绝对权威、宗法统治的论资排辈、封建家长制的蛮横作风和等级森严的官场习气等,严重阻碍从谏如流、从善如流或择善而从、择优而用。发表咨询意见者,因而也常致力于察言观色、揣情度意、投其所好,因而有所顾忌、有所保留。忠言如果逆耳,还是少说为佳,以免祸从口出。在这样的精神状态下,"知无不言,言无不尽,言者无罪,闻者足戒"的理论境界极难出现。所以,咨询作用的充分发挥,在主观上和客观上都需要具备比较适宜的条件,又都不同程度地存在时代的特点。

尽管古今不能同日而语和等量齐观,但古代咨询服务的萌芽和展开,仍不无可观之处,有的还大有可观。在关于管理研究中的"古为今用"上,可举的例证很多,不能尽道其详。这里只拟就在国外管理学界和工商企业界曾经作为热门话题和经久不衰的两部中国古典著作来略述一二,说的是《孙子兵法》和《三国演义》中有关咨询问题的情况。

先说《孙子兵法》。曾经有人认为,可以用一个"智"字来概括《孙子兵法》的根本之点。这个"智",不仅包括了个人之"智",还有众人之"智"和前人之"智"。具体来看,其对战争的态度是理智的,规划战略是明智的,设计战术是机智的,对将帅所要求的"五德",即"智、信、仁、勇、严",列"智"于首位,显然是经过慎重考虑后的安排。明代茅元仪在阅读历代兵书之余,指出:"前《孙子》者,《孙子》不遗;后《孙子》者,不能遗《孙子》。"这也就是说,《孙子兵法》既吸取(咨询)了前人的聪明才智和宝贵经验,又成为具有划时代意义的一家之言,而对后世产生深远的影响。其影响即在于它已"成为中华民族智慧的一种载体和保存形式",自然不限于对军事领域有启迪了。②

《孙子兵法》中重视"庙算",那是古代在开战之前,要在"庙堂"召开会议,共商大计,包括对胜负的预测、估计。"算"是用以计数的筹码,可视为得胜的条件。这样开会讨论,颇有点现代"军事民主"的味道。亦可想见其庄严、隆重。大家要各抒所见,还要就胜利条件用计数表达,有点像投票决定。

又如"知彼知己者百战不殆"是《孙子兵法》中的名言。这两个"知"字包含着极其丰富的咨询内容,因为真正、完全、彻底做到和做好太不容易。知有多少、全偏、深浅、粗细、新旧、正误、孤立还是联系等之分,不能光凭猜想。广泛深入进行调查研究,必然涉及大量咨询工作。

再说《三国演义》,其关于咨询活动的实例很多,下面只举三个:

(1) "荆州城公子三求计",是刘琦为保全性命向刘备请求紧急咨询。"公子"是刘表的儿子刘琦,因"继母不能相容,性命只在旦夕",求刘备"怜而救之"。刘备又转求诸葛亮,后者使刘琦镇守江夏,兼顾了日后与曹操斗争的退路,是他出山后的第一次用计。

(2) "诸葛亮舌战群儒",很像是专题研讨、论证、辩论会,也可算是孙权对曹操是战还是降一时拿不定主意而让众谋士聚在一起举行的咨询会议。众谋士一边倒,同意孙权手下的第一谋士张昭的意见,"势不可敌。……不如纳降",还说什么是"正合天意"。诸葛亮打胜"舌战群儒"这场大战可不容易,但他全凭自己的真才实学和真知灼见,理直气壮地大获全胜了。

(3) 围绕陆逊"书生拜大将"的问题所发表的不同意见,是一次重要的人事咨询。有人建议重用,有人坚持反对。孙权终于任用陆逊,后来打败刘备的正是此人。而刘备之败,正是败于忽视咨询作用,包括不听诸葛亮的劝告。此事发人深思之处有：形势严峻，必须有转危为安的人才；人事咨询，事关重大，必须审慎挑选；冒险推荐，可见其事业心、责任心强；对"书生"应分析，不能抱偏见；"年幼"不是罪名，要看具体表现；"望轻"可以通过实绩变重；对"才"的估计不能光凭表面印象；咨询即使有好意见，还要看决策水平；使用人才应予支持，方能充分发挥作用；通过实践检验，让事实和效果说话。

二、咨询服务的发展

咨询服务不可能凭空出现，也不会孤立地存在和发展。其出现、存在和发展，完全决定于社会的需求状况。也就是说，如果客观上无此需求或需求不大，便难以兴旺发达。有的是一时之需，为了应急，事过境迁，又归于沉寂。

一般来说，在社会经济发展缓慢甚至停滞不前的情况下，对咨询服务的需求及其作用是突出和明显不起来的。我国古代的军师、谋士之类的设置，主要是出于军事和政治上的需要。其特点在于比较集中于个人"表演"，最出名的如前面说到的诸葛亮和《水浒传》里的吴用等人。还有一个特点，就是这种咨询服务是附属于各系统内部的，阵线分明，各为其主。

后来的参谋、顾问之类，也大体上一仍其旧。除个别特殊情况，"顾问"可能是变相的"太上皇"或享有特权者外，通常地位不高，没有实权，属于"闲职"，作用不大。有时形同虚设，比作"聋子的耳朵"，或不过聊备一格。遇到明智一点的领导或主管，偶尔还会有所"垂询"，但大多数是不闻不问、不理不睬，心照不宣，相安无事，很平常也很"正常"。因为本来就是安插性质，可有可无，多嘴多舌反而碍手碍脚。不少当权者大权在握，自忖不是无能之辈，凡事自有主张，不容别人分说。于是，阿谀奉承者受欢迎，直言不讳者被讨厌，更不用说主动去利用咨询服务和发挥其应有作用了。

应当和必须指出，这是一个非常令人遗憾的严重误区。"一言堂"、"长官意志"、唯我独尊、刚愎自用、目无群众……对事业的危害和使工作上受到的损失，是不可低估和有目共睹的。只有一片忠诚和抱科学态度的人，才肯讲和才能听逆耳的忠言。

实行改革开放政策和以经济建设为中心以来，情况逐步有较快和较大的好转。咨询服务已日益受到重视，具体表现于各种学术团体和研究机构如同雨后春笋般出现，设计、论证、调研活动等与日俱增。鼓励创新和提合理化建议已大为流行，不少大中城市组建了各种咨询委员会。咨询服务的需求见涨，但咨询"业"尚待形成。就是说，非政府的专业性的以咨询为"业"的组织形式，如发达国家的咨询公司之类，还不多见，更不用说普遍了。这也是我们同发达国家之间存在的差距之一。

不过，可以进行乐观估计的是，咨询服务的发展势头是好的。随着有中国特色社会主义现代化建设水平的不断提高和经济的持续增长，积极和加快发展咨询业已是大势所趋。社会主义市场经济无论是产品设计、质量、成本、经营管理、市场营销以及与消费者的关系等方面，都存在竞争。加入 WTO 以后，竞争在范围上更加扩大，在程度上更加剧烈。咨询服务前景广阔，何况发达国家早已有先例，不乏最新经验，这也是一种有利条件。事实上，在这一行或那一行争相"抢滩"登陆之际，咨询业怎么办至少是正在咨询阶段，或已设计、筹划和开始行动了。

我们说咨询业的兴起，是社会经济发展的必然要求。主要是根据工业经济发达以后，尤其是科技进步，促使交通便利，国际国内政治、经济、社会、文化、法律、民族、宗教等方面的关系错综复杂，没有丰富的专业知识，便不能弄清楚和解决好各种重要问题。与古代相比，头绪要多得多，解决好问题的难度要大得多。在现代化社会生活中，即使是被公认为高明的各行各业、各个领域的首脑人物，谁也不可能是全知全能和聪明绝顶。就算是"通今博古"和"学贯中西"，总还必有局限和不足。像中国古代那样"养士"成千上万，仍不能满足实际需要，而且也太不经济。于是而有一种新兴行业，叫作咨询服务。因其效验显著，便在社会上发展开来。

近的例子如中国香港地区，其政府体系中的特色之一，是遍设咨询委员会。这样做的目的在于借此向社会有关人士征询，以求得到较精辟的意见做决策基础。几乎所有政府部门都设有各类咨询组织，如保护稀有动植物、教育、机场服务、交通、华人庙宇等咨委会或委员会。成员中既有社会人士，也有政府官员，主要是由于他们具备专门知识或各有专长、关心并热心公众利益。有人认为，香港地区的行政管理机制之所以还比较灵敏和有效，是同重视和落实咨询工作分不开的。以贸易发展局为例，就有电子、珠宝、皮革、钟表等行业的咨委会，旨在增强对外拓展能力。[3]

远的例子如美国,在第二次世界大战期间,特别是战后,规模较大的咨询公司相继问世。涉及的领域很广,包括军事、外交、科技、商业等等。许多重大方针、政策和具体举措,常问计于咨询公司。后者经过专家做专题研究、论证,提出对策、方案、建议,坦陈利弊得失,以供参考。咨询服务的活力,日益得到公认。

三、咨询服务是经济发达的标志之一

从咨询服务的发展历程,我们可以比较清楚地看到,在经济发达的地区和国家,咨询业也兴起最早和发展得最快。从这个侧面,我们完全可以认为,咨询服务受到社会的欢迎,是经济发达所反映出的重要标志之一。

在现代社会中,社会组织是多种多样的。除国家政府组织外,有非政府的、非营利的公共组织,如事业单位、社会团体等,也有营利的企业等。还有一种分类方法中,列有社会中介组织,其中大多数的工作是有偿的、收费的。例如,咨询类社会中介组织,"是由各种专家组成的组织。这些专家运用各种业务知识,为市场主体提供智力服务,帮助企业分析问题、提出问题、解决问题。如综合咨询、专业咨询和管理咨询、投资咨询、技术咨询等"[④]。其实,咨询机构的服务对象,还不仅仅是企业。有的根据其专业内容,有特定的针对性,如心理咨询、医药咨询、法律咨询、教育咨询、旅游咨询等等。

试以政策咨询为例,它就涉及包括政府部门在内的很多公共组织。从政策内容来看,更是多方面、多层次的,从天上到地下,从国计民生到具体事务,从国际到国内、从中央到地方,几乎无所不包。专业咨询机构拥有相对的人才优势,对有关问题研究有素,所以能够发挥其"智囊"作用。社会发展到这样的阶段,社会化大生产发达了,各种科学、合理的社会分工逐步形成,咨询业也就从开始问世到成熟扩展。

实践证明,咨询业的出现和发展,受到从社会、家庭到个人的倚重,绝非偶然。"尤其是西方,经济、科学发达的国家对其格外器重,称其为经济发展'防止跌倒的金手杖'、高级谋士,力促其发展繁荣,使之成为门类繁多、颇具规模的行业。"[⑤]一些略已陈旧但仍有参考价值的数字可以说明这一点:到1996年,德国仅管理咨询企业即有6000家以上,从业者数万人,年产值160亿马克;英国有70%的大中企业常年雇用一家或几家咨询公司为其服务;美国各种咨询机构更是随处可见,总统、州长、一

般法人单位都请顾问,个人也常利用种种咨询服务答疑解难。⑥

可是,对比起来,咨询业在我国,尚未能得到与正趋于繁荣的社会主义市场经济相应的发展。窥其原因,"最根本的一条是国人对其认识不足,冷淡对待"⑦。这又与长期受封闭意识的制约有关,其具体表现为:一是服务对象无认识,不信任不支持;二是行业专家不热心参与,高级知识分子较清高,少开展有偿服务;三是国家对咨询业虽已有文件予以肯定,但未真正引起重视,缺少相应措施。⑧不过,我们有相当充分的理由可以认为应持乐观的态度。随着客观形势的迅速发展,尤其是在加入WTO以后,这方面的情况也必将发生变化。

从理论上来看,属于第三产业的咨询策划业,"是衡量一个国家经济质量和核心竞争力的重要指标。在国家大力发展高技术产业的同时增进对咨询策划产业的投资力度,可以从一个侧面影响整体经济发展的进程"⑨。从实际情况来看,面对"洋策划"大举在中国登陆,"强烈的民族责任感和危机感,会使中国的咨询策划业奋起直追,迎头赶超。……我们有信心和把握"⑩。咨询业无疑有强大的生命力,现在是事情刚刚开始,还有待共同努力。

是不是咨询业,不在于名称,而在于工作性质和所起的实际作用。如常见的各种研究机构,正是"智囊团""思想库"之所在。它们对其专业有关方面的决策和发展,都会有不同的影响。以政府与研究机构的关系为例,在亚太地区国际问题的研究机构,均参与政府政策的形成,可分为以下三种类型。

(1)东北亚式:如日本政府的研究机构等。其特点是:"参与政府的政策形成,并通过自己的研究或同其他研究机构的研究交流,对本国政府的对外政策直接或间接地施加影响。"⑪

(2)东盟式:是包括东盟安全保障国际问题研究所在内的东盟各国研究集团,其负责人扮演国家领导人顾问角色。近几年渐有变化,可能因决策能力的提高或设新机构使作用下降。⑫

(3)美国式:随两党轮流执政而有所不同,与东亚国家的智囊团作用迥异。它能更直接地对政府的政策产生影响,并会影响到整个国际社会。欧洲研究机构的精英,具有共同性质。⑬

很值得一提和很能够说明问题的,是中国科技咨询业的发展道路。在20世纪的80年代初,我国正处于体制的转轨时期。当时,人们虽已有科技要为经济发展服务和做贡献的意识,但受传统观念的束缚和体制上的制约,广大科技工作者有热情,却苦于没有门路。问题很多,如成果如何转让,人员可否兼职等,一时都不明确。但是,作为群众组织的中国科学技术协会,主动率先以专家咨询小组的形式,投入国家决策项目的论证和咨询工作中去。在促进中国科技咨询业的发展中,其发挥了重要作用。[14]

同各种企业、事业发展的规律一样,咨询业不管有什么制约因素,其发展速度和规模,总是由客观需要的具体情况来决定的。现代咨询业在中国,正在经历着一个从不太受重视到逐渐受到日益普遍和高度重视的过程。有咨询需求和以咨询为业的人,也将与日俱增。从个体咨询到集体咨询,从专题咨询到综合咨询,以及从国内(本国)咨询到国际(跨国)咨询,也是咨询业发展的共同和必然趋势。知识经济的发展亟须咨询业的配合,知识管理必须重视咨询业等的发展自是理所当然。

第二节 咨询服务的实质是智力服务

从上述情况来看,咨询服务的实质是智力服务,已经是显而易见的事了。也就是说,在这个领域中从事主要业务工作者,必须是具有高水平、高素质、有一技之长或博学多才、足智多谋、见多识广、经验丰富之士,否则不能胜任和收到较好的效果。试看世界著名的各大咨询公司或研究所,无不人才济济、精英荟萃,便是明证。

一、咨询服务旨在发挥集体智慧的作用

咨询服务的实质既然是智力服务,首先就有一个智力来源问题。由于社会发展与科技进步,知识激增不仅是数量空前,而且迅速不断出现新的领域和门类。个人的智力水平再高、认识内容再丰富,也没有可能是无所不知和无所不能的全知全能。例如,英语里就有"没有人任何时候都聪明"的谚语。所以,面向全社会、全世界的咨询服务,不能不依靠集体智慧。不是单枪匹马的孤家寡人,而是千军万马的智力人群。一个通俗的说法,就是要广借"他脑"和"外脑",以协助本人和本单位人员的思考,并借以填空补缺和加强薄弱环节。尽管这样做是要付出代价的,但是认真计算起来,还是经济有效和公平合理的。发达国家咨询业的兴旺发达,也证明了这一点。

古人早已懂得集思广益的道理和事实，因而关于这方面的名言、成语、格言、谚语，真可以说是多到不可胜数。例如，英语里也有这样的谚语："向每一个人学习的是聪明人。"但是，认真组织起来，以集体智慧向全社会服务的现代咨询业，则是前无古人。随后我们就要谈到咨询服务的形式和内容，这里不妨先从发挥集体智慧作用的角度，做一些具体说明。

试以世界著名的一些咨询公司或研究所为例。像美国的兰德公司，其名称译自英语的缩写"Rand"（原来是 research and develop，即研究与发展）。这个公司的性质和任务也不言自明了。它本是一家飞机公司的一个研究机构，至1948年改为公司。曾经有"超级军事研究院"之称，但其主要研究领域，并不限于军事方面，除国家安全问题外，还研究公共福利。前者如计划、采购、军事战略战术、指挥控制、后期管理等；后者如卫生、教育、交通运输、种族歧视、贫困、住房和环境污染等问题。关于重大政治经济外交等方针政策，也常在专题研究之列。因此，在好几年以前，其具有高学历、高学位的专业研究人员，即已约为600人，并聘请学有专长和富有经验的顾问700多人。这显然是一个拥有各有关领域高级人才的集体，人数太少也不行。

与兰德公司颇相类似的德国工业设备企业公司，从事科研工作者共有1400多人；美国还有如斯坦福国际咨询研究所，则是有3000多名专职研究人员的跨国咨询机构；日本的野村综合研究所，也是世界著名的"智囊团"之一。这些咨询服务机构的共同特点是多学科的，兰德公司即被视为"全能型"的智囊组织。又如，有一个叫作"国际应用系统分析研究所"的研究机构，为研究环境、都市、能源、生态、人口等问题而建立，有美国等17个国家参加。不过，在全世界为数众多的咨询服务机构中，还是专业性的占多数。如仅在北美洲地区，根据几年前的统计资料，管理咨询公司即有约4000家之多。

但是，无论是综合性的即多学科性的，还是专业性的即单学科性的，现代咨询服务机构的突出共性，在于极重视调查研究。在进行咨询活动的过程中，除一般性的问题在现场有问即答外，较多的大量咨询项目或课题，都需要安排和从事专题研究。后者按计划在预定的时间内完成，然后在此基础上即以此为依据，拿出有助于解决疑难的结果，较多的是对策方案。正是由于这类结果或方案的有效性，使委托的单位、部门或个人满意、受益,也因而使咨询业能够继续存在和发展。而这种研究有效性的关键,在于发挥了专业人员的个体智慧的作用。调查研究固然重要,但还要看具有什么水平、能力的人,抱什么态度、用什么方法等去调查研究、分析、综合。同样的事实、看法,估计大有出入,甚至截然相反,也不足为奇。其中也有主观、客观等不同角度的因素。咨询服务机构对服务对象保持独立性、客观性,也很重要。

从咨询服务机构有"思想库"和"智囊团"之称,也可以看到其主要是靠发挥集体智慧。因为顾名思义,这个"库"所存放的,绝不是一个人或一种"思想",而是多人、多样的。这个"团"所集纳的,亦非个别人或相类似的智慧。综合性的咨询服务机构不用说了,即使是专业性的,也必须是各种观点都有,才有利于研究、讨论;否则,意见、信息单一,就难以全面、深入和切合实际。本来,咨询服务的目的和作用,在于从不同的和更多的角度和层面,力求充分地发挥集体智慧,以弥补要求和接受咨询服务者的知识、思虑和经验等的不足。如果也只是简单、一般、肤浅应付,便不能止"痒"、解"渴"和排忧解难了。这就是在咨询服务中所发挥的集体智慧,是来自较多学有专长和有较久、较好实践经验者的缘故。

与古代相比,现代的知识门类多得几乎难以胜计,而且拓展得更宽、更深和更新得越来越快。所谓知识激增,不仅是数量,还在于高质量,以及表现为更新的频率高和周期短。现代的各种情况,包括政治、经济、社会、文化、教育、科技、军事等方面,都更加错综复杂。有个不比寻常的例子,如2001年9月11日(简称"9·11"事件)在美国纽约世贸大厦等处突然遭到恐怖袭击。对此举世震惊,也引起人们在各方面不得不有新的考虑。值得注意的是,恐怖分子用的是先进科技,这就需要共谋对策。

在现代管理活动中,举行各种会议是习以为常的事。除布置工作或仪式性的会议等不进行讨论外,凡是座谈会、研讨会、学习会、专题讨论会、工作会议之类,实际上都希望能发挥集体智慧。有人喜欢搞一言堂,把会议作为一种"民主"的点缀,那就完全失去开会的意义。

应当认为,开会集体讨论具有咨询性质,只有各抒所见,才能有利于做出较好的选择和决定。为此,我们不能忽视要开必要的和有效的会议,明确会议的目的要求,做好会议的准备工作和掌握好会议的进行。不可徒具形式,也要防止东拉西扯,言不及义。西方企业界流传过这样一个故事：某大公司总裁在一次高层会议之后表示，这次会议大家意见完全一致，宣布会议结束，延至下次讨论，希望能听到不同意见。这对我们应有所启发。是"三个臭皮匠赛过诸葛亮"，还是"三个诸葛亮不如臭皮匠"呢？关键在于是否真正齐心协力发挥集体智慧，如果各怀鬼胎或"按兵不动"，后果即可想而知。

二、咨询服务的形式和内容

关于咨询服务的形式和内容，我们可以通过今昔对比来观察。首先是从比较倚重个别杰出的聪明才智之士、计谋之士或有识之士到主要依靠各种专家的群体进行研究和提供对策建议。古代常有所谓"上知天文，下知地理，九流三教，无所不通"的人物，其实未免夸张。"秀才不出门，能知天下事"，也是如此，充其量也不过是些已有的书本知识。至于"一物不知，儒者之耻"的说法，也只能认为其志可嘉，无所不知，无所不晓，无所不能，事实上在古代也办不到，今天就更不用说了。即使退多少步来说，果有其事，仍必然受到历史的局限。现代科学技术发展极快，除学科林立，"百科"已不足以形容外，还陆续出现了许多交叉学科、边缘学科、综合学科，以及不断诞生众多的新兴学科。在这种情况下，很多比较重大的研究课题和技术项目，常常是众多学科的专家学者们密切配合和通力合作方能成功。"硬科学"与"软科学"之间也不能各自门户森严，形成和保持不可逾越的鸿沟，它们需要相辅相成，也正应了"刚柔相济"这句古话。

其次是从远非普遍需要到日益普遍需要。古代重视利用咨询的，比较集中于军事、政治方面的重大决策，一般社会活动和日常生活则"问计"者甚少，也没有什么正规组织，或除求神问卜之类以外，"幕僚""参谋""军师"等均依附于某部门、团体或有权势的人物。现代咨询服务机构依法成立和经营、面向全社会需要咨询服务者，形式从单一到多样，从固定到灵活，内容从较狭领域到较广领域，有专业也有综合，服务对象随之扩大，成为现代重要的新兴行业之一。前面提到咨询服务业的发展状况是现代经济、社会发达程度的标志，可见其重要作用。

再次是从在一定的权威机构或领袖的指挥下工作到相对独立和客观办事。现代咨询服务机构凭科学知识，抱科学态度，用科学方法，进行科学研究，以科学的成果和答案服务于社会。坚持实事求是，摆脱感情、意气,是喜报喜,是忧报忧,实话实说,直言不讳;反映真知灼见,据事论理,以理服人;不用也不许见风转舵,投其所好;不是揣摩领导意图,故作违心之论;不接受预定有倾向性的暗示,或屈从于某些有关方面的压力、引诱。一句话,就是要坚持真理,对科学负责。因为只有这样,才能显示咨询服务的真实价值。对此有任何偏离,即事关职业原则和道德问题。社会认同这一点,是由于若不说真话便是自欺欺人,害人害己,无补于事。

现代咨询服务的范围已越来越广,服务的内容或项目也越来越多。分类的标准和方法多种多样,按照业务内容,一般认为可分为五大类,即:决策咨询(或称政策咨询、综合咨询)、管理咨询、工程咨询、技术咨询和专业咨询。其中决策咨询所起的是决策参谋作用,已有代表当代咨询业发展方向的趋势。[15]

无论其分类如何和如何归类,现代咨询服务的范围已逐渐扩大到社会和个人生活的方方面面。随便留意一下,具体的事例就可以信手拈来。投资咨询、股票咨询、升学咨询、留学咨询、考试咨询、医药咨询、心理咨询、旅游咨询、市场咨询、采购(房屋、汽车等)咨询……真是名目繁多,不一而足。小事如此,大事可知。

还是说回到有代表性的大事上来。如公共决策咨询,有人概括其特点为以下"六性"。

(1)咨询客体的多重性。它是多元的,不是单一的,方案和建议也具有多元性。

(2)咨询活动的高智性。咨询机构智力结构的合理性及其运用,是提供高咨询质量的保证。

(3)咨询过程的创新性。咨询的过程就是观念创新、知识创新、方法创新的过程。

(4)咨询规模的集团性。集团化"大智库"的发展趋势,增强了咨询能力和联合公关水平。

(5)咨询体制的独立性。前已述及,实事求是提供客观方案,才能真正起到咨询作用。

(6)咨询人员的职业性。需要高素质、职业化的各类专门咨询人才,才能解决问题。

上述这些特点,又是与其应具有的五种基本功能相联系,这五种功能如下。

（1）问题分析功能。掌握信息，分析问题，还要有前瞻性，考虑决策者思路未及之处。

（2）政策设计功能。避免决策失败和执行失败，须提供至少两个以上方案以便选择。

（3）政策革新功能。有创意的同时进行跟踪、评估、预测等，提出修改、革新、变更建议。

（4）公益表达功能。充分表达公益，使决策者在公益基础上，制定最符合公益的政策。

（5）聚集人才功能。决策咨询机构既是培养造就人才的基地，又是聚集人才的场所。[16]

既然咨询服务业的发展是大势所趋的时代的需要，那么，在给予积极扶持、加强领导、管理和专业队伍的建设上，应该达成共识。在中国，虽然"土生土长"的比较成熟的现代咨询服务公司尚不多见，但是何不从认真改革和发挥各种研究机构的积极作用入手，密切"产学研"的联系。问题不在形式，而在实质，像各种学会、协会、研究会、论坛、研讨会，都可以有意识、有计划、有针对性地引导，安排一些相关的咨询活动，使之发挥相应的咨询服务的作用。

诚然，与发达国家的咨询业相比，我们确实存在不小的差距。但事情有利的一面在于可以就别人成功、有益的经验进行参考借鉴，在与国际接轨的同时，保持中国特色。这门新兴产业，在中国仅仅走过了十几年发展历程。有人认为："中国策划咨询业走过了启蒙时代、理念时代，目前正在步入科学策划和系统战略咨询阶段。"[17]看来大有可为，有待继续努力。

三、接受咨询服务需要相当水平

对于从事咨询服务工作者，要求具有高素质、高水平是可以理解的，人们总不能"问道于盲"，或对"一问摇头三不知"的人抱什么有助于解决问题的希望。但是，需要和接受咨询服务者也不能没有相当的水平；否则，如果对咨询服务缺乏正确的认识，没有要求服务的兴趣，固然无法建立联系和开始沟通。即使有心求助，而不"识货"，也难以做决策参考和在建议方案中进行切合实际的抉择。盲目地"言听计从"，完全照办呢？预期的效果亦未必理想，也不能得到主动配合及自觉保证。因为仅知其然而不知其所以然，执行起来就往往会轻则打些折扣，重则离谱、走样。

"曾有业内人士说，企业家有痛苦才会对策划和咨询产生需求，我国大多数企业由于不了解咨询的本质，往往拒绝乃至瞧不起策划和咨询。"⑬这种情况不仅在企业界有，在其他领域也不同程度地存在着和有所表现。

咨询服务的对象，指的是需要和接受咨询服务的人们，包括个人和单位、团体的代表者。其中既有一般人员，也有决策人和领导者，并经常以后者居多数。我国古语有云："绠短者不可汲深。"说的是假如吊桶的绳子不够长，就接触不到因而打不着深井里的水，这里可以借来做个比喻。倘若咨询服务者所提出的咨询意见、对策建议确确实实非常高明，但是服务对象因限于水平或缺乏必要的基础条件，听不进去，不能理解，无法鉴赏，即如俗话所说，听不懂，不"识货"，说了白说，等于空忙了一场。这种例子，在历史上和现实生活中都有。有的还事关大局，成为致命的错误。例如，在《三国演义》中，刘备要为关羽报仇，倾全国兵力去攻打东吴，不听苦苦劝谏，结果兵败身死。他本来不是没有水平，但因复仇观念太强，太不冷静，终于一意孤行。

由此可见，需要和接受咨询服务者，一定要有认真听取、分析、"消化"咨询意见和对不同对策方案进行比较、选择，做出判断的能力和意向，才不致浪费、辜负双方所投入的时间、精力和费用。前面说过，不分青红皂白，一律无条件地照办也不行。或者根本还没有弄清"子丑寅卯"，就十分轻率地予以否定、拒绝，都是不应有的态度。我们记忆犹新，某大国在发动某次国际战争时，考虑到某相关国家是否援助对方的问题，咨询公司的答案是肯定的。但仍自恃强大，悍然出兵，结局是自认在一个错误的时间、错误的地点，打了一场错误的仗。

因此，当事人（咨询服务对象），尤其是大权在握的决策人、领导者，对待咨询服务所切忌的，是自以为是，先入为主，刚愎自用，固执成见、偏见，沉湎、陶醉于"领导高明"的不良思维习惯。而应该具备的，则是虚怀若谷的气度，放下架子，"不耻下问"，甘当小学生的精神，"知之为知之，不知为不知"的老老实实、实事求是的心态，绝不不懂装懂，不怕忠言逆耳，坚信兼听则明。因为对于咨询服务，本质上必须要求完全以客观的、科学的原则为依据。不应当存任何私心杂念，但求合乎自己的"口味"。只想听好话，而对与个人的想法不一致的意见加以排斥，是不可能真正得益、受惠的。让咨询服务者违背职业道德，失去科学良心，只是取悦于人，这完全不符合咨询服务工作原有的目的和意义。

再者，还是对当事人而言，咨询服务工作的效益显著、突出、具体，完全可以证明这是一种特别应予重视和对自身业务的发展和潜力的挖掘颇为有利的智力投资，这里的咨询指的是有偿服务。我们还可以放眼看看，在全世界范围内，咨询服务业之所以欣欣向荣、兴旺发达，不是偶然的。这足以证明它确有生命力、吸引力，而且具有越来越拓展开来的无比广阔的"市场"。试与旧社会的罗致"幕僚"、当年孟尝君等门下养有众多"食客"等前已述及的情况相比，怎能同日而语，也充分表明了社会已大大进步。

关于领导者的重要作用，这里不说别的，只说在现代咨询活动中，唯有高水平的、出色的领导者，即既有较好的精神准备（包括对咨询工作的认识和态度），又有相应的知识水平，才能最大限度、最巧妙、最有效地运用咨询服务，使之实实在在、恰如其分显示其价值，而确收其发挥优势、相辅相成、相得益彰的重要功能。

咨询服务说到底是个知识问题。在知识经济时代和知识管理之中，知识处于最突出的核心地位。存在于人们头脑中的知识，如何为经济社会的发展服务，也就成为最突出的核心问题之一。咨询服务有助于对这个问题的较好解决，这无疑是现实。应当看到，咨询业的发展亟须大量优秀人才。连发达国家的咨询公司，也特别注意到这一点。他们已采用放长假的办法"鼓励离职员工回来"，因为培养一个成熟的顾问颇不容易。[20]

第三节　知识管理需要咨询服务

知识经济既然是以知识为基础的经济，对于知识，当然是多多益善和越新越好。知识管理的最主要的任务，正在于千方百计和竭尽所能，为较好地、更好地满足这方面的要求服务。可是，无论一个企业的规模有多么庞大，要拥有天下各种人才，是根本不可能的事，也非常不经济。因此，现代咨询服务业，更为知识管理所看重，完全可以理解。在知识经济时代，咨询服务业也更加蓬勃发展。

一、知识共享的范围不断扩大和加深

前面已经谈到在知识管理中的力求实行知识共享的问题。在这方面，

我们所得到的一般印象如下。

(1) 实行知识共享是时代的要求,是大势所趋和必由之路。无论是在理论上还是在实践中,个人的知识再怎么丰富,也小于和弱于总体之和。问题在于如何才能实现以及实现的程度。

(2) 一个单位或集体实行知识共享存在明显的局限性。随着时代的演进,知识共享的范围正在逐步和迅速扩大、加深,以弥补仅仅是内部共享的不足。问题是采取什么形式和有效措施。

(3) 知识共享,尤其是在跨部门和更大范围内的知识共享,是难度很大或特大的事情。怎样才能克服这种困难,相信办法总是有的。内部建立激励机制等不用说了,外部的咨询服务也很可取。

应当明确指出,知识共享的难度不可低估。有专家认为,知识只存在于人们的头脑之中。试图把知识转变成公司能占有和控制的形式,会使它丧失生命力和影响力。[21]许多公司出售的"知识管理系统"是徒有其名,"它们所管理的并不是知识,而是信息"[22]。一方面,"隔离起来的知识是无用的"[23];另一方面,"当今经济中的竞争优势的主要来源,即在人们头脑中的思想之上"[24]。有学者对早期在一家主要的管理咨询公司安装的一个"知识共享"系统研究后的报告中说,只有很愚蠢的雇员才会使用这个系统。除了极蠢的人之外,所有人得出的结论是:他们把自己的知识拿出来与同事和竞争对手共享只能遭受损失[25]。由此可见,这个难度真是太大了。尽管如此,不能说已经是绝对不可能的事。

积极的对策也有。例如,"使决策者发挥作用的最佳途径是聘用其所掌握知识与上司不同的人,或者把职工安排在所获信息有所不同的环境之中,抑或双管齐下"[26]。又如,后现代的管理者们以结果为依据对雇员奖赏,而不是具体规定雇员每天每一时刻都应当干什么。因为他们与雇员之间存在着知识的鸿沟,鼓励雇员培养自己的知识,而不是简单采用其上司的知识。[27]并且,许多行之有效的办法也正在创造之中。

这里主要讨论的是知识管理需要咨询服务和知识共享的范围扩大、加深。前已述及,咨询服务的性质是智力服务。知识管理利用咨询服务,也是知识共享范围扩大、加深的具体表现之一。我们所指的咨询服务是广义的,即不限于咨询公司这种单一的形式。前面也曾提到,如学会、研究所、协会等,都可以发挥咨询服务的作用。手边正好有一份关于协会在现代经济发展中重要作用的资料,不妨借以"举一反三"。

让我们从 1999 年 2 月 20 日和 21 日召开的法国第一次全国社团生活会议说起。那是社团活动的一个高潮，社团生活涉及 80% 的法国人。"会议的召开表明，政府对各种社团或协会在社会、公民及经济等领域里越来越突出的重要性实际上已表示了不容忽视的正式承认态度。经济领域的情况也许最能说明问题。"[28]

资料的"原编者按"说："协会常常可以培养出现在的企业特别需要的创造力、独创性、责任感、主动性以及社交能力等特别的能力。"[29] 正文主要谈的是"第四产业需要强大的协会"和"协会和企业互补"两个问题。

所谓"第四产业"，指的是继第一产业（以农业为主的生存经济）、第二产业（设备工业经济）和第三产业（有偿服务经济）之后的以人为主的经济阶段，"即与个人的'生产'、培训、能力……有关的经济阶段"[30]。文章认为各国政府对此无能为力，"理所当然地应当通过各种协会来解决问题，因为社会经济一直是各种协会存在的依据，是各种协会开展活动和施展才华的中心。……各种协会在财富的创造过程中处于比较中心的位置"[31]。作者建议："各协会之间应当进行联盟或联合，实行资源互惠，形成强大的网络。"[32] 显然不用说明，这里的"资源"当然包括人力资源、智力资源。

关于"协会和企业互补"，说的是："在促进社会和经济的平衡发展方面，协会和企业彼此不但远不是对立的，而且具有互补性。"[33] 如工作时间缩短，个人可在参与社团活动中获得知识和技能，使企业成为受益者。而且，协会常能起"先驱"作用，"不仅可以振兴经济，而且还可以引导市场，使难以捉摸的市场变得清晰可见"[34]。最后，比较乐观的结论则是，"如果人们能在协会里共同控制资源的'生产'，并且同企业建立真正的合作关系以正确引导市场的盲目力量，那么，我们的面前就会出现新的民主前景，即经济民主的前景"[35]。

以上是一位法国学者针对法国情况所进行的论述。对于我们是否也有实际意义和参考价值呢？回答是肯定的。因为国情虽然不同，但是从所处的大环境即国际环境和经济发展规律、发展趋势来考察，姑且不论叫不叫"第四产业"，而其所描述的经济阶段，事实上已开始出现，并正在更加明朗。

我国咨询服务业相对滞后的状况也已有转机，需要进一步更新观念，引起各有关方面的重视。尤其是在加入 WTO 以后，形势急转直下，许多事情包括咨询服务业的发展在内，已经刻不容缓，要加紧进行。例如，对咨询业人才的培训，使咨询业合乎规范，健康发展，落实咨询专家资格认证的标准和机构等，都应当视为当务之急。依靠繁荣的咨询业来完成的许多任务正在迫切地等待着，没有错，"这是时代发展的需求，是时代的呼唤"㊱。至于采用什么名称和形式，那是灵活多样的。例如，"中国老教授协会"和各地老教授协会，已经成立多年，不必另起炉灶，只需加强和发挥其咨询作用即可，其余依此类推。

二、集体创新的突破性延伸

在知识管理中，知识共享范围的不断扩大和加深，目的在于使集体创新能够有突破性的延伸。关于创新对知识经济发展所具有的特别重要的意义，再怎样强调也不过分。这里仅主要就咨询服务业在这方面所起的作用，做一些补充性的介绍，但还得从知识经济最需要创新特别是集体创新说起。

在讨论关于知识管理兴起的时代背景时，人们都注意到围绕创新对企业的管理活动及其发展所出现的新趋势和所提出的新要求。例如，在一篇文章中所举例的六点，就有五点提到创新：①创新正在成为企业生产经营活动的中心；②业绩的评估正以无形资产的管理和创造与运用新知识的能力为标准；③管理重点转向对知识流的管理；④客户的意见和参与正成为企业创新过程中的一个重要环节；⑤对企业的贡献主要在新知识的创造上。㊲因而在谈到知识管理的目标时，特别着重强调了新知识的有效开发，从外部获取新知识和提高消化吸收新知识的水平和能力，确保新知识在内部及时而快速地扩散和知道知识尤其是新知识在何处。知识管理的实际内容，当然就包括使企业成为创造知识的企业、聘用有创造性的员工、激励员工的创造性等。㊳在知识管理的战略模式中，也有以技术创新和新知识创造为中心的模式。

在发展知识经济的过程中，创新所处的关键地位显而易见。不难看出，这种创新的根本着眼点，在于全面创新、集体创新和持续创新，即创新不已。我们说集体创新的突破性延伸，实际上已包含多重意义。其中有的此前已分散地提到，这里不妨归纳一下突破性延伸所表现的一方面。

突破性之一，表现为不停留于对显性知识的共享，而要力求深入隐性知识方面。事实上，后者具有更大的创新潜力，如能有所突破或者较大的突破，则创新局面必将迅速改观。应当承认，此举难度亦大，需要做坚持不懈的努力。

突破性之二，表现为创新不是少数人的事，应该实行全员创新，即真正的集体创新。关于集体智慧、集思广益的道理，没有必要再去复述，但须经常明确，集体创造所能发挥的能力更大，特别是各级领导者对此不可漫不经心或予以忽视。

突破性之三，表现为不仅与经济发展直接有关的部门、工种要创新，而且所有部门、工种的工作都需要积极和不断创新。这是全员创新精神的体现，因为中心任务需要各方面的配合和支持。某一个环节的薄弱或滞后，都会影响全局。

突破性之四，表现为不限于在本单位和本地、本国以内谋求创新之道，还要向外界拓展。上面谈到从外部获取新知识和提高消化吸收水平与能力，正是这个意思。这里涉及外部关系，包括与高等院校、研究机构合作和利用咨询服务等内容在内。

突破性之五，表现为伴随学科发展互相交叉、渗透等趋势和边缘学科、新兴学科的不断涌现，创新不再是单一学科领域的"孤军奋战"，而是多学科的"协同作战"。这就需要强化单位内外各方面专家、学者之间的联系，共同进行创新。

突破性之六，表现为在本身发展的过程中和历史上，加快刷新创新纪录。不只是自己同自己比，还要与同行比。有较强的竞争意识和竞争能力，争取立于不败之地还不够，还要在创新中力争上游。"逆水行舟，不进则退"，要时刻保持清醒。

说到全面创新，因为我们所讨论的主题是关于管理问题的研究，所以很自然地要关注管理创新。事实上，知识管理也正是管理创新的产物，并且在知识管理的全过程中，仍然要不断创新。可以认为，管理创新在全面创新中处于举足轻重的地位。

在管理发展史上，已经雄辩地证明了，这是各种经济形态发展的必然要求。常为人们引用的两个例子，颇有助于说明问题。

一个是在20世纪初，有"美国钢铁大王"之称的美国国际钢铁公司的创始人阿奈斯特·D.威耶，针对当时低效率和循规蹈矩的传统管理模式，创造了"定量工作制"，消除了工人上班出工不出力的现象，明显提高了工作效率，体现了管理创新的效验。

另一个是在第二次世界大战期间，美国通用电气公司的采购工程师麦尔斯，采用对采购物品进行功能分析的方法，成功地解决了战时稀缺物品的代用品问题，既满足生产要求，又保证供应，且降低成本。后来，这个方法发展成一种新的管理方法——价值工程[40]。

知识经济需要全面创新，这是知识管理最经常和最重要的任务，对其本身在创新活动中应"一马当先"的要求自不言而喻。必须指出，管理创新不仅是指方法上的创新，还要注意管理理论、观念、组织、体制、风格等方面的创新。同时，有创新就要随之而有转变和变革，甚至发生重大变化。

从管理创新的角度来观察，知识管理与传统管理相对照，其创新之处前此已提到不少，这里也试加归纳，举其要点。

（1）从管理组织来看，已经由层次较多的"金字塔"形向扁平结构转变。

（2）从管理中心来看，已经由"物本"管理向"人本"管理转变。

（3）从管理模式来看，已经由"橄榄形"向"哑铃形"转变。

（4）从管理对象来看，已经由有形资本管理到无形资本管理转变。

（5）从管理观念来看，已经由实现利润最大化向可持续发展方向转变。[41]

三、经济全球化与跨国经营更需要跨国咨询

经济全球化是大势所趋，跨国经营也日益增多。这在前面已经做了专题讨论，因而在谈到咨询服务的时候，跨国咨询自然也就成了不可避免的话题之一。

在经济全球化的总趋势下，人们在议论作为新精英管理阶层的"世界统治者"时，有这样的描述："现在，围绕硅谷、华尔街、好莱坞和伦敦城以及商业学校、咨询公司和投资银行等机构，全球经济滋生蔓延，世界统治者也开始成为一个具有自我意识的阶层。"[42]引人注目的是，其中列出了"咨询公司"，也就是把咨询服务业同经济全球化直接联系在一起，成为后者发展中的重要"角色"。

紧接上文的一段描述是这样的："世界统治者并不全是西方人。从事商务管理咨询的麦肯锡公司是世界统治阶层的圣地，如今由一名印度人经营；硅谷约1/4的公司是由中国人或印度人后裔创办的。但其价值观念通

常是'美国式'的。"这里提到一家具体的咨询公司，重要的是没有忘记点出他们的价值观念："跨国公司的地区主管往往是麦考利笔下人物的现代翻版，'印度血统和肤色，但具有英国人的口味、观点、道德与学识'。"㊸这些情况，至少是耐人寻味的。

不管怎么说，跨国咨询业的存在和发展已经是不争的事实。值得注意的是具备什么条件的人才能进入这个"世界统治阶层"："这个新的精英管理阶层竞争激烈，人才济济；任何人只要取得某所知名大学热门专业的学位或者发明某种匠心独具的产品，就可以加入进来。"㊹这很符合知识经济的要求。

前不久，杨福家院士在一次专题报告中提出的突出观点为：知识经济就是教育经济，其基础是教育。他认为："知识全球化时代，教育必将国际化。"㊺这与我们这里所讨论的问题有关，即咨询服务的基础同样是教育，从事跨国咨询业的人才，也必将有国际化的教育背景。

话又说回来，经济全球化当然需要全球知识：跨国公司的跨国经营，没有跨国知识是不行的。于是，跨国咨询服务业便应运而生。毫无疑问，后者所需要的跨国知识更多、更深、更新，才能适应和满足服务对象的要求。现在，世界范围内的人才争夺愈演愈烈，前面已经述及。其中最积极的，莫如跨国公司，其原因正在于此。

我国符合知识经济时代要求的高素质人才并不多，而且显得相当缺乏。可是，争夺中国人才的行动早已开始："国外许多跨国公司纷纷登陆中国，争夺中国的人才，他们不只是对应届优秀毕业生、海外留学生，各种专门人才的争夺也日益激烈，而现在一些跨国公司对人才资源争夺的理念发生了变化，从争夺现成的人才发展为寻找人才的苗子。"㊻他们已经把争夺人才的时间大大提前了。

香港报纸也早有关于跨国公司盯着内地智力资本的报道："跨国公司抢滩中国智力资本的竞争正在拉开序幕。"㊼具体指出它们"培养人才，不遗余力"和"跨境合作，提升素质"，从学生的培养、师资的培训、捐赠软件，到颁发"小诺贝尔奖"并用选拔赛让科学天才去角逐、设立奖学金，再到建设新型科技展馆、投资于具有预期价值的"苗"，等等，㊽真可谓千方百计和深谋远虑了。

相形之下，我们应该增强这方面的危机感和紧迫感，采取正确的对策。已经和正在出台的各种政策有必要可试行和及时总结。关于人才资源问题，前已做专题讨论，这里不用过多重复。但从发展战略高度来考虑，仍大有从长计议的空间。

首先，是坚持实行科教兴国。杨福家院士以芬兰为例，他说经过40年的努力，不仅芬兰的教育走到了前列，芬兰的经济也迅猛发展。[50]说到教育过程中什么最重要时，他认为："最重要的是教学生如何做人。素质教育的第一职责是教会学生对祖国的强烈情感、科学的集体精神、如何在艰苦的环境下奋争。其次是能力。在这些基础上，学习具体的专业知识。"[51]这是资深教育家的深刻体会。

其次，是坚持以经济建设为中心，综合实力增强了，对各种人才的吸引力亦必随之增强。国内如此，国际犹然。不说别的，且看近几年来在世界各国掀起的"中文热"；汉语水平考试在国际上开始流行；到中国来留学的研究生日益增多；华裔学者爱看中文网页；国外有人预测汉语将是2007年最热门的网络语言，等等，都不是偶然现象。这是在改革开放以前不可能有的事。

再次，是坚持用"风物长宜放眼量"的观点去看待和处理问题。当年周恩来总理对于高级人才的培养、使用，可谓高瞻远瞩、慧眼独到、发人深思。他态度诚恳积极，工作周到精细，非常感人。国外有所著名高校，从不将优秀毕业生留校，而是放出去"闯"，待有所成就和崭露头角后，再请回来任教。如此一可增长才干，二可避免"近亲繁殖"，均有助于提高学术水平。这对我们也不无启迪。

最后，咨询服务，特别是国际咨询的形式多种多样。例如，在我国改革开放中"先走一步"的广东省，聘请"洋顾问"来举行"广东经济发展国际咨询会"，到2001年已历三届，效果显著。2001年会议的主题是"经济全球化与广东"，正适合我国成为WTO成员的时机，更具有重要的现实意义和历史意义。25位"洋顾问"和顾问代表都带来了关于广东融入世界经济大计的很多精彩建议。"洋顾问会"大力促进洋粤合作，仅一天就引来10亿美元。牛津大学与中山大学合作项目亦已启动。[52]

思考题：

1. 为什么咨询服务是经济发达的标志之一？古今咨询服务有何异同？
2. 为什么接受咨询服务需要相当水平？水平很高者还需要咨询服务吗？

3. 为什么和怎么样利用跨国咨询？你认为应当注意些什么？

注释：
①参见《辞海》，上海辞书出版社 1999 年版。
②参见龚留柱《武学经典：〈孙子兵法〉》，载《光明日报》1996 年 2 月 13 日第 5 版。
③参见夏书章《香港行政管理》，光明日报出版社 1991 年版。
④何风秋、柏良泽：《社会中介组织的现实角色分析》，载《中国机构》2000 年 4 月号。
⑤⑥⑦⑧㊱参见刘建友、吕少思、李新月《时代呼唤繁荣咨询业》，载《光明日报》2000 年 1 月 11 日 B2 版。
⑨⑩⑰⑱⑲孙明泉：《中国咨询策划业路在何方——与著名策划专家沈青一夕谈》，载《光明日报》2000 年 1 月 11 日 B2 版。
⑪⑫⑬参见高桥邦夫《智囊团对政策形成的参与》，载日本《经济社会研究》月刊 1997 年 9 月。
⑭参见《科技咨询业：20 年健康发展路》，载《光明日报》2000 年 2 月 21 日 B1 版。
⑮⑯参见曹益民《公共决策咨询的特点与功能分析》，载《中国行政管理》2000 年第 10 期。
⑳参见《顾问们，休长假去吧》，载台湾《经济日报》2001 年 7 月 27 日。
㉑㉒㉓㉔㉕㉖㉗参见约翰·布朗宁《教老狗学新的把戏》，载英国《新政治家》周刊 1999 年 9 月 27 日。
㉘㉙㉚㉛㉜㉝㉞㉟参见罗歇·休《社会——经济的主要源泉》，载法国《世界报》1999 年 3 月 2 日。
㊲㊳㊴参见冯鹏志《知识管理的含义、模式及其文化意义》，载《求索》2001 年第 5 期。
㊵㊶参见陈德恭《知识经济管理创新》，载《江汉论坛》2001 年第 9 期。
㊷㊸㊹㊺《出现新的统治阶层？》，载英国《金融时报》2000 年 6 月 30 日，转见《参考消息》，未注明原刊出日期和文章作者。
㊻㊽㊾参见杨福家《博学笃志——知识经济与高等教育》，见《光明日报》2001 年 11 月 9 日 B3 版。
㊼刘鑫：《知识经济时代的人才竞争》，载《中国行政管理》2000 年第 10 期。
㊿㊾《跨国公司盯着内地智力资本》，载香港《星岛日报》2000 年 2 月 9 日，资料来源未注明作者。
㊾据《新快报》2001 年 11 月 11 日 A3 版专题报道。

第十一章　企业实施知识管理必须有公共管理的配合和支持

内容提要　本章开始进入"专论",实为本课题研究的主旨所在。首要的是企业实施知识管理必须有公共管理的配合和支持。其实,在关于知识创新工程、价值转化工程、科教兴国、智力投资和咨询服务等章的内容中已经涉及。本章只是集中讨论,特别着重论述的是知识管理的公共管理的依赖或需求。

企业不分大小,都可以依法进行独立自主的经营管理。但它不可能孤立于社会去存在和发展,而必须得到政府、非政府和非营利公共组织的配合和支持。后者所体现的,就是整个公共管理领域。刚才所说的"依法",是属于前提性的要求。试问"法"从何来,便知那是国家任务。再说企业与社会断绝联系,也就毫无意义。其生产、营销等活动,无不与社会状况息息相关。因此,企业怎样管理,需要有与之相适应的公共管理,否则难以奏效。

第一节　人类管理活动的开始和管理领域的扩展

从一般意义上来讲,正常人类对自己的生活和生命的维持所进行的一些必要的管理活动,似乎是与生俱来的本能。随着社会的不断发展,在群体之中,管理也发生变化和逐渐出现分工。部落、家庭需要管理,国家、政府更需要管理。在社会成员的构成方面,古代粗线条地分类为"四民",即士、农、工、商。也有分得更细的,如三十六行、七十二行、三百六十行、七百二十行等。各行各业都有各自的管理活动。

一、早期管理的自发性和管理领域的分类

从漫长的人类历史来考察,管理可以算得是最古老的工种之一。个人的生活、生存固然离不开对一些有关事务的管理，在集体活动中则更加如此。随着社会经济和生产力的发展，管理也不断适应客观形势的需求而发生变化。但是，早期管理的共同特点，在于其自发性。略如饥之思食、渴之思饮，近乎自然本能。这与人类的智慧有关，是"人为万物之灵"所表现的一个重要方面。

因此，现代管理正像现代文明不是突如其来的一样，是世世代代管理的发展和继续。关于这一点，从2500多年前我国的《孙子兵法》被现代管理学界公认为最早的论述管理的经典之作来看，我们可以得到启发。而《孙子兵法》按其内容和"管理"对象来说，是军事领域的事，本来是讲如何用兵打仗的。其中不少原理原则，对于现代管理仍极其适用。这里一方面显示了管理有根据不同领域进行分类的事实，但与此同时，也表明了各类管理之间，既有区别，也有联系。即除了具有各自的特点以外，还有共性存在。这在随后将另列专题进行讨论。

说到管理领域的分类，那是社会发展到一定的阶段，出现社会分工的直接反映。生活、生产、政治（政府）、经济、军事、社会、文化、教育等方面，无不需要管理。按具体行业来划分，有越分越细的趋势。我国早有社会职业分多少行的说法，最多只说到七百二十行，现在，可能已超过三千六百行了。不过，如最流行的"三百六十行"，也仅就其成数而言，而且主要是指"农商类"，或只指经商者。① 可见，管理的实际分类还要广泛得多。

事实上，管理领域远不限于"农商"，更不仅是"做买卖的"；管理分类不能那么具体和详细。例如，我国古代即曾将"士、农、工、商"称为"四民"，讲的是"民"，尚未及"官"。后者属于政府管理范畴，还有非政府的公共管理等。后来陆续出现的有"农、工、商、学、兵""工、农、商、学、兵"和"兵、农、工、学、商"等，只是排列顺序略有不同的大体分类。明显的区别是增列了"兵"，"学"是"士"的另一种提法。

上述情况，"兵"只部分地反映了政府管理，仍未全面涉及所有管理领域。政府组织固然要管武装力量，但还有许多内政、外交、经济、文化、教育等重要任务。至于政治组织、社会团体等方面，也无不需要进行管理。新中国成立以来，我们常听说的"党、政、军、工、青、妇"，其中的"工"指工会组织，"青"指青年组织，"妇"指妇女组织，没有完全包括经济、社会等活动。

"农、林、水、牧、副、渔"呢?"政、经、法、教、科、文"呢?都是从一个侧面或角度去归纳某些专业工作门类的,用以概括管理领域的划分,均不够全面和严谨。若照这样列举,还可以做大量补充,势必又是多少十、百、千"行"了。其实,各行各业的专业和具体分工尽管可以分得很细,而管理的分类则已相当自然地逐步形成几大类。从管理实践活动的实际出发,管理分类必须重视实际效果,不必也不宜分得过多、过细。因为许多理论、原则和经验是相通的,随后我们还将对各种管理中的个性特点与共性原则要求进行专题讨论,这里暂不详及。但不妨略述行业、专业或"工种"与管理工作之间的区别和联系,以表明管理应如何分类。

先说行业、专业或"工种"。常见的如政府、社会(公共)、工商(企业)或经济、事业、科学技术(工程)等,无一不需要有效的管理。其中还可以根据实际需要,进一步分散或集中,细化或简化,包括不同的层次或等级。那是各行各业自己内部的事情,可以根据各自的特点和具体要求,去采取适当的管理体制、方式和方法。

再说管理工作本身。特别是规模比较大、头绪比较多、情况比较复杂的部门或单位的管理工作,一方面无可避免地要有分工;另一方面又不可忘记原来是一个整体,凡事要为全局和全过程考虑,需要综合指挥、协调、总管。分工是为整体服务的,要配合、合作,而非"自立门户"。仅此一点,可见无论在哪个管理领域都大体相似。

正是因为这样,将管理领域大致分为几大类便有了可能。根据管理实践的历史和现状,关于管理分类的框架,日益趋同。试以前几年我国研究生专业目录修订的情况为例,即颇有助于说明问题。

这次修订中的一大创举,是在学科分类中增设了"管理门类",是同我们这里讨论的问题直接相关的。在"管理门类"中,共设有五门一级学科,即管理科学与工程,工商管理,农林经济管理,公共管理,图书馆、情报与档案管理。在各一组学科之下,又相应地分设若干门二级管理。

就这五门一级学科而论,首先两门可以认为是为其余三门服务的,亦即其知识和技能是优化各种管理或使各种管理现代化所不可少。因此,在具体管理实践中,其余三门一级学科较为突出,它们实际上已涵盖了当今之世界主要的管理活动。

关于工商管理。发达国家、发展中国家、不发达国家是怎样区别的？一个国家的综合国力是怎样计算的？工商业发达的程度是一个至关重要的因素，而工商业发达的程度是与其管理水平有紧密联系。

关于农林经济管理。不能认为工业化了，农林经济就无足轻重或无关宏旨。它事关人类的生存和发展，尤其是对人口众多的大国来说，是不可对此掉以轻心的。当然，这关系到生态环境问题。

关于公共管理。包括政府管理、非政府公共管理、非盈利公共组织和志愿组织等管理，是促进经济发展、繁荣和社会文明、进步的重要保证。没有良好的公共管理，就没有良好的环境和秩序。

二、近现代对管理的专门研究在经济领域已肇其端

"对管理的专门研究"，指的是将管理作为一门独立学科来研究。在古代，无论中外，管理实践早已开始，在一些甚至很多论著中，也常常会谈到管理或与管理有关的事情和问题。但是都没有进行专题讨论，没有专门著作。前面提到的《孙子兵法》，原是"兵法"，是讲如何用兵打仗的，只是其中某些重要原理、原则，符合现代管理的要求，为管理学界所赞赏、敬佩而已，而非现代意义上的"管理"已经诞生的标志。

在中国，许多古典名著直到文艺小说之类，内容不乏涉及各种管理之处。比较突出的，莫如关于"治国平天下"的议论。像包括《四书》《五经》《二十四史》或《二十五史》等在内的"经、史、子、集"固不消说，主要谈"政"、论"治"的，就有受到重视的，如《贞观政要》《资治通鉴》等书。所谓"半部论语治天下"，也广为流传。除《孙子兵法》为现代管理学界所瞩目和推崇外，《三国演义》也被国外尤其是日本企业界人士给予高度的评价和重视，甚至把它作为培训高级职员的必读教材之一。还有认为《西游记》的海阔天空的幻想和创造性思维对现代管理人员颇有裨益，以及《红楼梦》中如"凤姐"其人大有管理才能者等，真是不一而足。对此，我们当然深知，这些均非管理专著，而是有些观点、论述可以实行"古为今用""中为洋用"，正如我们实行"洋为中用"一样。

在西方，情况也有相近似处。古典的关于政治、经济、法律、社会等著作中直接或间接提管理方面的虽有，但非专门论述。已故的曾作为美国

和世界管理科学院士、美国管理科学院院长孔茨（Harold Koontz）教授，在由他主编的第七版《管理学》一书中，提出过一个"为什么管理思想的发展迟缓"的问题。书中指出："我们不能忽视工商业受人鄙视的那个时代。"接着列举了几个得力的明证，然后写道："只是在近半个世纪内，工商业者才开始取得受人尊重的地位。"[②]（按：该书第一版于1995年问世，"近半个世纪"当系指20世纪初开始。）

"管理思想发展迟缓的另一个原因是，经济学家所全神贯注的是政治经济学和工商业的非管理方面。"[③]早期的经济学家在分析工商企业和发展治理工商业的哲理时，一般都比较关心一国增进财富的措施、强调财富在各生产要素间的分配，以及在竞争和垄断的市场条件下的某些边际分析等。"所有先入为主的成见，直到近些年来还在阻碍着经济学家对意义重大的管理工作的理论总结进行考察。"[④]在行政管理方面，情况也大体相同。"尽管行政管理问题十分重要，早期的政治理论家对它却是不予重视的，他们和早期的经济学家一样。"[⑤]

"管理思想发展迟缓，在一定程度上还可归因于：在社会科学这一广阔领域内，学科的划分不当。例如，未能把社会学家的研究成果应用于管理领域。"[⑥]例证如，社会学所关心的正式组织和非正式组织理论迟迟才应用于管理工作。在心理学方面，除一些工业心理学家外，"大部分心理学家对有关个人激励、职权的反作用，以及领导的含义和分析方面的研究，只是在近些年来才扩展到了管理领域"[⑦]。

管理思想发展迟缓，还由于有一种观念，认为管理是不受理论影响的——因为管理完全是一种艺术，而不是一门科学。工商业主和主管人员自己在过去也并未自我鼓励去发展管理理论，他们往往是倾注全力于技术。[⑧]

虽然可以这么说或确是如此和应该承认："对管理理论的一些早期贡献，还是出自政府行政管理方面的学者，而且从这一源泉正以更快的速度产生着重要的贡献。"[⑨]其中包括中国孔子的格言、建议和教导等。但是，我们必须注意，事实毕竟是："把管理作为一门科学来进行研究，是从弗雷德里克·泰罗所创建的所谓科学管理学派开始的。"[⑩]而科学管理首先和主要是探讨在工厂中提高劳动生产率的。我们说近现代对管理的专门研究在经济领域已肇其端的根据，即在于此。

从那个时候起，对管理的专门研究在经济领域就一直处于最积极、最热烈、最活跃和成果最多的领先地位，并广泛深入、影响、带动其他如公共管理、行政管理等管理领域对管理的研究。历来如此，至今犹然。那原来是与资本主义的发展、工商业的发达、科技进步、生产力水平提高以及竞争加剧等分不开的。截至20世纪70年代末，西方经济管理理论各学派的形成，一般认为基本上可以划分为以下三个阶段。

（1）第一阶段是从19世纪末到20世纪初形成的"古典管理理论"。代表人物有美国的泰罗（Frederick·W·Taylor）、法国的法约尔（Henri Fayol）、德国的韦柏（Max Weber）以及后来的美国的古利克（Luther Gulick）和英国的厄威克（Lyndail Urwick）等人。

（2）第二阶段是从20世纪20年代开始的"人际关系"——"行为科学"的理论。其早期代表人物有由澳大利亚移居美国的梅奥（Elton Mayo）和美国的罗特利斯伯格（Fritz J. RoethIisberger）、马斯洛（Abraham H. Maslow）、赫茨伯格（Frederick Herzberg）、斯金纳（B. F. Skinner）、弗鲁姆（V. H. Vroom）、麦格雷戈（D. McGregor）等人。

（3）第三阶段是继上述两阶段之后，特别是"二战"后出现的学派。代表人物有美国的巴纳德（C. I. Barnard）、西蒙（H. A. Simon）、马奇（J. G. March）、卡斯特（F. E. Kast）、罗森茨维克（J. E. Rosenzweig）、德鲁克（Peter Drucker）、戴尔（E. Dale）、伯法（E. S. Buffa）和孔茨等人。已有十几个学派，堪称"理论丛林"。⑪

20世纪80年代以来，又不断有新的理论观点出现，如本书讨论的知识管理，也首先出自经济领域，并正在扩大其影响。

三、各种管理中的共性原则和要求及其个性特点

我们所说的"各种管理"，主要是指较大的分类。既然都是管理，就必然有其共性原则和要求；同时，也各有其个性特点，否则便不用分类和不能分类了。在较大分类中的再分类，甚至分得很细，则更加如此，即同中有异，并且趋于同大于异。

具体来看，先说共性原则和要求。在理论原则和要求方面，各种管理之间是基本相同或相通的。关于这一点，我们可以从经济领域的管理研究影响和带动其他领域的管理研究中得到证明。

例如，前述"古典管理理论"中的"科学管理"所提出的"标准操作方法""工作定额原理""标准化原理""计件工资制度"等，在管理

发展史上有积极意义和对管理研究有启迪作用。在《工业管理和一般管理》一书中所提出的管理理论，不仅适用于企业，也适用于军政机关和宗教组织等，如管理活动的5种因素和14条管理原则，以及强调管理教育的重要性等；在《社会组织与经济组织理论》一书中所提出的组织理论；还有适用于一切组织的八项原则和把古典管理学派有关管理职能的理论加以系统化而提出的有名的POSDCORB，即管理七职能论等，不仅在当时起了重大作用，对后来也有较大影响，而且至今仍为许多国家所参照采用。

又如，"人际关系"——"行为科学"的理论，已不仅是在经济管理领域所热烈讨论的问题。像工人是"社会人"、企业中除"正式组织"外，还存在"非正式组织""人类需要层次论""激励因素—保健因素理论""强化理论""期望概率模式理论""X理论—Y理论""不成熟—成熟理论""团体力学理论""敏感训练""领导方式连续统一理论""支持关系理论""双因素模式""管理方格法"等，其中许多主张和做法非但没有被后来的西方管理学者所忘却和抛弃，而且有更多的管理学者对它们保持浓厚的兴趣，继续进行研究和应用。在行为科学的后期发展中，还有一种把它同古典管理论调和的倾向。

再如，后来相继出现的当代西方管理理论的一些学派，几乎无不超越经济管理范畴，而成为普遍注目的课题。社会系统学派认为，社会的各级组织都是一个协作的系统；决策理论学派由社会系统学派发展而来，吸收了行为科学、系统理论、运筹学和计算机程序等学科的内容，认为决策贯穿管理的全过程，管理就是决策；系统管理学派与社会系统学派有密切联系，但各有不同的侧重方面，该学派认为，从系统的观点考察和管理企业，有助于提高效率和实现总目标；经验主义学派认为，古典管理理论和行为科学均不能完全适应企业发展的实际需要，应从实际出发，以管理经验为主要研究对象和提供建议；权变理论学派认为，应随机应变，无一成不变普遍适用的"最好"管理理论和方法；管理科学学派认为，管理就是用数学模式与程序来表示计划、组织、控制、决策等合乎逻辑的程序，求出最优化的解答，达到企业目标。

此外，还有组织行为学派、社会技术系统学派、经理角色学派、经营管理理论学派等。[12]无论其是否针对经济管理而发，其原则精神都会在不同程度上对其他管理领域有参考价值。

关于共性原则和要求，在实践方面也表现得很清楚。对于各种管理，尤其是规模较大的领域、部门或单位，以下各点都是必须认真考虑和力求做到、做好的事：

（1）认清环境和形势，注意从实际出发。
（2）明确管理目标，实行目标管理。
（3）进行科学预测，力求具有前瞻性。
（4）拟订可行的、可操作的工作计划。
（5）遇事深思熟虑、深谋远虑，讲究谋略。
（6）高度重视决策，绝不轻率从事。
（7）管理组织机构必须合理、健全、有效。
（8）加强人力资源的开发、利用和管理。
（9）人员培训经常化，抓紧平素学习。
（10）改善领导工作，端正领导作风。
（11）实行必要的授权，保证工作重点。
（12）严格检查执行情况，务必行之有效。
（13）及时做好协调工作，防止梗阻。
（14）建立健全监督控制制度。
（15）财务管理得人得力，收支合理合法。
（16）优化后勤保障，以免后顾之忧。
（17）强调法制纪律，依法管理。
（18）建设精神文明，注重道德、文化。
（19）对领导、员工和服务对象做心理分析。
（20）保持信息丰富、灵通、准确、及时。
（21）与各有关方面经常进行有效沟通。
（22）正确利用咨询服务和发挥集体智慧的作用。
（23）处理好"人际关系""公共关系"。
（24）牢固树立群众观点，坚持群众路线。
（25）开展有针对性的宣传教育。
（26）重视办公室管理工作。
（27）坚持改革，不因循守旧。
（28）不断创新，永远创新。
（29）在工作过程中注意提高效率。

(30) 工作要有标准，避免随意性。
(31) 改进工作方法，注意方法更新。
(32) 随时更新观念、更新知识。
(33) 工作讲求实效（效益）。
(34) 提高研究能力，养成研究习惯。
(35) 做好工作总结，以利继续前进。
(36) 要有应急的准备和能力。

各种管理的共性原则和要求大抵如此，至于个性特点，那主要是专业或工作分工的问题，如工、农、商、服务业等有所不同。即使在一个行业或工种的内部，也存在各自的特色，是完全可以理解的。又如在公共管理领域，政府部门与非政府部门的管理就不一样。不说教育管理与卫生管理有别，在教育管理中，还要区分学前、初等、中等、高等、终身、继续、网上、学历、学位、非学历等教育。按高等教育而论，综合、专科院校以及专业划分、课程设置等等，真可谓异彩纷呈，各有个性特点不言而喻。

第二节 公共管理与非公共管理之间的联系

古今中外，人类社会有公共管理与非公共管理之分是由来已久的事。即使在以"天下"为私产的封建统治下，也存在"官"与"民"的界线。在现代社会中，公共管理与非公共管理之间保持着重要联系。前者不仅指政府管理，而且还包括非政府、非盈利和志愿组织等为公共利益服务的公共管理，为非公共管理的存在和发展所不可少。

一、不同历史时期的公共管理与非公共管理

迄今为止，世界上"公"与"私"的概念还只能算是相对的。我国古代早就有政治上的最高理想是："大道之行也，天下为公"。[13]姑不论其"大道"究何所指，或谓意为君位不为一家私有，"天子"之位当传贤而不传子，公总是与私对比而言。

孙中山也讲"天下为公"。那是他所主张的"三民主义"中的"民权主义"的要求，即政权为一般平民所共有，也就是要民主。显然，在特定的历史阶段中，以上所说的"天下"是以一个国家为背景的。扩大到全球范围，真正的"天下为公"，还有待实现"世界大同"。至于这样的

"大公"将有什么发展，则是以后的事了。

不过，话又说回来，不能因为真正的"大公"还很遥远，我们便可以不计公、私。事实上，公与非公及公共管理与非公共管理从来就存在着。只是在不同的历史时期和不同的社会经济发展情况下，其表现形式和实际性质也有所不同。

即以前述封建统治为例，"家天下"实为家族、姓氏之私。一方面，全国臣民是必须忠于封建王朝的奴仆；另一方面，却要求后者要"奉公守法"。岂非私成了公？真把人给弄糊涂了。不管怎么理解，朝廷的事、官府的事称为"公务"。打官腔常说"公事公办"，"吃皇粮"又叫"吃公家饭"，等等，过去长期以来都习惯这么说。

当然，不能排除在绝对专制的封建社会，也会有关于老百姓的公共事务。但是从总体和本质上来看，一切仍必须服从和服务于"皇家"的根本和最高利益。"民为贵""民为邦本"之类的说法的角度或出发点，还在于巩固世袭王朝的统治基础。

到了近现代，特别是自"二战"结束以来，世人的民主意识已大大增强。随着科技的日新月异和社会经济的发展，公共管理部门日益显得重要和受到普遍重视。从管理领域的广狭和隶属关系中层次的高低来看，"公"是有"大公"和"小公"之分的。"公"中有"私"（局部和个人利益），"私"中也有"公"（内部的共同事务和利益），如"公积金""公益金""公款""公费"等。国家之外，有各地区、各大小集体的和特定领域或项目的，不能一概而论。

与"公"较常联系的是"共"。随便说说就有公共财产、公共利益、公共秩序、公共道德、公共行政、公共管理、公共政策、公共关系、公共事业、公共卫生、公共交通、公共福利、公共工程、公共建筑、公共场所……其内容、范围和性质都要做具体分析，或由有关法规做出规定。

不过，在汉语中，有时不能望文生义，名称中有"公"字却未必是公有之物或公有之事。习惯上媳妇称丈夫的父亲为"公公"，粤语妻子称丈夫为"老公"，是大家都知道的；雄性的禽兽如"公鸡""公牛"，也不会被误会成为公有的鸡和牛；"公子"原系古称诸侯之子，后已演变为对别人儿子的敬称；"公馆""公寓"，是私人住宅；"公司"是企业的组织形式。这些对以汉语为母语者来说，可能是多余的，而外国朋友则也许会闹笑话。但是英语里也有，如英国的"公学"是一种私立的寄宿中学，以及如此等等。

至于平常所说的"公平""公正""公开""公道""公允""公心"之类,都是些原则要求,是评事论人所应该抱的态度和受到尊重的精神,也是同偏私相对而言的。处理"公事""公务"固然必须"秉公办理",就是调解私人之间的纠纷,也要不偏不倚,才足以取信于人、令人心服和有助于争端的顺利解决。时代不同了,社会在进步,随着科学技术和文化教育的日益发展、发达,人们对于要公平、公正、公开等呼声也日益响亮和比较敏感。这无论是在政治上、经济上、社会上和各有关方面,都有所表现。对明显的极端自私和自利行径(包括个人的、集体的各种形式的利己主义)的抨击已时有所闻。

现在,一般的共识非常明确,从国内到国际,社会舆论至少在理论上比较一致。即对于小团体主义、部门或本位主义、地方保护主义、狭隘民族主义(大民族主义实质上否定民族平等而欺压、侵犯其他民族)、"小山头"主义、宗派主义等及其危害持反对态度。社会公众谴责、申讨诸如结党营私、以私害公、损公肥私、假公济私、营私舞弊、化公为私、因私废公等情况。强调"至少在理论上",是因为在实践中还存在不少一时难以克服的困难。例如,说局部服从整体、"小公"服从"大公",尤其是由于实力地位和利害关系等原因,在世界范围内不易完全做到。

不过在现阶段,公共管理维护保证公共利益,防止违反、破坏公共利益的作用,已成为非公共管理存在和发展所不可缺少的决定因素。关于它们之间的相互影响,稍后将进行讨论。这里仅以两点来说明公共管理对社会发展和科技进步的重要意义。

先说社会发展。众所周知,世界性的难题之一是由失业和不充分就业而导致的城市贫困。2000年,我国上海通过发展非正规就业(街头小贩、流动的打工者等)消除城市贫困的开创性做法,受到国际劳工组织的高度重视,并被命名为"上海模式"。本来,在任何国家都存在非正规就业,但都基本采取放任自流或压制的态度,上海却在世界上第一次把它纳入正常渠道,初步达到消除贫困和实现体面就业的双重目的。具体办法是构建非正规就业支持体系和纳入基本社会保险范围,得到社会的接纳。[14]

再说科技进步。对于纳米技术,人们已不再陌生。但其基础研究,若不能得到国家的支持,便难以尽快顺利开展。许多国家已经把它列入国家科技战略开发重点。美国政府自1999年起即决定将此项研究列为21世纪前10年11个关键领域之一。2000年1月,美国政府发表《国家纳米技术倡议》、成立研究机构,并在2001年增加5亿美元纳米基础研究经费。"此举是要使纳米技术成为美国经济发展的又一个助推器,并借此来领导下一次工业革命。"⑮这是政府应该承担的重要责任。

二、公共管理与非公共管理之间的相互影响

上述关于社会发展和科技进步两方面的例子,实际上已反映了公共管理与非公共管理之间的相互关系。既然是相互关系,也就必然会有相互影响。从历史发展过程来考察,对管理进行专门研究和作为一门新兴学科来建设,是从非公共管理领域开始的。正是由于非公共管理迅猛发展,公共管理渐渐不能适应,前者对后者不断提出新的要求,促进了后者对本身的情况开展研究,才出现了公共管理这门崭新的学科。

这种情况,不仅表现于学科建设,在后来的研究、发展过程中,也一直和基本是这样,亦即出现于非公共管理方面的新观点、新学派、新方法等。例如,在经济管理领域中的所谓"理论丛林",总不免直接或间接和或迟或早地影响到公共管理。且不说较远的像"科学管理""目标管理""质量管理""领导科学""决策理论""信息管理"……就说名噪一时的"新公共管理学派"（new public management）,其特征便与"工商管理""市场""顾客意识"等有紧密联系。我们之所以认为公共管理研究应当重视知识经济时代知识管理的兴起,正是由于后者已经开始给传统管理理论和方法带来种种崭新的、程度不同的包括某些重大的变革。

撇开管理理论和方法上的影响不谈,让我们看看公共管理不是孤立的这一事实,可以理解对非公共管理状况绝不可漠不关心。尤其是在实行"以经济建设为中心"的条件下,经济发展需要怎样的公共管理是必须认真考虑的。是促进还是妨碍,是一个非常现实和具体的问题。如果对为发展经济而实施的实际管理毫无所知或知之甚少,那么,即使有加强、加快经济建设的强烈愿望,也难以符合客观要求,甚至会欲益反损而不自知。例如,在加入 WTO 以后,国际竞争的突出现象之一,就是生产、工作、服务效率高低的较量。倘若政府管理中的行政审批制度不加改革,仍然是率由旧章,其结果便可想而知。

应当看到也毋庸讳言,公共管理领域的效率一般和通常要低于非公共管理领域,这是一个在全世界范围内不争的事实,原因是多方面的。虽然

如此，但在管理理论观点和实践经验方面的积极影响，并非完全是"单线交通"。即公共管理中的一些思路和举措，也为非公共管理所采纳或参考。对此，我们不妨通过古今也是中外两类实例来做具体说明，以示"相互"不是虚言。

先说古的。近现代管理学家都承认管理学研究中吸取了古代思想家，特别是政治、军事典籍中的有关论述，其中不乏很有价值、很有启迪的内容。最典型的一个例证，莫如前已述及的西方学者公认中国古代的《孙子兵法》一书是管理学中最早的"经典著作"。我国早有"商场如战场"这句流传已久和很广的俗话，那就是把某些用兵的原则应用于经营管理了。首先在日本企业界掀起的"三国演义热"，也大体是这么一回事，即从中学习、领会不少管理之道。

再说近的。第二次世界大战中，一场现代战争交起锋来，飞机、军舰和运输船只损毁很快而补充较慢。美国曾为此大伤脑筋，还是采用先进方法，加快生产来缓解这方面的矛盾。例如，著名的"自由轮"（Liberty Ship）就是在打破常规的情况下在较短时间中建造出来投入运用的。这类在战争时期用于国防工业的技术措施，后来很快转用于民用工业，迅速和显著地提高了生产力水平和管理水平。其中既有技术因素，也有管理因素。战后出现讲管理、学管理的热潮，不能认为与此无关。

管理发展史充分表明，在各种管理理论和方法之间的相互影响是普遍和经常发生的。这包括不同的历史阶段和各个国家、民族，更不用说众多的管理门类或领域了。试仍以影响较大和较深的《孙子兵法》一书为例，就颇有助于说明问题。

在管理研究中，特别令人瞩目的是西方和日本管理学界对中国的若干古典名著中所反映出的管理思想和方法表现出的非常浓厚的兴趣和高涨的热情，比较集中的当推《孙子兵法》。美国有的管理学家甚至有这样的一种说法："你要成为管理人才，就必须学习《孙子兵法》。"日本的管理专家则在解释日本的管理经验时表示："美国的管理经验和中国古代的管理思想（含义更广，当然包括《孙子兵法》等在内——引用者注）结合起来，就是日本的管理经验。"[⑩]

这种纵横交错互相影响的情况，不仅表现于理论和方法方面。在实际活动和具体运作中，其相互影响尤为显著。其中虽然又不免要涉及许多有关的政治、经济、法律、社会等理论上的问题，但都无不通过实践去检验其效果。例如，在市场经济条件下，政府应该起什么作用，怎样去评价，长期以来没有停止过研究、讨论和争议。

事实俱在，市场并非完美无缺，政府也不是无所不能。它们都有"失灵"的时候，那就要看如何正确和有效处理了。上了年纪的人记忆犹新，大约在70年前，即20世纪的20年代末到30年代初，世界资本主义的重大经济危机爆发。美国面临前所未遇的灾难，于是就任总统后的富兰克林·德兰诺·罗斯福就以推行"新政"克服经济危机。其著名的具体措施如成立"田纳西流域管理局"，用国家资金建设巨大水利工程，以安置部分失业工人，并提供廉价电力。后来他继续连任到打破历史惯例，显然是与他的推行"新政"有联系的。

由此可见，公共管理与非公共管理之间，不是也不可能是各自单独存在和发展或互不相干的。两者需要配合得好，在以经济建设为中心的建设有中国特色社会主义现代化过程中，也是如此。

三、公共管理与非公共管理必须相辅相成

从以上关于相互影响的讨论中，我们已经可以看出，公共管理与非公共管理存在着重要联系。无可否认的事实是，这两大类管理古已有之，至今仍中外皆然。在它们之间，固然不可混为一谈（那就不用分类了），但也不是完全"井水不犯河水"，可以各行其是。其中有一个既并行不悖又相辅相成的问题。

这里有必要明确一下，提出"政企分开""政事分开"的背景是"政企不分""政事不分"，是以"政"代"企"、以"政"代"事"，即包办代替的局面必须改变。不改变不利于被包办代替了的企业和事业的正常发展，到头来制约社会进步。包办代替的一方也会终于"吃力不讨好"，或达不到根本和长远预期的结果，或妨碍、耽误原来应当承担和完成的其他重要任务。

"分开"就是要做到不再干预、干扰那些本不应干预、干扰的事情。各有各的职责，绝不拖泥带水和纠缠不清。当然，不是为"分开"而"分开"，这只是理顺关系的重要步骤。在正常发展中，还要注意两者经常互动的作用，亦即应相辅相成。

试以"政""企"为例，表明公共管理与非公共管理的这种"分"而不"离"的情况。

"政"要实现建设有中国特色社会主义的远大目标，实行"以经济建设为中心"和改革开放政策，争取早日完成社会主义现代化，不断增强综合国力，改善人民生活，等等，不能不寄希望于"企"的快速和健康发展。为此，必须在方针政策上、法律保障上、发展环境和条件上（包括基础设施和人力资源等方面），予以有力支持和配合。这样，也只有这样，才能保证有充裕的财政税收来源，以谋公共福利，使社会稳定和人民安居乐业。也就是安排国计民生要有较好的物质基础，并同时建设精神文明，促进社会进步。

要达到上述境界，"政"对"企"不再是微观介入和直接管理，而是要实行宏观调控的间接管理。尊重市场经济发展的客观规律，对市场动态及其变化给予密切关注，在遇到"市场失灵"之际，采取必要的合理、得力、有效措施，予以补救。

"政"的指导、监督作用，在于不断提高职业道德水平、防止和制裁危害公共利益的恶性竞争和不良行为（如欺骗、造假等）。还在于重视劳动生产率、工作效率和社会效益、环境效益以及经济效益的全面不断提高，绝不容许以损害、破坏或牺牲社会效益、环境效益的办法为代价，去获取单纯的经济效益。与此相联系，在各种资源的开发和利用方面，也要遵循节约、合理的原则，不可直接或间接破坏、影响生态平衡，制造环境污染，使环境恶化，等等。

诸如此类的条件、服务的建设、倡导和提供，几乎无一非"政"莫属。发展市场经济需要法制、秩序、信誉、道德，进行公平竞争，讲究质量、效率，没有适宜的大环境不行，缺乏必要的基础设施也不行。其中除有些可以由各企业做出自身的努力外，很多是力不从心或无能为力的。

不过，"企"之所以被鼓励建立和发展，是因为它能为社会做贡献、谋福利，从而提高社会生产力水平，带动社会进步，国家繁荣昌盛。因此不能只顾享受发财致富的权利，而忘记对国家、社会应尽的义务。要奉公守法，不偷税漏税。如果弄虚作假，危害国家和人民的利益，包括破坏环境和社会风气，就要受到法律的制裁。从成立登记到经营管理，都必须依法办理。遇到实际困难，在政策允许的条件下，只要理由正当，还可以经过申请得到帮助。我们已经从前述事例中看到这种情况。国家财政收支的根本原则是取之于民用之于民，每逢重大意外灾祸发生，政府一定会采取紧急救助措施，以安定社会、民心。企业及其从业人员，也得以直接或间接受惠。

从宏观方面来考察，公共管理与非公共管理应相辅相成，也就是要互相适应、协调发展。其中公共管理，特别是政府管理的权威性必须受到尊重，但同时后者也必须注意科学性，以保持清醒和慎重，以免滥用职权、越俎代庖。总之，做各自该做的事，略如异曲同工、同舟共济，而非同床异梦、貌合神离。

从微观方面来考察，我们认为在一个专门领域中和较小范围内，也存在具体而微的或小型的"公共管理"，或近似带有"公共管理"性质的管理工作。称之为各管理领域或部门内部的"公共管理"，亦无不可。用时下流行的说法，就是行政或行政管理工作，工厂、学校、医院等都有。这种管理也就是"行"部门或单位本身之"政"的主管和总管。"试看任何一个单位，无论其性质、业务、规模，从其有设想、意向到策划、筹备、成立、启动、运作、发展，在其存在的全过程中，一种由上而下不能中断的全面管理，就是这种管理。"[17]其地位和作用表现在以下八个方面。

(1) "先"。处于领先、带头地位，筹备即先走一步，随后凡事几乎都率先考虑。

(2) "全"。处于中心、枢纽地位，面向全局、全过程，并全面负责指挥、联系。

(3) "明"。任务明确，心中有数。尤指领导者应是明白人，对人对事均较了解。

(4) "暗"。注意发现和发挥潜力，加强薄弱环节，消除隐忧、暗弊，防患未然。

(5) "灵"。信息灵通，反应灵敏，及时解决问题，不使问题成堆为"老大难"。

(6) "难"。以攻坚精神克服困难，以利于整体发展，突破前进路上的"瓶颈"。

(7) "特"。对特殊情况特殊处理，既不违反原则，又能够随机应变和勇于创新。

(8) "后"。若任务完成机构撤销，则办理好善后工作，处理好遗留问题后告退。

这种管理，"看上去似乎是'游离'于其他管理之外，实际上是结合在其他管理之中；看上去似乎是'超越'于其他管理之上，实际上是服务于其他管理之间;……缺少不得"⑱。

第三节 知识管理对公共管理的依赖或需求

在上一节中所讨论的问题,原则上对本节的内容完全适用。只是因为那是泛论,即一般而论,本节则具体和专门论述一下关于知识管理对公共管理的依赖或需求。既然知识经济的发展是历史的必然,那么,为发展知识经济而实施的知识管理的兴起,不仅应受到重视,而且必须了解它要获得预期的成功,与它有关的方方面面怎样予以相应的配合和支持。

一、知识管理发展战略与公共管理

国际著名咨询专家、美国"布兹·艾伦·汉米尔顿咨询公司"副总裁赛勒斯·弗赖德海姆1998年指出,今后10年的一个最为火爆的题目就是知识管理。最佳的公司是把知识管理作为一项战略目标来做的,以使其符合它们知识管理的战略目标。⑲这里我们首先就从对知识管理发展战略同公共管理有什么关系的考察开始。

说到知识管理战略,美国生产力与质量研究中心(APQC)认为,若制定好切实可行的知识管理战略并付诸实施,则企业的经济效益必将大大提高,这是同上述弗赖德海姆的意见完全一致的。该中心对在实施知识管理方面名列前茅的11家公司和组织进行了调查,共提出6种企业知识管理模式及其实施方法。让我们在大体上了解之后,再去联系公共管理有关情况进行讨论。

(一)关于现行知识管理战略模式

(1)把知识管理作为企业经营战略。这是一种综合性战略计划,通常将知识视为产品,坚信对知识实施有效管理会对企业赢利甚至生存产生直接积极影响。

(2)知识转移和最优实践活动。这是最普遍采用的知识管理战略计划,将知识融入产品和服务,以缩短生产周期、降低成本和增加销售、鼓励知识转移活动。

(3)以客户为重点的知识战略。旨在通过获取、开发和转移客户需求、偏爱和业务情况等知识,提高企业竞争能力。这一战略要求对客户问题实施知识管理。

（4）建立员工对知识的责任感。使员工认识知识对其高度竞争性工作的重要价值，因而建立激励制度和纳入评估体系，并努力建设有利于知识管理活动的企业文化。

（5）无形资产管理战略。充分发挥专利、商标、经营管理经验、客户关系等无形资产作用，重点是无形资产的更新、组织、评估、保护和增值以及市场交易。

（6）技术创新和知识创造战略。通过企业基础和应用、研究、开发，进行新知识创造和技术创新活动。要不断地发现和创造知识，明确技术创新对经济增长的重要意义。

（二）关于知识管理战略的实施方法

（1）构建支持知识管理的组织体系。要有领导人、专门小组和基础设施，如信息技术平台、数据库、图书馆等。

（2）加大对知识管理的资金投入。动员全企业从上到下为知识管理投资，以保证其管理活动正常开展。

（3）创造有利于知识管理的企业文化。包括职业道德、企业荣誉感和团队精神等。领导者的支持是成功的保证。

（4）开发支撑知识管理的信息技术。因特网和内联网技术是知识管理活动的催化剂，要开发数据库系统和其他信息技术。

（5）建立知识管理评估系统。研究建立无形资产评估体系，如无形资产组成指标法、计算知识管理的投资回报率等。

（三）关于实施知识管理的成功之道

（1）建立递增收益网络。

（2）通过内联网把人们联系起来。

（3）承认个人在知识发展中的独特性。[20]

从以上的简略介绍，我们不难看到知识管理与公共管理将无可避免地发生联系。逐条对照分析似无必要，不妨在总体上酌量举例。像知识转移活动、对客户实施知识管理、专利和商标等无形资产、基础设施等，均将涉及公共管理领域，尤其是有关政策、法律、法规。众所周知的事实，如关于专利和商标的确认、登记、保护，便属于政府行为。某些重大基础设施，也不是个别哪怕是超特大企业所能和所愿办理。因为既需巨额投资，又要全面和经常管理、维修、更新以及向整个社会开放。

说到知识创新，其主要方法是建立国家创新体系。顾名思义，那更是国家的一项重要举措。没有一种整体性的创新体系给予得力的支撑，知识管理所强调的知识创新就难以顺利实现。在从工业经济向知识经济转型的过程中，实践经验已经清楚地表明了这一点。原因是从各方面进行激励、协调，只有国家能够做到，政府也有责任发挥作用。

整体创新体系应当包括知识研究、转化和选择等体系。根据经济合作与发展组织的意见，"国家创新体系是由一系列公共机构（国家实验室、大学）和私营机构（企业）组成的系统或网络。这些机构的活动和相互联系、作用和影响决定一个国家扩散知识的能力，并影响国家的创新表现"[21]。它们的活动和联系，是通过政策、体制、机制和组织等方面来结合进行的。

国家创新体系对经济发展的作用明显、巨大，因而世界各国都建有这一体系。当然，各国历史文化背景各异，不可能一模一样，但重视创新能力的加强和提高则比较一致。试以美、德、日三国为例，可见梗概。

美国的国家创新体系特征有：自由主义经济传统、崇尚创新、投资巨大、注重培养新公司。"二战"后对公司技术投资是间接的，以免造成不平等竞争。

德国的国家创新体系历史悠久，国立科研机构和大学有优势。基础研究成就卓越，因有国家主义传统，技术集中化程度较高，有7家大公司研发（R&D）投资达总额的31%。

日本的国家创新体系中，政府和大企业作用大。大企业背后为代表国家力量的大金融财团，以技术模仿为主实现经济腾飞。但长期忽视基础研究，创新能力差，导致20世纪90年代的经济下滑。[22]

我国也有"知识创新工程""技术创新工程"等国家创新体系，前已部分提及，随后还将在"知识管理在中国"专章中讨论。

二、知识管理发展环境与公共管理

从知识管理发展战略与公共管理的讨论中，已经显示了知识管理发展环境与公共管理的密切关系。个别企业的知识管理要实施和开展，必然会接触到公共管理领域的事项。仅就各个企业之间的问题或纠纷而论，便有不少要依靠公共管理部门包括司法机关来解决和处理；还不说许多必备的条件和整个发展环境，都有待公共管理方面提供和保证。其中有的前面已经提到，不再做过多重复。这里主要和着重讨论的，是与发展环境有关的一些物质的和精神的因素。

环境保护，维护生态平衡，着眼于可持续发展，指的是人类社会所共有的大环境。国家对此应采取积极有效的措施还不够，还要有国际协议来共同遵守和做出保证。不能容忍实行转嫁污染、毒害的以邻为壑的错误政策甚至是罪恶政策。

发展经济需要安定有序的社会环境，这又是非政府不能承担的重要职责。跨国犯罪和美国"9·11"事件发生后引世人瞩目的国际恐怖活动，还要由国际协作去预防和制止，个别企业对此无能为力。

事关全局根本和长远的特大工程和基础设施，是公共管理中的经常性的或被看作"保留"项目。早期如道路交通、能源电讯，现代化的如信息网络技术等，关系到基本建设和基础研究。还有人力资源开发中所必不可少的基础教育，随后另列专题讨论。

研究、开发中的巨额风险投资，个别企业也常缺乏相应的胆识和能力，一般是可以理解的。而不进行代价很高的试验，科学技术创新便不可能有突破性进展。前述国家创新体系的建立之所以必要，即与此有关。

应当认为："知识管理是一个范围广大而复杂的题目，它需要用一本书来加以讨论。我们将在此考察的只是有关关系企业的几点。对关系企业来说，知识是力量。"㉓这完全是事实。可是，"知识是一个难以表述的目标。要具备所有的知识是不可能（也是不实际）的"㉔。这里发生的问题是，在我们对不具备的知识有迫切需要时怎么办，那就要看到咨询业存在和发展的重要作用。咨询业在管理分类上被列为社会中介组织，属于非政府的公共管理范畴。在知识经济时代，咨询业有更加发达的趋势，绝非偶然。

尽管知识管理还在起步阶段，遇到的难题却已很多。于是，有人提出了"知识管理为何这么难"的问题，这颇引人注目和发人深思。由于发挥集体知识和智慧作用的关键，在于个人心甘情愿将自己的知识奉献出来与别人共享。坦率地说："知识管理的要害就在于使隐性知识转变为显性知识，并在这种转变中创造价值。"㉕这需要适当的风气和一种企业文化的文化氛围。对上述问题的回答是："知识管理为何如此难？难就难在文化。"[26]

说起企业文化，这可是个非常热门的话题，但在知识管理中却显得格外重要。这同人是决定性的因素和成事在人是分不开的。一方面我们看到，要学习一个先进集体，必须学到其精神实质，不能流于形式；另一方面也要看到，一种优秀文化亦非一朝一夕、一蹴而就和下一道命令所能形成，需要做不懈的努力和进行长期的积累。"经济的发展主要靠技术，技术要靠人才。人才靠创新，靠思想。只有营造一个可以充分发挥个人作用的良好文化生态环境，人才的创造力才能得到展现。"[27]这是一个合乎逻辑的正确论断。

问题在于企业文化不可能是孤立自生的，它与所处的大文化环境存在各方面的联系。社会、经济、政治等现象与文化之间常互有反映和影响，或表现为社会文化、政治文化和管理文化等。原有的基础如何，对后来的发展起积极或消极作用无可否认。因而从整体和长远来看，建设各有特色的企业文化，如能有较好的基础无疑是有利条件。这里应该肯定，在公共管理领域重视和加强精神文明建设，优化社会风气，必将有助于企业文化建设。

譬如说，企业文化以诚信为本，员工要有敬业和乐业精神，重视效率、质量，等等，倘若早有这些素养，显然就比较容易合乎需求；否则，必有很大的差距和难度。因此，"文化不是可有可无的东西，而是在每个时代都起着推动时代前进的作用。随着社会从工业时代向知识时代的转变，文化和精神的作用将变得越来越重要"[28]。

重要到什么程度呢？不妨借用中外两位教授的意见和图表来回答。一位是我国的两院院士、电子学家罗沛霖教授。他说："伴随新的产业革命，文化不再仅仅抽象地、间接地作用于社会物质实践，而且文化事业（产业）终将占据社会物质实践的绝大部分，并终将成为整个社会物质实践的压倒的支配因素。这是人类进步史中无可比拟的大事件。"另一位是美国乔治·华盛顿大学管理学教授威廉·哈拉尔。他用一张"工作演化"图表明："随着时代的进程，以文化为主导的精神活动不断成长，从事精神和文化活动的人员大大增加，以致社会最终将成为以精神和文化为主导的社会。"[29]见图11-1。

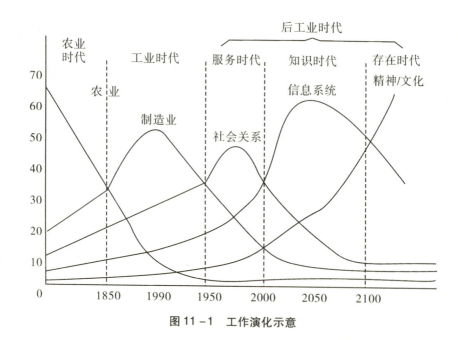

图 11-1 工作演化示意

三、知识管理中的人力资源开发和供应与公共管理

在以上各章节的讨论中,谈到人、人才和人力资源及与之有关之处已经很多,使用这类词语的频率也相当高。这是非常切合发展知识经济、实施知识管理实际的事。刚刚谈到的精神、文化方面的问题,就离不开作为载体和主体的人。

我们不想简单和过多重复前面已讨论过的内容,这里只是从人力资源开发和供应的角度集中考察知识管理对公共管理的依赖或需求。在特定意义上来看,这可算得是知识管理的关键、要害所在,称之为核心或者重中之重都毫不夸张。

事实是没有符合质量和数量要求的出类拔萃的优秀人才,或不能保证供应并及时到位和积极发挥其如所预期的作用,发展知识经济便成为空想、空谈,而个别企业无论其实力有多么雄厚和历史有多么悠久,在人力资源开发方面,仍存在很多不能摆脱的制约因素。出路在于只有把希望寄予人才市场。

常识告诉我们,没有货源就不成其为市场。经历过"有行无市"、短缺经济的人，不难回忆是何光景和滋味。人才市场也是一样，就是要有"货源"。前述人才争夺，即由于求过于供，尤其是拔尖人才，更加如此。那么，人力资源在哪里？怎样才能进行有效的开发和保证供应，以满足时代和社会的不断更新和广泛的需求呢？

人们把目光和思路转向教育事业是极其自然的。教育有一个完整的体系，包括学前教育、初等、中等、高等教育，既有不同的层次，也有不同的门类和内容，还有成人教育、继续教育、终身教育等等。随着时代和社会的变化，教育也必须进行相应的改革，以求适合客观形势发展的需要。

通过办教育来培养人才，是历史发展的必然。办教育也历来是公共管理特别是政府部门的一项至关重要的任务。在知识经济时代，并没有改变这个格局。因为即使个别企业愿意和有能力自办教育，对人才完全实行"自产自销"或"自给自足"，但选才的基础太窄，各有关条件的局限极大，还只能是"天真"的想法，此路不通。

一般和整体来说，按照办教育的规律和特点，首先是也应该是面广量大，面向全国，着眼于全民素质的提高。这可是件艰巨的任务，从扫除文盲做起，到普及基础教育，再逐步提升，是个庞大复杂的系统工程。其次是循序渐进和全面联系的问题，没有普及很难提高，或提高受到很大限制，即缺乏选拔的余地和难以发挥潜力；只顾普及忽视提高，则可能效果不大和延误、浪费许多可造之才。然而事关国家、民族的百年大计，为前途、命运所系，政府不能不管。并且，不仅要管，还要认真、着力管好。鼓励社会力量办教育是可行的和必要的，但国家责无旁贷；同时，由于面向社会的教育事业具有公益性质，因而将教育管理列入公共管理领域是恰当的。

广义的教育不是仅指通常的学校教育，也不是在人之一生中只有一次受教育的机会。为了提供更多、更广的受教育机会，国家除举办各种学校之外，还发展各种教育设施，对广大公民进行政治、文化、科学、技术、业务等教育，鼓励自学成才（因而有自学考试制度）。国家发展自然科学和社会科学事业，普及科学和技术知识，奖励科学研究成果和技术发明创造，以及发展文学艺术事业、新闻广播电视事业、出版发行事业、图书馆博物馆文化馆和其他文化事业，开展群众性的文化活动，等等，都有助于培养各种人才。没有如此全面、庞大、持久的培养人才的体系或网络，发展知识经济、实施知识管理所急需的人才资源便难以落实，甚至完全落空。

在各个管理领域，尤其是人力资源开发和管理部门，人们对于"培训"的观念和活动，可以说已经习以为常。由于知识更新的频率加快和竞争加剧，加强各种培训已成为普遍的共识。单位积极组织安排和个人自觉需要接受各种形式和内容的培训，也蔚为风气了。有一种流行的形象说法，把这比作"加油""充电"，以利于不断提高和继续前进。那么，这"油"和"电"从何而来？又怎样去加和充呢？除一般的培训外，涉及高、精、尖、新的科学技术和管理理论、方法，通常都要借助于高等院校、科研机构、社会力量如各种专业团体等。也就是要以不同的方式（如合作、委托等）与公共管理领域有所接触和打交道。即使是完全自办，仍难免有这种情况。因为哪怕一个实力再强真的是达到富甲天下或富可敌国程度的超特大企业，也没有必要和可能兴办、维持和发展一个完备无缺的教育网和学科齐全、尽收全国乃至全世界的杰出专家和学者的人才库。前面提到过的咨询业之所以愈趋发达，已部分反映了这种情况和说明了这个问题。科教兴国战略之所以特别重要，亦在于此。

与此相联系和相类似的，是继续教育和终身教育与日俱增的客观需要。在为回答如何才能使这类需要得到满足的问题寻找答案的时候，上述情景也同样展现在我们面前。科学技术日新月异，新人新事层出不穷，人类社会的文明进步越来越少不了公共管理和服务的有效支撑。

在出现知识经济的知识时代和知识社会里，建立和发展学习型组织已提上议事日程。作为热门话题，关于这方面的讨论也日益增多和受到重视。学什么、怎么学、同谁讨论、向谁请教等都是问题。其中最突出的是前已述及的知识创新，而为了做到、做好这一点，必须努力实现知识（包括显性知识和隐性知识）共享，以及最大限度发挥集体智慧的作用。这也正是知识管理的核心、焦点所在，不认真、彻底改变过时的领导观念、方法、作风是行不通的。对于"共享"和"集体"的范围，除相对狭小的自身领域外，还要想方设法和灵活巧妙地去扩大、再扩大。于是，面向广阔天地的公共管理，极其自然地将成为支持各种学习型组织和整个学习型社会的最得力的因素。

思考题：
1. 各种管理中有何共性原则和要求及其个性特点？
2. 公共管理与非公共管理之间有何联系和相互影响？

3. 知识管理对公共管理的依赖或需求主要表现在哪里？

注释：

①参见《辞海》，上海辞书出版社 1999 年版，上卷第 53 页"三十六行"条目，另据《辞源》（修订稿）第一册（商务印书馆 1964 年版）子 045 则指"三百六十行做买卖的"。

②③④⑤⑥⑦⑧⑨⑩参见哈罗德·孔茨、西里尔·奥唐纳、海因茨·韦里克：《管理学》，黄砥石、陶文迭译，中国社会科学出版社 1987 年版，第 43～45 页。

⑪⑫参见马洪"国外经济管理名著丛书"前言，载"丛书"各书卷首。

⑬《礼记·礼运》。

⑭参见《广州调研》2001 年第 11 期。

⑮张进修：《纳米技术及其发展前景》，载《领导广角》2001 年第 7 期。

⑯袁宝华：《在清华大学经济管理学院聘书颁发仪式上的讲话》，载《清华经济管理研究》创刊号 1985 年 4 月。

⑰⑱夏书章：《现代公共管理概论》，长春出版社 2000 年版，第 9～10 页。

⑲㉓㉔参见赛勒斯·弗赖德海姆《万亿美元的企业——企业联盟的革命将如何转变全球工商业》，顾建光译，上海译文出版社 2001 年版，第 158～159 页。

⑳㉒自"战略模式"以下，参见孙涛《知识管理》，中华工商联合出版社 1999 年版，第 23～30 页、第 194～195 页。其中关于"模式"和"实施"与其他有关资料的介绍在论述和项目上有出入。例如，冯鹏志《知识管理的含义、模式及其文化意义》，载《求索》2001 年第 5 期。"模式"亦为 6 种，但标题不同；"实施"为 6 点，而非 5 点。待核对。

㉑徐勇、王福军：《知识管理——如何构建中国的知识型企业》，广东经济出版社 1999 年版，第 190 页。

㉕㉖㉗㉘㉙金吾仑：《知识管理——知识社会的新管理模式》，云南人民出版社 2001 年版，第 137、第 139、第 141、第 143、第 150 页。

第十二章　知识管理在中国

内容提要　作为本书的最后一章,"知识管理在中国"是不可没有的内容。尽管知识经济和知识管理在中国仅是初见端倪,但不能视而不见。中国经济快速增长的势头决定了极有可能在经济发展和管理改革中发挥后发优势、实现跨越式发展,尤其是在加入 WTO 后机遇与挑战并存,应当在正视和克服困难中前进。

要谈知识管理在中国,不能只是就事论事看有无多少。应当注意的首先是中国经济发展的现状和趋势,其次是在中国发展知识经济因而需要实施知识管理的可能。如果是已经逐步创造条件和准备了基础,则属大势所趋,必将水到渠成。而且,后发优势是实际存在的,只要善于学习、运用,便有可能实现跨越式发展。因此,尽管知识管理在中国即使仅是初见端倪,还处于萌芽状态,也很值得我们予以高度重视,作为先行的试点,及时认真总结经验,随时推广,积极迎接知识经济大发展的到来。

第一节　中国经济的快速增长势头

中国自从明确以建设有中国特色社会主义现代化这一根本任务、以经济建设为中心、实行改革开放政策以来,生产力水平急剧提高,经济快速增长的势头一直很猛。这是举世公认的事实。中国人民更亲身经历了这种历史性的巨大变化,感受尤深。现在虽已迈入参加 WTO 的新阶段,但是经济特区的设置和发展的历史作用仍不可低估。在建设有中国特色社会主义现代化的道路上,我们正继续阔步前进。

一、改革开放带来的发展速度

在以经济建设为中心的条件下,实行改革开放政策,首要任务是要改革那些束缚、妨碍生产力水平提高的思想、观念、规章制度;不再闭关锁国，让有利于和有助于经济发展的各种技术和管理信息被大量引进，以供参考、借鉴、学习、应用。这个政策的明效大验，集中表现于它所带来的发展速度。

国内外在这方面的统计、总结、调查、研究等资料很多。由于成绩显著有目共睹，并且情况突出，在很大程度上令人瞩目和发生兴趣，国外研究者众多正是这种客观事实的反映。对于中国的高速发展，在国际舆论中，除某些少数别有用心者不顾事实，甚至歪曲、颠倒事实说三道四之外，绝大多数所体现的主流还是比较实事求是的。

本来，评论一种发展速度是快还是慢，只有通过比较，才能做出判断。比较历来有与自身比和同别人比这纵横两个方面。前者似已不用多说，在实行改革开放政策的前后，变化极大。从个人生活到国家的综合国力和国际地位，其改善、提高的幅度和程度，前后不可同日而语。国人感受颇深，世人刮目相看。事实俱在眼前，例证不胜枚举。至于后者，即同别人比，还得听听别人的意见。

当美国一直在人权和间谍侦察机问题上争争吵吵的时候，一位美国学者指出："争吵之余，很容易忽略这样一个问题：是什么使中国在国际社会中变得如此重要？中国是世界上发展变化最快的国家，这种发展速度也许是史无前例的。"他接着写道：想要理解这一点并不难。任何去过中国的人都能感受到中国的这种变化。20年前，中国还是个单调贫乏的国家。如今，中国沿海城市的居民们的着装档次与西方人不相上下。[①]文中所举关于"单调贫乏"的例子是几乎天天、顿顿吃着定量供给的米和面，清一色穿着蓝色中山装，到了晚上8点就熄灯关门。与此相对照的是，最近10年中，中国人消费的肉、鱼和其他美味的数量增长了三四倍，几乎每家每户都有彩电。[②]

如果说以上还只是一些生活方面的变化，还不足以反映经济发展的具体速度的话，那么，上文作者将英、美、日和我国的有关情况所进行的相应对比，给读者的印象是非常明确和相当深刻的。他所讲的关于这方面的一段话，不妨简要表明如下：①英国几乎用尽整个19世纪（即100年之久），使其人均国民收入增长了2.5倍；②美国花去60年（1870—1930年）时间，使其人均国民收入增长了3.5倍；③日本在25年（1950—1975年）间，使其人均国民收入增长了6倍；④中国增长最快，仅用20年（自1979年约至1999年），使其人均国民收入增长了7倍。

作者在对比之余的结语是:"虽然中国在发展经济的道路上还将会遇到坎坎坷坷,但是,毫无疑问,中国经济迅速发展的势头将继续保持下去。"③他用这样肯定的语气来表示意见绝非偶然,原来他对中国经济将快速增长50年的预测根据有以下4个理由。

(1)他郑重其事地引用他认为可信的别人的预言说:"今后10年中国经济发展的速度将大大超过过去10年。中国人的雄心、活力和欲望极大地推动这种态势的发展。"紧接着他用进出口额和吸引外资等数字论证道:"我们没有理由不相信这一点。……中国加入世界贸易组织必将加快中国的改革和经济与世界接轨的步伐。"

(2)"中国的生产正在向优质高效发展。据估计,在过去的20年里,中国的生产力……是美国同期生产力增长速度的两倍多,是英国在工业革命时期生产力增长速度的大约5倍。运用同样的管理和技术,设在中国大陆的工厂的生产能力是其他所有工厂的两倍。"

(3)"中国有一支巨大的工程技术人才队伍。(据说)现在有9000多名中国博士在硅谷工作。……他们也将把家搬回中国。而中国的一些公司也正在不断发明世界领先的技术。"

(4)"中国的经济发展动力十足。考虑到中国的年龄结构、中国积累资本的能力和中国追赶先进技术的潜力,中国可以保持经济快速增长50年。"他设想今后30年中,中国经济一直以每年8%到10%的速度增长。"休闲旅游、受教育、丰富的文化生活和大大改善的住房条件,对数亿中国人来说将唾手可得。"④

应当认为,这在"外国人看中国"的众多议论中,是一篇很有参考价值的资料。文章既讲机会,也对中国所面临的挑战进行了分析。例如,国有企业、银行业、福利制度的改革,包括与之相联系的一系列的改革,如改进税收制度和增加国债发放等。此外,文章还专题讨论了"大公司进军中国"的问题。

因为,"所有这一切都将创造新的商机",像金融服务业、电信业、媒体和娱乐业等。"现在,遍布世界各地的玩具、衣服、个人电脑几乎都是中国制造的。"⑤

作者还提到中国大陆和台湾在金融和商业上的联系日益紧密这一事实。"台湾人在大陆的投资领域非常广泛……越来越多的台湾人开始认为台湾未来经济的发展是与大陆息息相关的。"⑥

此外，中国的经济增长和发展速度加快，不能不归功于实行改革开放政策。而改革与开放起互动作用，不可分割。开放既带来机遇又伴随挑战，只有改革才能应付挑战和利用机遇从而得到发展。

在"21世纪论坛"2000年会议开幕式上，时任总理朱镕基在谈到中国经济未来10年发展特点时，就指出经济体制将进行深层次改革和对外开放将加快全方位扩大。[7]我国加入WTO也促进了多方面的改革，同时是以开放促进发展。正如时任国务委员吴仪所说，由局部开放转变为全方位多层次开放，由政策性开放转变为法律框架下可预见的开放，由单方自我开放转变为WTO成员间相互开放[8]。总之，改革开放有助于加快发展速度。

二、经济特区等在以经济建设为中心中的作用

我国建设有中国特色社会主义现代化，以经济建设为中心，实行改革开放政策，是举世周知的事。与此直接和紧密相连的另一闻名于世的事，则是设立经济特区。后者在以经济建设为中心中的作用较为显著。在中国正式成为WTO的成员国以前，亦即在漫长的15年之久的谈判过程中，经济特区实际上已在创造条件方面先行试点和积累经验，以及吸收各种有关信息，以备供大面积推广时的参考借鉴，等等，发挥了积极作用。

回顾经济特区的设立，第一批共有4个，即深圳、汕头、珠海和厦门。其中的前3个，都在实行改革开放政策中"先走一步"的广东省。从这4个经济特区的具体情况来看，或毗邻香港（如深圳），或毗邻澳门（如珠海），或原来与海外华侨、华人的联系较多（如厦门、汕头）。其中只有厦门和汕头有一定的城市建设的基础，其余的两个（即深圳和珠海）都不过是渔村或小镇。作为特区建设以来，它们都发展得很快。尤其是深圳经济特区，在短短的不到20年中，已成为具有相当规模的现代化的大都市了。

邓小平在晚年曾经表示过，当年设立经济特区本当考虑上海。但后来及时大举开发浦东，赶在加入WTO之前，使浦东在更短的时间内突飞猛进，展现出后来居上的趋势、活力和气派。摩天大楼成群、东方明珠（电视塔）矗立、国际机场落成……被世人叹为奇迹，上海人也根本改变了"宁要市区一张床，不要浦东几间房"的几乎是牢不可破的老观念。

不仅如此,其辐射和影响力之所及,给已经比较发达的长江三角洲地区增丰姿、添异彩。近的如苏州工业园区的建设和昆山的台商集结等,真可谓锦上添花。这也好像深圳经济特区对比较繁荣的珠江三角洲有相似的影响一样(所不同的是,后者还有香港、澳门的因素)。

了解情况的外国朋友对深圳和上海浦东的印象是这样的:"与香港毗邻的深圳就是一个绝好的例子。1980年,深圳还是个仅有十几万人口的渔村。现在,深圳500万居民的人均收入是中国之最,而且号称其博士人才的拥有量居中国之首。5年前,上海浦东还是一块烂泥洼地。现在,浦东已经被建成一个耀眼的金融和工业中心。这里不再出产稻米,高楼大厦和计算机芯片生产厂随处可见。"[9]这些都是事实。

变化之大也往往见于日常生活和社会现象。以前,到香港、澳门去的人回来时,无不大包小包带回许多采购的商品。现在正好倒转过来,香港、澳门的居民专程到深圳、珠海购物的很多,除掉交通费还很划算。这正好表明,内地不仅已结束了短缺经济的状况,而且物资丰富、价廉物美。连有"购物天堂"之称的香港,其居民的消费已在改弦更张。还有一种现象,也很能说明问题,那就是双向旅游业的兴旺发达。亦即来游和出游的人数同步增长,来游者是因为有吸引力,出游者是因为有条件了,都与经济状况有关。

有文为证:"在我去中国之前,曾听一位去过那儿的朋友推荐说:'中国可去的地方、可看的东西太多了。中国有"上有天堂,下有苏杭"的说法,可想而知那肯定是个人间仙境。中国不愧为文明古国,仅北京就有那么多文化古迹。在中国,另一件迷人的事情就是购物。大多数商品的价格都很便宜,货架上的商品琳琅满目,令人感兴趣的商品之多使你晕头转向、眼花缭乱。'"[10]但也有令人扫兴之处,如公共厕所让人感到不舒服等,这是实情。

前面提到经济特区和后来开发的地区如浦东等,在以经济建设为中心中起了积极作用,包括先行试点、积累经验、聚集信息等。还应该补充的一点,就是示范作用。例如,在讨论发展知识经济的问题时,大家都理解那不可能是一哄而起的事。然而,发展知识经济毕竟是总趋势,是历史的必然。世界银行也建议我国大力发展知识经济,认为:"促进知识和技术在国内的传播和提高总体劳动生产率非常重要。"[11]怎么办?国家科技部技术创新战略与管理研究中心副主任柳卸林早即指出:必须从现在起实施面向知识经济的发展战略。从区域上看，虽然我国向知识经济迈进的路程很漫长，但不排除某些地区率先实施知识经济发展战略；在产业上，应该大力发展高新技术产业，利用高新技术改造传统产业。[12]

那么，有哪些地区能够率先实施知识经济发展战略呢？2000年5月在第三届北京高新技术产业国际周上，有七大城市的市长参加了讨论，并透露出要作为我国新经济领头雁的决心和愿望。"北京市政府明确提出了21世纪北京要成为'全国知识经济中心'。通过对北京、上海、深圳等科技产业比较集中的几个城市进行比较，北京与上海最有可能成为我国发展新经济的领头雁。"[13]这里，我们看到深圳已在被考虑之列，上海浦东也有过建设知识经济示范区的设想。显然，包括原经济特区在内的比较发达的地区，在发展知识经济中起带头作用的可能性是客观存在的。

我们注意到，在加入WTO以后，原经济特区的地位和作用也随之发生变化。人们在议论特区（指经济特区）已不那么"特"，或者干脆说特区不"特"了。不过，至少有一点仍必须肯定，即其已打下的基础和形成的优势，还将继续具有积极意义和发挥其影响力。其他发达地区也是如此。中国的现实是在对西部大开发加大力度的同时，不能放松任何可能发展知识经济的机遇。只有这样，才能对内逐步缩小和消除东部沿海同西部的差距，对外不太落后于世界潮流，并力求以先进科学技术用于发展经济。

三、建设有中国特色社会主义现代化

知识经济是继工业经济高度发达以后而兴起的新型经济形态，其基础和前提在于雄厚的工业经济实力，包括先进的科学技术因素。放眼世界，目前只在最发达的国家才有略高于50%的知识经济成分。有文章认为："资本经济距离知识经济还差一大段路，日本到现在还没有过渡到这一层次的文明。"[14]这是1999年9月，时代华纳集团与世界经济论坛邀请了一批专家学者，在北京对中国未来50年做预测时顺便提及的有关情况。其言下之意，也就在表明中国同样存在这种距离。

从总体上来说，这无疑是千真万确的事实。俗话说："一马当先，万马奔腾。"那是非常壮观的气势和场景。假如把萌芽状态的知识经济比作遥遥领先的"一马"，而尚远远没有完全实现现代化的工业、农业、国防、科学技术的"万马"便跟不上、奔腾不起来。因此，在这方面有一

个必须抓紧"补课"的问题。前面已经提到的2000年6月15日时任总理朱镕基在"21世纪论坛"2000年会议开幕式上的讲话中,首先指出:"随着新世纪的到来,我国将进入一个建设小康社会并向基本实现现代化迈进的新的发展阶段。"在谈到面对世界科技进步和经济全球化的新形势时,他认为中国经济未来10年的发展将呈现出的第一方面的特点,就在于"经济结构将进行战略性调整"。具体内容如下:推进国家工业化,同时不失时机地推进国民经济信息化,将是今后的艰巨任务;大力发展高新技术及其产业,用现代技术改造和提升农业、工业和服务业,把信息化和工业化结合起来,带动产业结构与产业素质提高到一个新的水平;在继续发挥东部优势的同时,实施西部大开发战略,拓展经济持续增长的空间。⑮真是言简意赅,把我国经济发展的根本和主要任务进行了高度概括。

2000年10月11日,在中国共产党第十五届中央委员会第五次会议通过的《中共中央关于制定国民经济和社会发展第十个五年计划的建议》中,从所列出的专题就可以看到我国将进入全面建设小康社会,加快推进社会主义现代化的有关要点。例如,巩固和加强农业的基础地位;加快工业改组改造和结构优化升级;加快国民经济和社会信息化;实施西部大开发,促进地区协调发展;促进科技进步和创新;大力开发人力资源,加快发展教育事业;进一步深化改革,完善社会主义市场经济体制;进一步扩大对外开放,发展开放型经济;等等。⑯

这里,有一个人们议论较多和已久的问题:小康社会和现代化的标准是什么?实现了多少?距离还有多远?参考资料很多,我们不妨酌举数例。

20世纪90年代初,中共中央曾要求在改革开放中先走一步的广东省,力争以20年的时间即到2010年,基本实现现代化。至1996年5月,用美国社会学家英格尔斯所提出的现代化十项指标来衡量,广东省和全国达标尚有差距的几个方面如下。

(1)人均国民生产总值。国际指标3000美元以上,按1995年平均汇率计,广东为959美元,全国为573美元。

(2)农业产值在国民生产总值中的比重。国际不超过12.15%,广东为16.30%,全国为19.70%。

(3)服务业产值在国民生产总值中的比重。国际为45%以上,广东为33.6%,全国为31.3%。

(4) 非农业就业人口在总就业人口中的比重。国际为 70% 以上，广东为 39.5%，全国为 28%。因统计困难，变化未完全反映。

(5) 有文化者在总人口中的比重。国际超过 80%。①受过 9 年及以上教育人口，广东为 37.7%，全国为 35.9%；②受过 12 年及以上教育人口，广东为 11.5%，全国为 11.4%。

(6) 青年适龄组上大学人数比例。国际超过 30%，广东为 3.5%，全国为 2.7%。

(7) 城市人口占总人口的比重。国际超过 50%，广东为 39.3%，全国为 28.7%。因按户籍计，实际超过。

(8) 医生人均负担人口数。国际为 800 人及以下，广东为 700 人，全国为 1060 人。广东已达标。

(9) 平均预期寿命。国际为 70 岁以上，广东为 73.8 岁，全国为 69 岁，广东已达标。

(10) 阅读报纸量。国际为平均 3 人及以下每日 1 份，广东日人均为 0.09 份，全国为 0.04 份，农村差距更远[17]。

据约晚半年的资料，略有不同的是，非农业人口为 45.7%，大专生合计占适龄人口的 3% 和阅报人均每日为 0.043 份，即约每 23 人每天一份报纸。[18]

说到"小康"问题，在 1997 年 10 月初，据国家统计局"中国小康研究"课题组提供的一份报告表明，以小康评价指标测算，到 1995 年底，我国人民实现小康生活水平的已达 75.61%。据预测，"九五"期间如果国民生产总值保持在 8% 以上的增长水平，那么，到 2000 年基本实现小康是完全可能的。[19]对照上述"十五"计划的建议来看，我国是正在进入全面建设小康社会的时期。小康评价指标[20]见表 12-1。

到 1999 年，我国科技竞争力在世界排第 13 位。综合考虑科技投入、产出及对社会的影响力，世界各国分为五类，中国属于第 4 类，即科技发展中国家，约为美国的 1/5 强（俄罗斯约为美国的 1/4 强）。[21]

表 12-1 小康评价指标

项目	类别	与小康值比较
经济总体水平	人均国民生产总值现价达 4754 元，可比价格为 2667 元	超出人均 2550 元的小康值 167 元
物质生活水平	整体上达到小康值的 78.77%	
	城镇居民生活费收入人均 3892.90 元	达到小康值的 74.44%
	农村居民纯收入人均 1577.70 元	达到小康值的 61.13%
	城镇人均居住面积 8.1 平方米	超出小康值的 0.1 平方米
	农村人均住房面积 15 平方米	与小康水平持平
	人均蛋白摄入量 64 克	达到小康值的 56%
人口素质	整体上达到小康值的 71.11%	
	成人识字率 83.5%	达到小康值的 91%
	婴儿死亡率下降到 33%	达到小康值的 45.9%
精神生活	整体上达到小康值的 63.9%	
	人均教育和文化娱乐消费支出达 8.11%	达到小康值的 63.88%
社会环境	整体上达到小康值的 48.3%	
	森林覆盖率上升到 13.4%	达到小康值的 46.67%
	县级农村初级卫生保健基本合格率达 64.1%	达到小康值的 64.1%

第二节 经济发展和管理改革中的后发优势

中国历来有"青出于蓝""后者居上""迎头赶上""后起之秀"等说法，说的是客观上存在一种后发优势，在原有基础上继续提高或开拓进取，有完全可以实现的可能性。但条件是了解并有心和有力利用这一优势。倘若只是坐享其成，甚至浑然无知，则不仅说不上发展，还会坐失良机。所以，这与能否正确发挥主观能动性有关。

一、实现跨越式发展的可能性

发挥后发优势,实现跨越式发展的可能性是实际存在的。在"十五"计划的建议中,不止一次明确提到跨越式发展绝非偶然。建议的引言或总论中就着重指出:"以信息化带动工业化,发挥后发优势,实现社会生产力的跨越式发展。"随后在"加快国民经济和社会信息化"这个专题中,又强调了:"顺应世界信息技术的发展,面向市场需求,推进体制创新,努力实现我国信息产业的跨越式发展。"应当认为,实现跨越式发展并非仅限于信息技术和信息产业,整个社会生产力和其他领域也同样适用。经济发展和管理改革,都可以大力发挥后发优势。

不过,这种优势的发挥和这种形式的发展,不是自发或自然实现的。没有积极的主观努力以创造必要的和足够的条件,仍然是理论上的可能性而已。也就是说,要把潜在的力量转化为现实的力量,是一个进行艰苦奋斗的过程。这既要有坚韧不拔的务实精神,更要抱严谨周密的科学态度。

在一篇讨论关于在我国经济跨越式发展的专题研究文章中,作者正确地指出:"城市化、市场化和国际化所创造的客观需求和供给潜力,将是中国经济高速增长的基本动力源。"[22]诚然,实现跨越式发展是历史给予中国的难得机遇,但也无可否认,实现这种发展确实面临巨大困难。作者根据新经济增长理论,分析穷国能否追上富国主要取决于储蓄率的高低、经济开放度的大小和技术扩散的快慢,然后写道:"我国条件最好的是储蓄率……其次是经济开放度,随着加入 WTO,我国步入开放型经济的新阶段,这一条件在明显改善。困难最大的是科技进步对经济增长的贡献。"[23]这是合乎实际的论断。

经过做国际比较,可以看出:"我国要实现'跨越式发展',起点低、底子薄,困难重重。与发达国家相比,我们在发展高新技术方面的差距,不仅存在于……技术水平方面,更重要的是在科技体制方面。"[24]果真如此,那就必然是:"如果不彻底改革科研管理体制,即使增加科研投入,也不能产出满足'跨越式发展'需要的科研成果。"[25]这可是个非常值得重视和迫切需要认真解决和改善的具有关键性的问题。

因此,要实现我国社会生产力的跨越式发展,其动力在于科研管理体制的创新从而带动科技创新。要全面重组一个面向市场的国家创新系统,必须注意以下五个方面:①深化体制改革,促进科技与经济深层结合;

②在开放、竞争中提高技术创新能力；③突出重点和特色，提高产业发展的规模和水平；④处理好"集中力量办大事"与以竞争促发展的关系；⑤协调好引进、消化、吸收和创新的关系。[26]科技与经济脱节、不提高创新能力和产业规模、水平，不以竞争促发展以及重引进而轻消化都不行。

再说前面提到的城市化问题，我们所面临的有待加深认识和进一步解决的重要课题很多。例如，城市化道路建设、城市经济和知识经济的关系、城市可持续发展问题、城市经济的协调运行、城市经济结构、城市经济管理等。[27]不言而喻，其中必然涉及各种有关高素质人才的需求问题。

三位德国作者在他们合写的关于中国的文章中指出："第十个五年计划和中国政府通过的2015年远景纲要，强调了农村城市化的必要性，将其作为促进经济增长的重要因素。考虑到中国的城市化程度只有不足40%，远远落后于欧洲85%的平均水平，这项决策无疑是正确和可以理解的。"[28]他们也清楚看到了："中国政府号召开发西部，城市化作为经济发展的火车头从中扮演着重要的角色。"[29]当然，城市化不是一件很简单的事情。他们善意提出了应予注意的有关事项，特别是可能产生的环境负担过重等问题，确是我们国家和各级政府管理部门所面临的新挑战。

一位长期持有对亚洲经济将会继续发展的乐观看法的很有声望的美国经济学家（哈佛大学国际发展研究所负责人杰弗里·萨克斯）认为："亚洲需要深化整个地区的技术革新，并应通过在教育上注入巨资来提高整个人口的技能素质，以维持经济的可持续发展。"[30]中国是亚洲的发展中国家，当然也有此需要。说到提高人口素质，我国人口众多，原有基础较弱，任务显然艰巨。

香港刊物曾有专文讨论中国提高人口素质的问题，并把它提到关乎中国未来命运的高度。对于这一点，有振兴华夏之志者早已达成共识。孙中山在其著名的遗嘱中，就把"必须唤起民众"作为达到"求中国之自由平等"这个目的的首要条件。毛泽东曾强调重要的问题是教育农民这个人口中的大多数。现在实行科教兴国的战略，也是与全面提高人口素质分不开的。"在已经到来的资讯时代，十几亿中国人能不能变为庞大的经济资源，并不在于总体数量大小，而在于有多少高素质的头脑，能不能适应时代发展需要的头脑。"[31]

情况正是这样，知识经济时代的竞争是科技水平也就是人才素质的竞争。有人提出："站在21世纪的门槛上，我们忧心忡忡，中国拿什么与人较量？"㉜回答只能是在高素质人口的基础上涌现的大量优秀人才。

二、坚持中国特色和积极与国际接轨

关于坚持中国特色和积极与国际接轨的问题，人们经常挂在口边，但很有必要明其究竟。如为什么要这样、如何去做、坚持哪些特色、接什么轨等等，只有基本弄清，才能身体力行。二者互相联系，并行不悖，不可能有所偏废，以致顾此失彼。这完全是正常、健康发展的需要。为了说明具体情况，以下先分述特色和接轨各是怎么一回事，再看看它们之间在发展中的关系。

坚持中国特色，实质上说的是坚持从实际出发，要根据国情办事，不能脱离实际。尤不可将闭关锁国、故步自封、抱残守缺、安于落后、掩弊护短、文过饰非等与坚持特色混为一谈，或者把陋规、恶习、丑态之类视为"特色"，那是极大的误区和荒谬的错觉。我们所坚持的有中国特色，完全是指有文明、进步意义的优秀、善良品德和事物。其中有的是来自历史传统，如光明正大、诚信无欺、勤俭节约、热爱和平等等；有的是在不断创造、更新，如社会主义新精神、新风尚，以及许多与时俱进的新素质。坚持特色还指在参考、借鉴别人经验时有所选择，不是囫囵吞枣，不是盲目和机械照搬。此外，特色也有保存国家、民族的鲜明个性之意。

即以"个性"而论，历史上和现实中的国家、民族都普遍可见。地理上近的如日本，古代学习中国，可谓不遗余力。但其有所不学，像封建王朝盛行的宦官制度和一度流行的女子缠足风气等；而且学中有创，像日文中的汉字沿用至今，自成一体。远的如美国，其原是英国殖民地，经独立战争胜利而建国。没有采用世袭君主立宪制，社会上自无所谓贵族平民之分，连英语也是美式英语，更不用说生活方式了。旁的国家、民族都大体上各有特色，不必一一列举和分述其详。

积极与国际接轨，在现代国际社会更有必要。各国之间需要互通有无、取长补短；贸易往来、文化交流，极其平常；睦邻友好、互相合作，理所当然。所谓与国际接轨，指的是国际公认和共同遵守的国际惯例。其原则精神是平等互惠，自愿参与。有事经大家商量，达成协议。矛盾则协商仲裁，妥善处理。对接轨抱积极态度，力求双赢或共赢，消极即失去意义。因为若是勉强行事，成为无可奈何的消极应付，倒不如不接轨了。

换句话说，接轨不是单线交通，而是有来有往。在平等往来的过程中，实现各有关方面所争取的利益。如果利益有明显的悬殊，那就很有可能是以大欺小、以强凌弱，假"接轨"之名，行掠夺之实，决非原来意义上的接轨，这种"接轨"不接也罢。因此，与国际接轨不在其名，而在其实。有名无实和名不副实都不行。

不过，无可否认，在与国际接轨中，各国的发展水平很不一致，很难做到"旗鼓相当"。其中难以避免的是综合实力的竞争、较量。有时出于自身发展需要的考虑，付出代价或做些牺牲的情况也是有的。这与上述片面实施掠夺有所不同，在某种意义上来说是"大谋"中的"小忍"。

一般而论，坚持自己的特色往往包含自身的优势。在积极与国际接轨中，优势常能得到较好的发挥。例如，我国市场的潜力很大，对外资的吸引力也大。为了吸引好外资，我们就必须努力改善投资环境，这是大家所能够和应该理解的。又如，我国的自然和人文旅游资源都很丰富，在国际上很有吸引力。为了旅游业的更好发展，我们在设施和服务等方面，便需要下功夫认真与国际接轨。像前面提到过的公共厕所普遍让人感到不舒服，就千万别被误认为是"特色"。

然而，倘若是真正的优势所在，就应该当仁不让，抓紧不放，好好开发、发展和充分发挥。例如，被认为是古老的智慧和古老文明传统的中医中药，正在国外大放光彩，就很令人瞩目。在印度最受推崇的是中药及中式医疗和健身形式。中药标本兼治的特性颇受印度人的信任，许多慢性病患者都向中医求治。以太极拳为核心的中华武术，更是印度人热衷的一项健身运动。[33]英国刊物的一篇文章在原文提要中这样写道："当人们意识到传统西方医学的局限性时，中医是否提供了另一条出路？"随后开门见山指出："如果你看一看当今的高科技手术和强效化合药物，很容易忘记正统西医只不过有几百年的历史。而中国人实践基本相同的医学体系和原理，已有5000多年历史。"[34]紧接着说："这种古老的智慧，如今正对英国的医疗行业产生影响。英国各地已有至少2000家中医诊所，其中大部分诊所都在窗户上挂着闪亮的执业证明。"[35]有执业证明表明已取得合法地位。文章在谈到中草药与西药截然不同之余，还认为："如同西方技术在中国得到应用一样，传统中医体系也开始被西方人接受。举个例子来说，哈佛大学已设立了一个从事中医研究的机构。……中医的整体治疗已使越来越多的英国人受益。"[36]

在与国际接轨的过程中，只要善于学习和结合中国实际，我们也可以创新和从中受益。由中国和新加坡两国政府协议合作开发建设的苏州工业园区，便是一个较好的例证。"苏州工业园区在学习借鉴新加坡经济和公共管理经验并紧密结合中国国情基础上形成的一系列'软件'，对解决我国向现代化转型过程中的若干难题提供了不可多得的经验。"[37]我们清楚地看到："国家赋予开发区的任务除了在产业升级、招商引资、科技孵化之外，还有一个重要任务就是体制创新。……这一试验为我们展示了一个值得借鉴的政府模式。"[38]那就是促进了政府职能的真正转变；按照"精简、统一、效能"的原则设置管理机构；严格依法办事；以征聘制、任用制、培训制、考核制、薪酬制为主要内容，不断完善公务员队伍建设以及加强行政监督，建立廉洁、廉价政府等。[39]

三、对知识经济和知识管理不能视而不见

就世界经济发展的总趋势和管理领域发生的新变化来说，人们对知识经济和知识管理都不能视而不见。事实上，现在对于各发达国家来说，即使不是街谈巷议、家喻户晓、妇孺皆知，也是各级政要、经济界、知识界所关注的聚焦和比较经常性的谈资话料；就是在发展中国家和欠发达国家，也开始受到越来越多的注意。尽管反应不一，正面的和负面的都有。如后者对经济全球化持反对态度的，但也表明其并非视而不见和无动于衷。这确实是当前的世界大事。其中有些有关情况前已述及，这里要着重与集中观察和讨论的是这个问题在中国，人们是怎么考虑和议论的。

中国正在实行改革开放政策，以经济建设为中心，建设有中国特色社会主义现代化，对于世界经济的发展状况理所当然地非常关心，也非常敏感。关于知识经济和知识管理零星、个别、分散的介绍，可能较早已有了。但据具体资料，"从1998年开始，知识经济，一个新的理念像带有旋力的台风一样吹向中国大陆，一个普通的学术名词在短短时间触及各个阶层，从首脑到百姓，国人对大气候已有了较快的感应能力"[40]。

上面所说的"首脑"，是指江泽民主席，他在1998年初，即在以《迎接知识经济时代，建设国家创新体制》为题的重要讲话中指出：人类正在经历全球性的科技革命，经济和社会发展主要依靠知识创新和知识的创造性运用的趋势，越来越明显。知识经济、创新意识对我们21世纪的发展至关重要。[41]还有他关于知识经济已见端倪的著名论述，也早就为国人所熟知了。

还有这样一个事实。1998年3月,"《知识经济》一书首印并在四个月内重印六次,一时洛阳纸贵,成为全国畅销书"[42]。真可谓反应热烈、盛况空前,证明所述不虚。

实际上,中国对知识经济和知识管理的关注还表现于更多的方面,除经济领域首当其冲外,各行业和各地区对它们的注意和兴趣,都被带动起来。人们在结合自身所从事的专业、工作和所在的部门、地区,思考今后如何适应和发展等问题。报刊文章很多,专著出版不断,研讨、座谈时有所闻,信息报道更加频繁。以下仅就手边部分资料加以介绍,即可借以窥得一斑。

我们所采用的方法是:只要稍稍留意若干非直接、非主流的侧面,则直接、主流的正面是何光景便不言而喻。称之为旁敲侧击或烘云托月法,亦无不可。

先说似乎是离题较远的领域和工种。在平素浏览报刊之际,以下一些事情至少为个人所始料不及。

工会工作者注意到知识经济给工会工作带来新课题了:"21世纪的到来和知识经济的挑战,给职工队伍的科学文化知识和业务技术素质提出了更高的标准,也给工会工作提出了新要求。……工会要在战略高度上予以重视,为抢占新世纪发展的制高点,应积极为企业和职工营造良好的知识经济时代环境。"[43]登高望远,并不简单。

图书馆工作者注意到要面向知识经济新时代了:"知识经济的出现将极大改变现实的生产方式、生活方式和思维方式,因而图书馆业将面临巨大的变化。"[44]认为知识经济为图书馆的现代化提供了空前的机遇,应当把握机遇,建设面向知识经济的现代化图书馆。这是非常积极的态度。

秘书工作者注意到要适应知识经济时代的要求了:知识经济时代,秘书人员必须具备较高的获取知识的能力、自觉学习的能力、学习新知识的能力、对知识的鉴别力、计算机及网络的实际操作能力。[45]认识到只讲求学历的教育绝对不够,说明已有较新和较深的体会。

后勤工作者注意到要迎接知识经济时代的到来了:要将后勤改革目标落到实处,创立适合我国具体国情的后勤管理理论,努力提高后勤保障方式的技术含量。[46]他们表示要努力学习科学知识,促进后勤工作走科学化、现代化、社会化的路子。

例证很多,不胜枚举。细心的读者也许已经留意到,在前面的内容中已有用知识管理原则于电视收视率管理研究的文章，亦为一例。

但是，从公共管理的角度来看，有一点应该肯定，即知识经济时代对公务员素质及其队伍建设和培训提出了新的要求这一事实。人们对此讨论热烈，已达到基本共识。知识经济和知识管理不只是经济领域的事，其影响所及，是使整个社会发生质的变化。在这种情况下，政府管理不能照旧，公务员队伍也不能仍然是老样子。有人认为，对公务员素质的新要求是：牢记知识为本，高扬理性精神，培养创新意识，确立服务观念，积极投身改革。公共精神是公务员素质的首要内容，没有这种精神，便谈不到理性精神、创新意识或服务观念。[47]说改革其实是公共精神的回归，是中肯之论。

那么，对原有的和在建设中的公务员队伍进行及时、有针对性和有效的培训，也就是应有之义了。据了解，当前世界各国政府为了有利于迎接知识经济的挑战，"都在积极转变行政指导思想，消除一切阻碍知识经济发展的行政因素"[48]。于是，公务员培训问题便相应地非常重要和突出。既要在培训形式上大力创新，更要对培训内容注意适应。最重要的，莫如树立终身教育观念和建立健全学习制度，使所在部门和单位成为学习型组织。

第三节 知识经济与知识管理已初见端倪

发展知识经济必须实施知识管理，因此，二者紧密相连，举其一就一定意味着另一方面的并存或同在。共称初见端倪，便是这个意思。在中国，既要发展知识经济，知识管理亦必如影随形地随之而来。虽然目前还没有掌握有关的全面情况，但举几个地区和企业的实例是完全可能的。我们不妨对加入WTO以后的前景试做一些展望，同时必须正视和去克服前进中的困难。

一、知识经济萌芽与知识管理跟进

这是本书的最后一章的最后一节，也就是将近尾声。在举些实例和做些展望之前，对基本情况有必要进行概括。许多事情前面可能已有所接触，这里仍将加以集中，使我们有比较明确和深刻的印象。以下说的，主要是我国的知识经济正处于萌芽阶段，知识管理已经紧紧跟进。

上述判断虽然是1999年初做出的，近几年也有进展，但较大的变化还不会太快。也就是说，估计大体适用，仍有参考价值和可以作为评议依据。我们注意到，那是我国研究有素的专家们根据自行设计的指标体系进行研究以后提出的，有较高的可信度。与知识经济最发达的美国做对照，也很自然。看清和看准差距，有助于我们保持清醒和更加努力，去争取主动。

且说所用指标体系，是在国家科技部的资助下，由该部技术创新战略与管理研究中心所设计的一套包括综合指标和产业指标在内的指标体系。然后据以对我国知识经济进行研究，在我国同美国之间进行比较，得出了结果。综合指标包括知识的生产、投入、激励、存量、流通等在内；产业指标则包括研究与发展、教育、信息及高技术产业在内的知识产业在国民经济中的发展水平，就是知识产业发展度。同美国相比，认为我国知识经济尚处在萌芽阶段是适当的。[49]

再说具体内容，此时我国知识经济的发展水平在整体上要比美国落后40多年。如果将美国同期水平作为一个发展标准，以"1"来衡量，则我国仅为0.26。1996年我国知识产业发展度是23.06%，尚不及美国20世纪50年代29%的水平。[50]说落后40多年，符合实际状况。我们只有制定正确的知识经济发展战略，以期迎头赶上。

我们应当实事求是，也正在努力和取得成效。根据较新的报道，在改革开放和经济建设中先走一步的广东，名副其实的高新技术企业还不多。"广东真正称得上高新技术企业的只有少数几家。大多数企业还不能说是高新技术企业，因为高新技术企业必须达到一定的技术档次。但与全世界的情况相比，广东的高新技术档次还是有竞争力的。"这是时任省长卢瑞华接受记者专访时开门见山的一段话。他紧接着强调指出："更重要的是，广东缺少高新技术的学科、项目带头人，缺少高新技术的企业家，高新技术的研发能力仍然薄弱，高级人才短缺。"[51]他的这番话可谓一语破的，抓住了发展知识经济和实施知识管理的"牛鼻子"了。因为没有高级人才，知识经济是空想，知识管理是白忙。他对此深有体会，一再反复提到：广东缺少高新技术人才仍然是一个突出的问题；推出新的措施留住人才，关系到广东能否逐步发展的后劲；中国现在已经"入世"，谁不重视高新技术谁就落后、被动挨打；科技要发展关键靠人才。[52]事实正是如此，人才竞争加剧绝非偶然。

完全可以理解，连经济比较发达和拥有相对人才优势的地区如上海、香港，也几乎是同时出台了突破性人事政策或放宽内地专才入港条件。前者主要包括：凡符合条件的人才，将千方百计引进；凡符合用人单位急需的人才，将一路"绿灯"；真正从制度上解放人才，由人才价值和市场供求关系决定工资报酬；全面开放上海专业技术人员的兼职活动；改革按年龄退休的老办法，以解决高层次人才资源大量浪费的不合理现象。[53]后者是：因亚洲金融风暴影响，香港经济发展放缓，亟须实施输入高科技人才的计划，故取消内地专才入港工作的限额和限制；香港特别行政区政府希望通过此举引进高科技人才，提高香港的竞争力，促进香港经济的发展。[54]

还有一个现象与此有关或相似，即国有企业人才的流失。虽然最主要的原因表现为物质待遇问题，但也反映了对知识和人才的态度上的差异。3年前，中国社会调查事务所的一项调查表明："国内科技人才流失的情况不容乐观，尤其是中青年科技骨干的流失给国企造成严重影响。"调查对象是北京、上海、武汉、重庆、广州5市的300家大中型国有企业。调查显示："人才流动到外资企业及合资企业的比例达到54.7%，其中北京、上海、广州3市的比例更高达67.6%。"看来，强化和优化人力资源开发与管理是当务之急，不容再率由旧章和听之任之了。

在总体上存在较大差距的同时，我们还应该看到有的专业或行业发展很快并且效果显著。不通过各方面发展的具体过程，难以理解什么叫机遇和挑战。就拿国际竞争来说，大家都在留心机遇和迎接挑战。

中国电信是高技术密集型的产业。改革开放20年以来，从全行业亏损一跃成为发展最快、经济效益最好的行业之一。中国被认为是"世界上最后，也是最大的一块电信市场"[55]。正是因为这样，国际大电信公司就要抢滩登陆，中国电信面临的挑战也就是知识经济的挑战。不改革、创新，不仅会出现发展危机，甚至是生存危机。

时任总理朱镕基访问印度，提出中印两国软件公司加强合作，使印度决策者感到为难。"软件服务业是印度在全球唯一具有竞争力的产业，中国人被认为落后于他们的南亚对手至少五年。"[56]他们是怕泄露自己成功的秘密，会增强经济竞争对手的力量。但也有人认为，"中国不可能被阻止，印度软件公司应该利用它们压倒性的领先优势，在中国巨大的国内市场上建立起市场领导地位"[57]。但后者不是高层内阁官员的一般看法。

二、几个地区和企业实例

前已说到北京、上海是我国知识经济发展的领先地区。这里举例还是用上面的办法,即从其他地区去观察,可以较多看到一些表面上的情况。

离上海较近的江苏省昆山市,已成为台商投资的高密集区,呈现出技术含量高、产业相对集中的特征。投资主要集中在电子元件等五大行业。近几年,台湾 IT 企业在昆山集聚,已有 400 多家,形成比较完整的产业链。2002 年内,台资银行也可能进入昆山。这是很值得我们重视的地区之一。[58]

在江苏省,除前已述及的苏州工业园区外,其省会南京市的珠江路建成高科技产业群的事也很值得注意。众所周知,北京的中关村颇有名气,但在南京珠江路,"驻街经营的公司密度已超过中关村,基本上形成了一个高科技产业群"[59]。媒体在这一报道的大标题前面所加的小标题是:"发展知识经济推动科教兴国",并开门见山地指出,被业内人士誉为"北有中关村,南有珠江路"的科技一条街,已发展成为华东地区规模最大的电子产品集散地,科技部、信息产业部的有关领导认为,其已初显知识经济的端倪。[60]

2001 年广东省的深圳市经济持续走高,人均 GDP、人均可支配收入、进出口总额居全国大城市第一位;工业总产值仅次于上海,居第二位;地方一般预算财政收入居上海、北京之后,列第三位。除这些情况外,全市高新技术产品产值增长 24.1%,占工业总产值的 45.9%,继续在全国大中城市中位居第一。其中有自主知识产权的高新技术产品比重达 52.8%。深圳港集装箱吞吐量增长 27.1%,进入全球十大集装箱港行列。还引进了一批有战略意义的项目,做出了规划建设高新技术产业带等重大决策。[61]

与上海、深圳相比,广州高新技术产业表现为总体发展水平不高,在工业中所占比重不大,高水平、高素质、大规模的企业不多。但正处于中国工业经济向知识经济过渡的前沿区域之一,前景看好。[62]发展知识经济已成为现阶段广州市经济发展的客观要求,广州也已具备发展知识经济的部分基础条件:①物质生产高度发展;②高度集中的科学研究队伍、高度完善的教育体系,提供了与知识生产和再生产相适应的劳动者队伍和消费大军;③高度发达的电子信息网络,为知识产品的快速流通提供了可能;

④开放程度高，有利于加快知识经济进程；⑤服务经济高度发达，为从工业经济过渡到知识经济做好了准备。[63]

在西部大开发中将起重要作用的、作为长江上游经济中心来建设的中国最年轻的直辖市重庆，已注意到要抓住机遇，迎接挑战，紧紧跟上世界经济发展与科技进步的时代潮流。研究者认为：①重庆市的主城区已部分具备了发展知识经济的条件；②重庆市的科技和教育现状也部分具备了发展知识经济的基础；③在对新经济的掌握水平和应用程度方面，重庆与外界差距较小，重庆网络技术建设与全国基本同步。[64]

在农业方面，我们可以看看农业大省黑龙江的情况。虽然农业科技总体水平落后、农业科技力量薄弱和农民科学文化素质偏低，但知识经济带来了机遇。机遇之一，黑龙江省农业资源中最大的限制因素是热量条件，高科技的生物技术正是解除这一最大限制因素的关键。机遇之二，黑龙江省的农业劳动力丰富，而且过剩。发展知识经济的主要矛盾，并不在机械化和电气化上，而是大力发展生物技术上。而我国的生物技术，尤其是基因工程技术并不落后，可有助于提高农业的产量和质量，有助于取得可观的经济效益，使机械化和电气化的问题极易解决。[65]

说到生物技术，我们不能不注意大连双 D 港的开发建设。双 D 是 Dital 和 DNA 的缩写，是用以表示现代信息技术的数字技术和代表生物技术的脱氧核糖核酸。大连发展双 D 产业，建设双 D 港，对于顺应世界高科技产业发展的潮流和迎接知识经济时代具有重要意义。[66]

关于各地情况的介绍，限于篇幅，不再多说。在企业当中，中国海尔在国内外的知名度已经很高。这里即以它为代表，让我们看看中国企业迈向知识经济时代的轨迹。

首先，中国海尔是同它的总裁张瑞敏的姓名联系在一起的。因而在谈到这个企业时，总不能不提及这位总裁其人其事。最典型的报道就是以企业为标题，而内容提要却完全是讲个人的："一位充满现代精神的总裁，利用中国古代哲学思想，把一个个困难重重的公司扭转成为商战中的赢家。他的目标是跻身《财富》杂志全球企业 500 强。"[67]因为海尔的发展确实不能与张瑞敏所起的重要作用分开。

张瑞敏的传奇式的经历从下大决心狠抓产品质量开始，那是全厂震动和举世闻名之举。他使一家衰败工厂走向更新之路，创造出中国最引人注目的公司之一，这就是海尔集团。1998 年海尔集团的工业销售收入为 20

亿美元，是 1985 年的 5000 倍以上，产品销往 87 个国家，是第三世界的奇迹。在美国，它拥有近 20% 的小冰箱市场；海尔空调器也已打入欧洲市场。应当肯定，现代企业以质量取胜，否则没有生命力和竞争力。

张瑞敏的一个重要特点是重视学习，既爱好中国古代文学包括《孙子兵法》，又学习西方和日本的管理教材，并用于管理实践和强调人的因素。海尔从引进技术到将自身生产技术销往外国公司的转变是一个典型，已被哈佛大学商学院引用为经营实例。公司实行两大战略：扩大和经营。其装配线管理方式似乎既有外国经营惯例，又有中国民族特色。各家工厂贴着写有"海尔精神"（敬业报国，追求卓越）和"海尔作风"（迅速反应，马上行动）的标语。海尔企业文化中心善于培养人们学会纪律和质量管理。

海尔道路的成功及其对国家的影响，理所当然地受到国家的重视，已于 1998 年被命名为中国 6 个"支柱公司"之一。这些公司是工业战线的模范领路者，指出了参加全球竞争的道路。由于篇幅和资料所限，我们不能把另 5 个公司一一介绍。但是有一条应该警惕，即不可重犯鞭打快马的老毛病，如要求这些公司去"拯救"那些无可救药、彻底失败的企业，因背上太沉重的包袱而妨碍继续正常发展。

三、加入 WTO 后的前景展望和必须正视与克服的困难

经历长达 15 年之久的艰难、复杂的谈判，中国加入世界贸易组织（WTO）终于成为现实。这表明中国需要加入 WTO，WTO 也需要中国加入。对中国来说，这既是大好机遇，也有严峻挑战。机遇在于更有利于发展经济，挑战在于要有更强的竞争力和必须兑现各种承诺，严格遵守规则。

以开放促改革，以改革促发展，这是一种富有活力的良性循环。随着政府职能实行真正符合要求的转变，依法治国、以德治国、科教兴国得到加强，投资环境进一步改善，等等，我们的发展前景是可喜的。

俄罗斯报纸载文认为，中国经济成就震惊世界，充满活力的制度是中国取得经济成就的主要原因。[⑱] 日本报纸报道中国"入世"后出现变化："从整体来看，投资环境已开始朝着好的方向转变。经济迅速发展的中国沿海地区，变化之快超乎想象。"[⑲] 这些都是外国观察家的一些印象和意见。

有代表性的可喜现象之一，应是最近一个时期以来，中国留美学生涌动的回国热潮。只要看看国内外报刊报道所用的标题，便可以知道是怎么一回事了。例如，"在硅谷历练回祖国发展""莘莘学子'海归'创业忙""中国人才回流的大时代"等。

不妨听听他们心声："中国的发展改变了硅谷所具有的相对优势，使得许多中国人考虑回国干事业。……认为自己在中国能拥有更多的机会和很高的生活水平。"⑦

实际情况如何呢？如今，经济迅猛发展的中国犹如一块巨大的磁石，吸引着留学赤子归国创业，建设家园。世纪之交，在中国改革开放的关键时期，一股前所未有的留学回国热正在兴起，成为开放的中国一道亮丽的风景。⑦值得注意的是，尤其是拥有高新技术的留学人员，是新世纪人才流动的一个大趋势。为中国跃上人才高地，实现经济的跨越式发展提供了一个大好机遇。⑦

此事不可小看，已经在国际上引人注目。2000年底美国《纽约时报》就做了长篇报道，美国奈特—里德报系也发了特稿。中国这一波人才流动有着史诗般的重要意义。人才往哪里，希望就到哪里。21世纪第一个十年，中国政经社会的加速发展已可预期。奈特—里德报系的分析即指出："随着如此多的人才回流，一个新的社会已可预期。优秀人才不单是一项生产要素，更是知识资本与文化资本，关系经济的荣枯和国家的兴衰。"⑦美国《华盛顿邮报》最近也发表专文，谈到中国归国学生人数激增，带回新观念新技术，同时指出优惠政策引力巨大。⑦这些当然都是事实。

说到这里，我们不能不深深敬佩伟大的设计师邓小平关于出国留学问题的远见卓识和英明决策；同时，也联想起印度从认为技术人员和留学生出国是人才的丢失，到不再阻拦国内人才出国的转变。联合国计划开发署郑重其事地对印度人说，你们不必这么害怕自己的公民出国，他们出去只会为国家带来财富和发展，得到的知识和技术回报至少是两倍。印度也因此一不留神成为世界软件大国。⑦

不过，在展望发展前景之余，还必须正视和克服前进中的困难，也就是我们一直在说的要处理好机遇和挑战的关系。不能正确有效地应付挑战，大好的机遇也会失去。例如，有人才要留得住、用得好，就要有适宜的环境和制度，我们有很多工作需要及时跟上和认真去做。不少地方有待积极改善，更多的是要求努力创新。前面说过的如转变政府职能、坚决实行法治、科教兴国、与国际接轨等不再重复。总之，对已经存在和可能出现的困难，要保持清醒，不可掉以轻心。

应当认为："中国未来寄望于知识经济"的命题是有根据的："未来的经济发展，因受限于……人均自然资源存量的贫瘠，而别无选择地需要强化人口的'知识能力'，以因应在未来全球化知识经济环境中的竞争与增长。"[76]这样，"巨额教育投资与全面制度改革，将是新世纪初期中国所必须面对与及时解决的困难与要务"[77]。

我们还有西部大开发的艰巨任务，这是众所周知的大事。仅就全国荒漠化、沙化土地问题而言，也必须积极治理。据国家林业局发布的第二次监测结果，我国土地荒漠化、沙化呈局部好转和整体恶化的趋势。现有荒漠化土地占国土总面积的27.9%，沙化土地占国土总面积的18.2%。后者在30个省（自治区、直辖市）均有分布，10个省（自治区）占97%。[78]情况不能说不严重。据了解，除气候因素外，更主要的是不合理的各种人为活动。

这里，澳大利亚地方政府推出的"沙漠知识经济"战略似应引起我们的注意。所谓"沙漠知识经济"，就是在沙漠地区及其周围运用传统或现代治理沙漠的知识取得社会和经济效益。治沙治荒，保护环境，是推广沙漠知识经济的中心环节，成功的关键在于知识的传播。[79]看来，实施知识管理，发展知识经济，真是前景广阔和大有可为。

最后，让我们对在继续发挥东部优势的同时，实施西部大开发战略，促进地区协调发展的重大意义并加深认识。我国西部开发的区域包括12个省（自治区、直辖市），面积占全国的71.4%，人口为全国的28.1%，国内生产总值占全国的17.2%。资源丰富，水能资源占全国的80%以上，天然气储量占70%以上，煤炭储量占60%左右，已发现的170种主要矿产中均有相当储量。劳动力平均成本只有沿海地区的40%左右，发展知识经济和提高收入的空间十分广阔，潜在市场很大。与周边多个国家和地区接壤，已形成"亚欧大陆桥"的铁路通道，发展经济技术交流与合作有一定区位优势等。[80]全国优势互补，区域协调发展，前景喜人。

思考题：

1. 在建设中国特色社会主义现代化之际为什么应注意知识管理的兴起？

2. 为什么有可能拥有后发优势和实现跨越式发展？
3. 对于几个地区和企业实例有何感想或体会？

注释：

①②③④⑤⑥⑨参见吉姆·罗韦尔《中国经济将快速增长 50 年》，高一平摘译自 2001 年 5 月 21 日美国《财富》周刊，载《环球时报》2001 年 6 月 1 日第 13 版。

⑦见《经济日报》2000 年 6 月 15 日。

⑧见《光明日报》2001 年 11 月 23 日 B2 版。

⑩克劳蒂尔·罗德里盖斯·奥特罗：《中国令人流连忘返》，李玉英译，载《环球时报》2001 年 6 月 1 日第 13 版。

⑪见世界银行 2001 年 12 月 13 日发表的一份有关中国和知识经济的报告，据法新社北京 2001 年 12 月 13 日电。

⑫《我国处在知识经济萌芽阶段》，载《广东人事》1999 年第 1 期。

⑬谢天祯：《机遇与挑战》，新世纪出版社 2000 年版，第 328 页。

⑭《预测下半世纪的中国》，载香港《信报》1999 年 10 月 7 日。资料来源未注明文章作者。

⑮见《北京日报》2000 年 6 月 15 日。

⑯据新华社北京 2000 年 10 月 18 日电和 19 日各报。以下简称"'十五'计划的建议"，出处同此，不另加注。

⑰参见唐春荣、李更明《奔向现代化差距在哪？》，载《信息周刊》1996 年 5 月 31 日。

⑱参见《现代化，中国实现了多少》，载《羊城晚报》1996 年 12 月 31 日。

⑲⑳见《广州日报》1997 年 10 月 3 日第 1 版。

㉑见《中国老年报》1999 年 6 月 11 日第 4 版。

㉒㉓㉔㉕㉖参见范剑平《试论经济跨越式发展》，载《新视野》2001 年第 5 期。

㉗参见饶会林《城市经济学研究面临的新课题》，载《光明日报》1999 年 12 月 24 日第 6 版。

㉘㉙阿克塞尔·罗斯勒、克斯廷·迪特里希、乌拉·豪耶：《城市化：中国发展的动力》，载德国《中国之窗》2000 年第 10 期。

㉚《美国经济学家说，亚洲经济将一帆风顺》，据法新社新加坡 2000 年 8 月 25 日电。资料来源未注明作者。

㉛《中国命运在提高人口素质》，载香港《亚洲周刊》1999 年 10 月 18 日。资料来源未注明文章作者。

㉜潘熙宁：《二十一世纪：中国拿什么与人较量》，载《广东人事》1999 年第 6 期。

㉝参见邹强《印度刮起"中国风"》，载《光明日报》2000年10月7日A3版。

㉞㉟㊱苏珊·奥尔德里奇：《东西方医学大碰撞》，载英国《焦点月刊》2000年10月号。

㊲㊳㊴参见朱永新、刘伯高《苏州工业园区政府组织的机制与特色》，载《中国行政管理》1999年第10期。

㊵㊶㊷参见王建忠《知识管理原则驱动下收视率管理的若干思考》，载《南方电视》1999年第4期。

㊸肖冰：《知识经济带给工会工作的新课题》，载《广东工运》1999年第9期。

㊹曾秋霞：《面向知识经济的现代党校图书馆》，载《探求》1999年第5期。

㊺参见刘白尤《获取知识的能力：秘书走进知识经济时代的金钥匙》，载《广东秘书工作》1999年第5期。

㊻参见白振刚《后勤工作也要迎接知识经济时代的到来》，载《中国行政管理》，1999年第3期。

㊼参见解亚红《知识经济时代对公务员素质的新要求》，载《人事》1999年第3期。

㊽章岳云、李三虎：《知识经济与公务员培训》，载《广东行政学院学报》1999年第2期。

㊾㊿参见《我国处在知识经济萌芽阶段》，载《广东人事》1999年第1期。

㉛㉜《卢省长畅谈广东务实文化》（专访），载《新快报》2001年12月16日A4版。

㉝参见《上海出台十项突破性人事政策》，载《广东人事》1999年第1期。

㉞参见《港将放宽内地专才入港条件》，载《广东人事》1999年第1期。

㉟赖铁红：《知识经济对发展中国电信业的启示》，载《科技管理研究》2000年第5期。

㊱㊲《朱的祝福令新德里在IT合作问题上左右为难》，英国《金融时报》2002年1月29日。

㊳参见《昆山成为台商投资高密集区》，载《光明日报》2002年2月3日A3版。

㊴㊵参见郑晋鸣《南京珠江路建成高科技产业群》，载《光朋日报》1999年10月27日第3版。

㊶参见《深圳经济持续走高》，载《南方日报》2002年2月1日A1版。

㊷参见广州市计委课题组《发展知识经济，提高广州产业整体素质和竞争能力》，载《广州调研》1999年第8期。

㊸参见林少敏、徐景宏《广州市发展知识经济：需要与可能》，载《广州调研》2000年第5期。

㊹参见曾德高《知识经济时代的来临与重庆经济的发展》，载《重庆行政》1999

年第3期。

⑥⑤参见宋晓洪《知识经济给黑龙江农业带来的挑战和机遇》，载《行政论坛》2000年第3期。

⑥⑥参见夏德仁《发展双D产业迎接知识经济时代——关于大连双D港开发建设的思考》，载《光明日报》2000年4月4日C2版。

⑥⑦安东尼·保罗：《中国海尔的威力》，载美国《财富》杂志，1999年2月15日。以下有关内容除另行注明者外，均同此，不再加注。

⑥⑧参见弗拉基米尔·波波夫：《中国经济的稳定性何在？——充满活力的制度是中国取得经济成就的原因》，载俄罗斯《独立报》2001年6月5日。

⑥⑨《入世后中国出现变化征兆》，日本《读卖新闻》2000年1月22日。

⑦⑩《淘金者归国》，香港《南华早报》2002年1月16日。

⑦①⑦②参见李斌、李术峰、刘苗卉《归国创业，高潮能否到来?》，载《光明日报》2002年1月21日A4版。

⑦③《中国人才回流的大时代》，香港《亚洲周刊》2002年1月20日社论。

⑦④参见特伦斯·车《放眼国内》，载美国《华盛顿邮报》2002年1月28日。

⑦⑤参见张田勘《入世与创新》，载《光明日报》2002年2月6日B3版。

⑦⑥⑦⑦耿庆武：《中国未来寄望于知识经济》，载台湾《中国时报》2002年2月6日。

⑦⑧见《光明日报》2002年2月5日C1版。

⑦⑨参见张川杜《这是一个有十亿人口的市场——澳大利亚沙漠知识经济初探》，载《光明日报》2000年8月4日B4版。

⑧⑩见《西部简介》，载《南方日报》2002年2月10日A3版。

《夏书章著作选辑》
编辑说明

1. 本选辑的十部著作初版时间分别为：《人事管理》，人民出版社1985年版；《管理·伦理·法理》，法律出版社1985年版；《高等教育管理学讲话》，山西人民出版社1985年版；《行政学新论》，中国政法大学出版社1986年版；《市政学引论》，中共中央党校出版社1994年版；《"三国"智谋与现代管理》，湖南科学技术出版社1994年版；《〈孙子兵法〉与现代管理》，中山大学出版社1996年版；《现代公共管理概论》，长春出版社2000年版；《知识管理导论》，武汉出版社、科学出版社2003年版；《论实干兴邦》，中山大学出版社2016年版。

2. 本选辑的十部著作编辑的原则是：①删去原版图书的前言、自序或者出版说明等内容。②为尊重历史，对书稿的内容原则上不做修改；书稿中有关时间的表述、有关事件的陈述、有关法律条文的引用等均以初版时间为依据，不再另做说明。③对书稿中的标点符号、用字用词用语、数字的表达等不影响内容表述的，均按照国家有关出版标准与规范进行修改。④按照"统一开本、统一版式、统一封面"的要求进行编排。